国家自然科学基金（42072197）
山西省基础研究计划青年基金（202303021222259） 联合资助
山西省高等学校科技创新计划项目（2023L363）

煤显微组分结构演化差异及其对甲烷吸附的影响机制研究

秦荣芳 曹代勇 赵 萌 著

地质出版社
·北 京·

内 容 提 要

本书以镜质组和惰质组为研究对象，基于热模拟和高温高压模拟实验，采用傅里叶变换红外光谱、X射线衍射、固态^{13}C核磁共振光谱、CO_2吸附、低温N_2吸附、高压压汞及高压CH_4等温吸附等测试分析方法，对比了不同显微煤岩组分的大分子结构、孔隙结构和甲烷吸附能力特征，建立了镜质组和惰质组大分子结构演化模式，揭示了不同显微组分在不同变质阶段甲烷吸附能力的影响机制。

本书内容丰富、资料翔实，可供煤炭地质、煤层气和油气地质领域的科技人员和高等院校相关专业师生参考、使用。

图书在版编目（CIP）数据

煤显微组分结构演化差异及其对甲烷吸附的影响机制研究 / 秦荣芳等著. -- 北京 : 地质出版社, 2024. 12.

ISBN 978-7-116-14522-1

Ⅰ. P618.11

中国国家版本馆 CIP 数据核字第 20242537D1 号

MEI XIANWEI ZUFEN JIEGOU YANHUA CHAYI JIQI DUI JIAWAN XIFU DE YINGXIANG JIZHI YANJIU

责任编辑：田 野 宫月萱
责任校对：王 瑛
出版发行：地质出版社
社址邮编：北京市海淀区学院路 31 号，100083
电　　话：（010）66554528（邮购部）；（010）66554631（编辑室）
网　　址：https://www. gph. clmpg. com
传　　真：（010）66554686
印　　刷：北京地大彩印有限公司
开　　本：787mm×1092mm 1/16
印　　张：13
字　　数：310 千字
版　　次：2024 年 12 月北京第 1 版
印　　次：2024 年 12 月北京第 1 次印刷
定　　价：128. 00 元
书　　号：ISBN 978 - 7 - 116 - 14522 - 1

前　言

目前，在全球能源结构中，化石能源仍然占优势地位，直至2030年碳达峰之前，全球能源消费和生产都将持续增长（邹才能等，2021）。在此背景下，为提高能源效率和减少温室气体排放，能源消费逐渐转向以低碳能源为主，天然气作为典型的低碳化石燃料，日益受到高度重视。煤炭作为我国的基础能源，在能源结构中具有压舱石和稳定器的作用，煤炭的绿色开采和清洁利用是中国能源革命的必经之路（谢和平等，2021）。煤层气是煤的重要的伴生能源，也是非常规天然气的重要组成部分，大力发展煤层气产业，不仅能缓解环境保护和煤矿安全生产的压力，同时还能适应世界和我国的能源结构调整的变化趋势。

煤层气（瓦斯）以伴生的形式吸附在煤储层中，其主要成分为甲烷，甲烷在煤中的吸附一直以来因其在煤层气地质勘查开发及煤矿安全开采领域内的关键性引起了广泛关注。原位煤层气中又以吸附气为主，因此煤储层的吸附特征是控制煤层气成藏和开发工艺技术的关键因素。我国的煤层气资源赋存条件差，虽然煤层含气量较高，但低压、低渗和低饱和度的储层特征及特殊的地质构造等条件造成了煤层气吸附/解吸性能的差异性巨大，影响了煤层气的解吸和运移。因此，煤层中甲烷的吸附问题一直以来都是相关领域的重点研究内容。

关于煤储层吸附能力的研究，最为常见的研究思路便是“显微煤岩组分—煤阶—孔隙结构—吸附能力”的相关性探讨，亦得出了许多较为公认的结论，如吸附能力随着变质程度增大而增大（姚艳斌等，2007；Busch et al.，2011；Bustin et al.，1998；Cheng et al.，2017）；低煤阶时暗煤较亮煤吸附能力强，高煤阶时亮煤较暗煤吸附能力强（Chalmers et al.，2007）；微孔含量是影响吸附能力的重要因素等等。近年来，逐渐有研究者注意到煤中大分子结构对煤的吸附能力有着重要影响，煤的结构是研究煤化学性质及煤储层物性的重要基础，化学结构决定了煤在热加工过程中的行为与性质（Liu et al.，

2016；Mathews et al.，2011，2012；Mochida et al.，2014），物理结构则决定了煤的吸附性能，从而影响着煤层气的吸附与运移（Guo et al.，2018；Wang et al.，2018；Zhang et al.，2018）。此外，还有研究发现，微孔的发育变化直接受煤的化学结构的控制（Chen et al.，2022；Zhang et al.，2021），因此无论是从煤阶还是煤岩组分的角度来探讨煤的吸附能力，都可以归结为煤的微观结构对煤的吸附能力的影响，因为煤阶变化和煤岩组分改变的最终结果是影响煤的大分子结构和孔隙结构特征。

近年来，由于富镜质组煤的广泛分布及工业重要性，煤的结构研究进展主要集中于镜质组分（富镜质组煤）的结构表征及演化。但是自然界也存在着较多的富含惰质组的煤，如中国西北地区早、中侏罗世煤和冈瓦纳大陆的印度、南部非洲及东澳大利亚等地区的煤，煤层厚度大，单层厚度甚至可达上百米，分布范围广，煤质优良，在煤层气勘探开发领域具有重要意义，因此惰质组的大分子结构和孔隙结构的研究显得越发的迫切和重要（曹代勇，2021）。

故而要深入理解煤在煤层气勘探开发等过程中的吸附/解吸行为，必须建立在了解煤岩组分结构及煤变质作用进程中演化差异的基础上，并以此深入探讨显微组分在不同的演化阶段对甲烷吸附影响的差异性演化机制。上述问题的解决，不仅能丰富煤化作用过程中煤中不同显微组分对甲烷吸附能力演化的控制机理，而且还能服务于煤层气勘探开发及矿井瓦斯治理等方面，在实际工作中具有重要的理论和实践指导意义。

本书作者在国家自然科学基金“惰质组与镜质组大分子结构演化差异性及动力学机制”（42072197）、山西省基础研究计划（自由探索类）青年基金“温度-应力耦合作用下镜质组和惰质组结构演化差异及其对甲烷吸附的影响”（202303021222259）及山西省高等学校科技创新计划项目“基于构造-热模拟实验的镜质组和惰质组结构演化差异及其对甲烷吸附的影响”（2023L363）的支持下，针对镜质组和惰质组开展研究，以不同煤岩显微组分的煤化作用的差异为切入点，对同一显微组分在不同演化阶段、不同显微组分在同一演化阶段的结构及甲烷吸附能力的差异进行了分析，并借助于计算机分子建模和模拟技术探讨了微孔结构的演化机理以及甲烷吸附机理，结合主成分分析法厘清了不同显微组分在不同煤化作用阶段的甲烷吸附能力的差异性演化机制。

全书共分六章：前言和第一章绪论由曹代勇、秦荣芳执笔，第二章样品的制备与测试分析方法由秦荣芳执笔，第三章基于热模拟实验的镜质组和惰质组分子结构演化差异由秦荣芳执笔，第四章基于高温高压模拟实验的镜质组和惰质组的分子结构演化差异由秦荣芳、赵萌执笔，第五章镜质组和惰质组的孔隙结构特征及演化差异由秦荣芳执笔，第六章镜质组和惰质组的甲烷吸附特征及差异性演化机制由秦荣芳执笔，第七章主要结论由秦荣芳、曹代勇执笔。最后，由秦荣芳、曹代勇进行全书统稿。

中国矿业大学（北京）的魏迎春教授、王安民副教授在本书撰写过程中给予了详细的指导。中国科学院大学的琚宜文教授、中国石油大学（北京）的钟宁宁教授、中国地质大学（北京）的许浩教授、中国矿业大学（北京）邵龙义教授、中国煤炭地质总局勘查研究总院的宁树正总工程师以及煤炭科学技术研究院有限公司安全分院的刘志飞副研究员等对本书的研究工作提出了宝贵意见。现场调查和资料收集工作得到了青海煤炭地质局勘查院祝铠甲分院长、祁文强工程师以及新疆伊宁矿区工作人员等的大力支持。在实验过程中，山西能源学院的李靖副教授和王路副教授为我们提供了宝贵的实验设备支持与专业指导。借本书出版之际，作者衷心感谢曾给予支持和帮助的各有关单位、各位领导、专家和同仁！

本书撰写过程中参考了大量国内外文献资料，借此机会对这些文献的作者表示诚挚的感谢。

由于作者水平所限，书中难免存在不足之处，恳请读者予以指正。

作　者

2024 年 5 月

作者简介

秦荣芳，女，汉族，1994 年 5 月出生，山西吕梁人。毕业于中国矿业大学（北京）构造地质学专业，理学博士。现就职于吕梁学院，讲师，主要从事基础地质、煤系非常规能源等方面的教学与研究工作。主持 2023 年山西省教育厅科技创新项目 1 项，2023 年山西省科技厅基础研究计划“自由探索类”青年项目 1 项，曾参与国家自然科学基金项目 2 项，横向项目 5 项。在《煤田地质与勘探》、*Frontiers in Earth Science*、*Journal of Natural Gas Science and Engineering*、*Energy Exploration & Exploitation*、《现代地质》等期刊发表学术论文 17 篇，其中 SCI/EI 收录 10 余篇，中文核心 4 篇，参与相关著作编写 3 部。

目　　录

第一章　绪　　论

第一节　煤岩显微组分结构的演化

煤的结构主要包括煤的化学结构和煤的物理结构两方面。煤的化学结构主要是指在煤的有机质分子中，原子相互连接的次序和方式。煤的物理结构是指组成煤的分子之间的堆垛结构和孔隙结构。一般认为煤的分子结构是指煤中大分子芳香族化合物的结构，是高度交联的非晶质的十分复杂的大分子空间结构，具有高分子聚合物的结构特征。

一、镜质组和惰质组的分子结构演化

近年来，随着软件设计和计算机技术的发展，许多现代分析技术被应用到煤和热解焦分子结构演化的表征中，如X射线衍射（XRD）（Manoj et al.，2012；Takagi et al.，2004；Lu et al.，2001；姜波等，1988；苏现波等，2016）、傅里叶变换红外光谱（FTIR）（Igleslas et al.，1995；Ibarra et al.，1996；冯杰等，2002；张科等，2009）、固态^{13}C核磁共振光谱（^{13}C NMR）（Suggate et al.，2004；Solum et al.，1989；Erdenetsogt et al.，2010；Jiang et al.，2019；Okolo et al.，2015；邵员飞等，2005）、显微激光拉曼光谱仪（Potgieter et al.，2011；李霞等，2016；董业绩等，2018；Xie et al.，2019）及高分辨率透射电子显微镜（HRTEM）（Sharma et al.，1999；Sharma et al.，2001；Roberts et al.，2015；李霞等，2016；Wang et al.，2018）等方法。有学者利用上述各种实验方法单一或者综合地对自然演化的不同变质程度的煤或热解焦的分子结构演化进行了研究，得到了比较一致的结论。Okolo等（2015）使用广角X射线衍射-碳组分分析（WAXRD-CFA）、高分辨率透射电子显微镜、固态^{13}C核磁共振光谱以及衰减全反射傅里叶变换红外光谱（ATR-FTIR）分析了烟煤的结构演化特征。Lin等（2014）利用傅里叶变换红外光谱（FTIR）、高分辨率固体核磁共振（SSNMR）和激光拉曼光谱（Raman）技术研究了热解对中国褐煤结构转变的影响。Jiang等（2019）采用XRD、激光拉曼光谱、傅里叶变换红外光谱等方法研究了中高阶煤的大分子结构演化特征。此外，还有学者采用高分辨率透射电子显微镜研究了金管热解条件下亚烟煤的结构变化，量化了温度变化条件下晶格条纹长度、方向、堆叠及曲率等特征的变化（Li et al.，2021）。这些研究表明，随着煤化程度的增加，芳香环片层逐渐增多，晶格条纹长度逐渐增大，方向性逐渐增强，石墨化程度逐渐加深，芳香结构的含量和芳构化程度增加，脂肪结构的含量减少，脂肪链的长度缩短。在含氧官能团方面，发现氧原子通过去甲基化和双羟基化反应被碳或氢取代，在煤化过程中羰基和氧化的脂肪族碳被还原。但对于微晶结构尺寸的变化特征则有不同的认识，Lin等（2014）认为在热解过程中，微晶结构尺寸无明显变化。Jiang等（2019）则得出晶体结构参数堆砌度（L_c）和延

展度（L_a）与 R_o 呈正线性关系，而层间距（d_{002}）与 R_o 呈负线性关系的结论。Stach 等（1982）指出煤体结构随煤化作用进行主要发生富碳、去氢和脱氧的变化，与此同时有甲烷和二氧化碳等组成的小分子物质产生。杨起等（1996）发现芳构化作用的不断进行，芳香环不断缩聚，形成大分子物质，基本结构单元不断增大。然而，上述研究只是简单地揭示了随着温度或者煤化程度的加深煤的大分子结构的变化特征，并没有详细地、定量化地对结构变化进行阶段划分。

煤的大分子结构演化除去因煤阶不同存在差异性之外，还因煤岩组分的不同而不同。近年来，得益于煤显微组分分离技术的发展，煤显微组分的分子结构的研究引起了广泛关注。其中因自然界中广泛分布着富含镜质组的煤，且其在工业方面具有重大的应用价值，使其成了当前煤大分子结构研究的主要对象（Li et al.，2013；Li et al.，2014；Song et al.，2017；Suárez-Ruiz，1999；Wang et al.，2017；Wang et al.，2018；Xu et al.，2020；Zhang et al.，2021）。Li 等（2014）研究发现，随着镜质体反射率的增大，镜质组分中的 C-H、脂肪族/含氧化合物的逐渐降低，CH_2/CH_3 比先降低，随后逐渐增加。Zhang 等（2021）得出随着镜质组反射率的增加，芳香层的分布由无序向有序转变，形状由扭曲变为更直、更平行，晶体结构的 L_a、L_c 和芳香层数等结构尺寸随着镜质组反射率的增加而增大、层间距（d_{002}）则减小的结论。李伍（2015）对不同热演化程度的镜质组进行了实验室条件下分子结构热模拟的表征，发现在热解过程中脂肪碳逐渐减少，芳香碳相对含量随着热解进程不断增加。但上述研究忽视了惰质组的分子结构特征，缺乏对镜质组与惰质组结构演化差异的定量和可视化认识。

此外，还有学者对镜质组和惰质组的分子结构差异进行了研究。Zhou 等（2021）对低中阶煤进行组分分离，并对镜质组和惰质组分别进行了分子结构表征。Roberts 等（2015）则研究了南非煤田富镜质组煤和富惰质组煤在 450℃、700℃和 1000℃温度下产生的热解焦的分子结构特征。结果表明，在 700～1000℃条件下，富镜质组和富惰质组焦炭在元素、煤岩组分及芳香度值等方面非常相似，且在富镜质组煤中发生了更大的转变。Sun 等（2003）将陕西神木烟煤分离出镜质组和惰质组，并采用傅里叶变换红外光谱技术和固态 ^{13}C 核磁共振光谱技术分析研究了两个组分在热解过程中的分子结构演化特征，该研究揭示了热解过程中镜质组和惰质组结构演化的差异性，但是缺乏对微晶结构差异演化的研究。另外因设置的热解温度较低，不足以全面详细地反映煤化过程中两个组分的结构演化差异，缺乏定量化数据。Chen 等（2012）通过原位傅里叶变换红外光谱技术研究了随着煤级变化的官能团演化特征，该研究为无法或者较难分离的显微煤岩组分的分子结构研究提供了新的研究方法，但无法获得其他实验数据的支持，研究结果较为单一和片面。由于这些研究涉及的煤化阶段相对有限，主要集中在低-中阶煤，或者热解温度点较少。因此，尽管进行了这些研究，但仍不足以对煤的显微组分大分子结构随煤化过程的变化提供完整的和详细的了解。还需要进一步提高不同煤种不同显微组分大分子结构差异表征的准确性和全面性，进一步探讨镜质组和惰质组在煤化过程中结构演化差异的机理。

二、镜质组和惰质组的孔隙结构演化

煤中孔隙结构的复杂性是其储层物性非均质特征的核心表现之一，也是影响煤层气勘探开发的重要因素之一（Pashin，1998；Yingchun et al.，2018）。经过前人的诸多研究，人们已经认识到煤岩本身是影响孔隙结构复杂程度的决定性因素（Mares et al., 2009; Rodrigues et al., 2002; Valix, 1998），主要包括煤的热演化程度、显微煤岩组分及煤中大分子结构 3 个因素，煤中孔隙结构的演化随煤阶的增高、煤岩组成的不同和煤中大分子结构的变化而表现出不同的规律性：

1）煤阶是影响煤储层中孔隙的重要因素之一，前人对此有诸多观点：有学者发现煤的孔隙度随煤阶的变化呈现出“U”形变化规律（Mares et al., 2009; Rodrigues et al., 2002），最低点位于 R_o = 1.4%左右，但也有人发现煤的孔隙度随煤阶呈现出“波浪式”变化，出现“降—升—降”的变化趋势（Chen et al., 2015）。同时，还有文献指出在低煤阶煤储层中，孔隙度是随 R_o 的增大表现出降低的趋势（Xin et al., 2019），或者孔隙度随煤阶表现出先下降后升高的趋势，最低值在 R_o = 0.5%左右（Jian et al., 2015），当 R_o>0.5%时，孔隙度随煤阶的升高而增大。同样，在中煤阶，也出现孔隙度随 R_o 先降后升的规律，最低值出现在靠近 R_o = 1.0%处（Jian et al., 2015）。此外，随煤阶的变化，煤中不同孔径的孔含量也有着一定的变化规律，有学者认为大、中孔含量随煤阶升高而降低（Chen et al., 2015），但也有文献指出大孔含量只在低煤阶范围内表现出随 R_o 的增高而降低的趋势（Jian et al., 2015）。因此，不难发现，煤中的孔隙特征随 R_o 的变化必然会表现出某种规律性，但这种规律性在不同的文献中有着不同的表现形式。

2）煤岩组成是影响煤中孔隙结构的不可忽视的因素。多数学者认为，镜质组中含有大量微孔（Clarkson et al., 1999; Zhang et al., 2010），其微孔主要发育在结构镜质体中（Mastalerz et al., 2008），惰质组则主要以中、大孔为主。也有学者认为在低煤阶范围内，煤岩对孔隙结构的影响要大于煤阶的影响（Jian et al., 2015），并发现大孔（>1000 nm）和比表面积随镜质组含量升高而升高，但随惰质组含量升高而降低；中孔（100～1000 nm）随镜质组表现出“降—升—降”的趋势，而随惰质组含量增加而增加。同时，有文献指出煤中孔隙数量随惰质组含量增大而增大（Teng et al., 2017; Wang et al., 2017）。此外，还有文献认为煤岩组分与煤的有效孔隙度并没有明显的相关性（Kedzior et al., 2013）。因此，可以看出，煤岩组分与煤中孔隙发育的关系虽然有着一定的共识，但也存在着诸多分歧。

3）煤中大分子结构同样影响煤中孔隙的发育。有学者发现脂肪链比芳环更容易形成超微孔（Liu et al., 2017），当 R_o<1.4%时微孔孔容主要受脂肪族结构的影响，且随脂肪族官能团含量的降低而降低，当 R_o>1.4%时，微孔孔容主要受芳香族结构的影响，且与芳香环含量呈线性相关关系。有文献认为丝炭中含有更多芳香族分子结构，且其芳香环的缩合程度更高，芳香分子结构所占比例与微孔孔容、介孔孔容和 BET 比表面积呈反比（Teng et al., 2017），这是因为大分子侧链的脱落与芳环的缩合，导致孔隙结构被压实，比表面积变小（Mares et al., 2009）。可以看出，煤中大分子结构对煤中孔隙发育的影响并未表现出明显的分歧，但对于不同显微组分中大分子结构对孔隙发育的影响探讨还需要加强。

第二节　煤中甲烷（CH_4）的吸附控制因素研究现状

一、煤岩内部因素影响的研究现状

煤阶对甲烷吸附能力有着重要的影响（Laxminarayana et al.，1999）。但关于吸附能力随煤级变化的研究结论不一。目前比较公认的结论为煤阶越高吸附能力越强，甲烷吸附量随着煤阶变化呈线性增大（姚艳斌等，2007；Busch et al.，2011；Bustin et al.，1998；Cheng et al.，2017），但也有研究表明吸附量与煤阶的关系呈现“U”形变化趋势（Dutta et al.，2011；Lin et al.，2021；Zhao et al.，2019）；苏现波等（2005）则通过大量的实验分析数据，得出了甲烷吸附量与煤阶呈倒“U”形变化趋势的结论；还有学者认为煤对甲烷的吸附能力随着成熟度以分段式特征进行演化，如钟玲文（2004）和刘宇（2019）总结得出甲烷吸附量随成熟度增大而先减小再增大最后再减小。

近几十年来，许多研究学者研究发现煤岩类型对甲烷吸附能力的影响与煤级同样重要（Chalmers et al.，2007；Lamberson et al.，1993）。煤岩组分对甲烷吸附量影响的研究表明，亮煤、富镜质组煤比同煤阶的暗煤、富惰质组煤具有更高的吸附量（Crosdale et al.，1998；Lamberson et al.，1993）。侯伟等（2022）对宏观煤岩类型的甲烷吸附能力进行了研究，得出暗淡煤、半暗煤、半亮煤和光亮煤的吸附能力依次呈增大趋势。张群等（1999）在对平衡水分条件下的煤的吸附性进行研究时，也得出朗缪尔体积随着镜质组含量增加而增大，反之随着惰质组含量增加而减小的相似结论（张群等，1999）。Ettinger等（1966）则持与之相反的观点，认为丝质体比镜质组的吸附性更强。Faiz 等（1992）、Carroll 等（2003）研究认为吸附量与显微组分间没有显著的相关性。还有学者认为吸附性与显微煤岩组分间的关系因盆地而异，受特定的地质背景所限（Bustin et al.，1998）。

在对不同煤阶和不同显微组分的煤的吸附能力进行实验研究时，Chalmers 等（2007）得出“富镜质组煤具有更高的吸附能力”，这个规律仅适用于部分煤阶的结论，即在低煤阶时暗煤的吸附量更大，随着煤阶的增加，暗煤和亮煤间的吸附量差异增加，逐渐转变成高煤阶时亮煤的吸附量更大。钟玲文等（2002）在研究影响煤中甲烷吸附性能和影响因素时，也得出相似的结论，认为在低变质阶段时，不同的显微组分表现出不同的吸附能力，有胞腔结构且无充填的丝质体的吸附能力最大，镜质组的吸附能力次之，粗粒体和有胞腔结构但被充填的丝质体的吸附能力最弱，而在无烟煤阶段，镜质组的吸附能力则大于惰质组。Liu 等（2020）在对重液浮选获得的镜质组和惰质组的甲烷吸附能力随煤级的变化进行研究时，发现在低煤阶时，同样也是惰质组的吸附量更大，随着煤级增大，镜质组的甲烷吸附量逐渐增大，但是惰质组的甲烷吸附量则随之减小，二者的吸附能力大致在 $R_{o,max}=1.20\%$ 时达到相同水平。国内学者李振涛等（2012）也对我国柴达木、鄂尔多斯和沁水等盆地的 11 个煤田的煤岩显微组分和甲烷等温吸附关系进行了系统的分析，总结得出在不同的煤化作用阶段，甲烷吸附能力与镜质组和惰质组呈现出不同的相关性，低、中煤变质阶段时，煤对甲烷的吸附能力随镜质组含量的增加而增大，在高变质阶段时则呈现出与之相反的变化趋势；甲烷的吸附能力在低、中变质阶段时，随惰质组含量的增加呈现出先增加后减小的变化趋势，在高变质阶段时，二者则呈正相关关系。

对上述煤岩组分和煤级对甲烷吸附影响的文献进行梳理，不难发现孔隙结构往往被归结为甲烷吸附能力随煤岩组成或煤阶不同而产生差异性演化的原因，其中多数研究结论认为微孔含量是影响吸附能力的重要因素（Crosdale et al.，1998）。Chalmers 等（2007）研究指出甲烷吸附量与微孔的孔隙率呈中等正相关性，低煤阶时由于暗煤具有较多的微孔，导致暗煤的吸附量大于亮煤。钟玲文（2004）认为，煤对甲烷的吸附能力均随着孔隙的比表面积、微孔比表面积及微孔体积的增大而增大，但与孔隙总体积无明显相关性。但有学者在研究微孔体积与甲烷吸附关系时发现，二者并不是简单的正相关关系。Jian 等（2015）对在中国不同地区所采集到的 108 个不同变质程度、不同显微组分含量的低煤阶煤样进行了孔隙结构和甲烷吸附能力的测试，研究结果表明，在低煤阶时，煤变质程度对甲烷吸附的影响是有限的，不是影响甲烷吸附能力的主导因素，远不如显微组分的影响大；随着镜质组含量的增大，微孔体积呈现出先减小再增大最后减小的“三段式”变化趋势，导致甲烷吸附量随着镜质组含量增大也呈现出与之平行的“三段式”变化关系，随着惰质组含量增大，微孔体积和甲烷吸附量则呈现出与镜质组相反的“三段式”变化趋势。然而 Lin 等（2021）在研究高挥发分烟煤（R=0.5%～0.75%）的甲烷吸附能力演化时得出了与之不同的结论，研究得出孔隙的微孔比表面积、微孔总体积与甲烷吸附量之间不存在明显的相关性。这是由于在高挥发分烟煤阶段普遍存在沥青堵塞或者填充微孔孔隙的现象，这种效应进一步降低了煤中微孔对甲烷的有效吸附能力。研究还发现，如果低阶煤中的惰质组含量高于镜质组时，微孔的比表面积对甲烷吸附能力没有明显影响（Fu et al.，2016；Yalsin et al.，2001；Zhao et al.，2016）。刘宇（2019）采用实验与分子模拟的手段相结合研究了介孔和宏孔对甲烷吸附的影响，发现介孔和宏孔对甲烷吸附能力的贡献度达到了 11%～43%。

但在近年来，逐渐有研究者注意到煤的大分子结构对煤的甲烷吸附能力有着重要性。因为不管是从煤阶还是煤岩组分的角度来探讨煤的吸附能力，都可以归结为煤中大分子结构和孔隙结构对煤的吸附能力的影响，因为煤阶变化和煤岩组分改变的最终结果是影响煤中大分子结构、孔隙结构及煤的表面物理化学性质（苏现波等，2005；Gao et al.，2019；Wang et al.，2022）。不同的大分子基团被认为具有不同的吸附能力。目前在煤基质表面官能团的吸附性能方面做了大量的研究工作，形成了一些共识性的结论：含氮官能团均有利于提升煤体对 CO_2 和 CH_4 的吸附能力；含氧官能团有利于 CO_2 吸附，但含氧官能团对 CH_4 的吸附作用仍存在一定争议。Hao 等（2013）发现煤的表面含氧基团含量越高，甲烷吸附能力越低；Dang 等（2017）揭示出含氧官能团为 CO_2 提供了丰富而强大的吸附位点，但对 CH_4 的亲和力则较弱；降文萍（2009）通过量子化学计算方法发现含氧官能团对甲烷的吸附行为存在抑制作用，会降低煤对甲烷的吸附能力；反之煤中的脂肪侧链则对甲烷的吸附行为起着正面的促进作用，有利于提高煤对甲烷的吸附能力；Song 等（2017）研究表明大分子中的各化学基团的吸附能力排序为芳香结构>杂原子环>含氧官能团；Liu 等（2018）通过激光拉曼光谱和等温吸附实验观察到拉曼结构参数与朗缪尔体积之间存在明显的“U”型相关性。刘宇（2019）通过分子模拟手段揭示出不同的化学基团通过一方面表现出对甲烷分子不同的相互作用力，另一方面通过其在空间上不同的展布形态来影响煤对甲烷的吸附能力。当自由吸附单个甲烷吸附分子时，煤大分子中各化学基团的甲烷吸附能力排序为芳香环>甲基+亚甲基>甲基>羧基>羟基，当构成孔隙孔壁时，各基团的吸附能力排序又发生了较大的变化，吸附能力排序变为羧基>羟基>芳香环>甲基。

除此之外，煤对甲烷的吸附能力还受煤中水分的影响。传统理论认为，水作为极性分子与甲烷相比更容易被煤所吸附，因此在气态水未达到临界含水量之前，水的存在会降低煤中甲烷的吸附量，但如果气态水达到相对饱和并出现液态水，则含水量将不再影响煤的吸附性（Joubert et al.，1973；Joubert et al.，1974；陈文萍等，2007）。但是 Sang 等（2005）通过对模拟真实的储层条件下的注水煤样、平衡水样和干燥煤样分别进行温度-吸附实验，得出的实验数据表明，注入水煤样的朗缪尔体积明显大于平衡水样，且大于或等于干燥煤样，这一实验结果直接推翻了上述文献中液态水对煤层气吸附没有影响的传统认知。相反，在煤储层条件下，煤中的液态水对煤基质的吸附能力有明显的正向作用（Shu et al.，2005）。还有学者通过比较平衡水和干燥煤样的等温吸附实验数据时，发现在中低煤阶平衡水煤样的甲烷吸附量随着煤级降低而减小，究其原因认为是水分占据了煤中孔隙，降低了甲烷的吸附量，而中高煤阶的煤受水分的影响则较小，吸附量减少幅度低于中低煤阶的煤样（傅雪海等，2003）。

二、煤岩外部因素影响的研究现状

温度和压力是影响煤对甲烷吸附的重要的外部因素，近几十年来也得到了广泛的关注。目前普遍接受的结论是，在压力不变的情况下，煤的甲烷吸附能力随着温度的升高而降低，二者呈线性负相关关系（陈昌国等，1995；张天军等，2009；张翔等，2011；钟玲文，2004；Grosdale et al.，2008；Hao et al.，2014；Pini et al.，2010；Sakurovs et al.，2008），但温度对朗缪尔体积（V_L）和朗缪尔压力（P_L）的影响仍存在争议。蔺亚兵等（2012）、Pini 等（2010）、张翔等（2011）等学者认为随着温度的升高，V_L降低，而 P_L则增加（Pini et al.，2010；张翔等，2011；蔺亚兵等，2012），而陈昌国等（1995）、林海飞等（2014）则认为 V_L和 P_L都随着温度升高而降低。Hao 等（2014）则得出与第一种观点相反的结论，即 V_L和 P_L都随着温度的升高而增加。Wang 等（2019）采用概率论和统计学的方法对近二十年的相关研究进行了分析，最后得出普遍比较接受的结论，即朗缪尔体积很可能随着温度升高而减小，并且朗缪尔压力也很可能在较高温度下增加。

关于压力对甲烷吸附的影响，许多学者基于甲烷气体的等温吸附实验，查明了在压力影响下甲烷吸附能力的演化特征（张晓东等，2005；张群等，2008；Weniger et al.，2010）。目前已经达到了共识，认为在剔除温度影响的情况下，压力增大时，煤对甲烷的吸附量也随之增加。并且在低压区内，煤吸附甲烷的体积以近似线性增长的方式迅速增大，而后随着压力增大，甲烷吸附量的增长速率逐渐减小，直至吸附量几乎不再增大，此时煤对甲烷的吸附达到了吸附平衡（Busch et al.，2003；于洪观等，2004；孟召平等，2010；朱和保等，2010）。关于不同煤阶的煤进行甲烷吸附时对压力的响应，张庆玲等（2004）通过对 4 个不同矿区所采集到的不同成熟度的自然演化煤样进行等温吸附实验，实验结果表明，随着煤的成熟度增大，达到甲烷吸附平衡时对应的压力随之减小。但在实际地层条件中，温度和压力往往是同时随着埋深发生变化，因此在研究中也需要考虑温度和压力同时作用的情况下煤中甲烷吸附能力如何发生变化，基于此问题，钟玲文等（2002）对同一温度不同压力作用和同一压力不同温度作用下的甲烷吸附量进行了对比分析，得出结论，即在不同的温度、压力区间内，二者对甲烷吸附性能的影响程度不同，当温度和压力较低时，压力为煤对甲烷吸附能力的主控因素，且温度和压力增加的同时煤中甲烷的吸附量也随之增大；当温度和压力较高时，温度对甲烷吸附能力的影响为主控因素，且随着温度和压力增加，煤中甲烷的吸附能力随之减小。

第三节　研究意义与存在的问题

一、研究意义

目前全世界的能源格局特点是新能源和可再生能源得到迅猛发展，但化石能源在未来一段时间内依旧占绝对优势，且全球能源消费将向低碳能源转变。我国“富煤、贫油、少气（天然气）”的资源禀赋特点又决定了煤炭资源是国家繁荣和经济可持续发展的重要能源支撑（许江等，2022；袁亮，2021）。因此，我国以煤炭为主的能源结构形式在短时间内仍难以发生改变（谢和平等，2018）。近年来，随着我国浅部煤炭资源的耗尽，为支撑我国经济和社会的持续发展，煤炭资源开发的强度和深度不断增加，千米级矿井开采将成为常态（谢和平等，2018），地质条件日趋复杂，深部复杂地应力和水文地质条件加剧了矿井瓦斯事故（尤其是煤与瓦斯突出事故）的发生（蒋长宝等，2016）。同时，在我国“碳达峰、碳中和”的生态文明建设整体布局下，对煤炭的清洁利用也提出了要求。煤层气（瓦斯）作为煤炭形成过程中的重要伴生产物，资源量丰富，是一种高效清洁的能源，对其进行开发和利用可缓解日益增长的能源供需矛盾。储量丰富的煤层瓦斯“增储上产”空间巨大，已日益受到重视（秦勇，2021；秦勇等，2022）。根据近年来的全国煤矿事故类型及死亡情况可以发现，瓦斯爆炸事故的起数和死亡人数占比最大，煤中瓦斯的治理仍是煤矿安全生产工作的重中之重。因此，煤层气（瓦斯）的开发和利用，既能助力国家“双碳”目标的实现（秦勇，2021；秦勇等，2022），又能作为矿井瓦斯治理最直接有效的手段，在实现煤矿安全生产的同时，减少环境污染问题。

煤层气（瓦斯）的赋存状态主要以吸附态和游离态为主，其中吸附态占 80%~90%。目前已经对煤中甲烷吸附行为展开了深入的研究，通过分子模拟技术获得了更为准确的煤吸附甲烷的机理（辛鑫昕等，2024；Hao et al.，2021；Li et al.，2023，2024；Liu et al.，2018；Peng et al.，2023；Wen et al.，2021）。煤层气的吸附为物理吸附，其本质是甲烷分子与煤大分子之间的相互作用，其中孔隙表面为吸附的载体（刘宇，2019；汤路灯，2024）。甲烷在煤中的吸附一直以来因其在煤层气地质勘查开发及煤矿安全开采领域内的关键性引起了广泛关注（袁亮等，2013）。原位煤层气中又以吸附气为主，因此煤储层的吸附特征是控制煤层气成藏和开发工艺技术的关键因素。我国的煤层气资源赋存条件差，虽然煤层含气量较高，但低压、低渗和低饱和度的储层特征及特殊的地质构造等条件造成了其煤层气吸附/解吸性能的差异性巨大，影响了煤层气的解吸和运移。因此，煤层中甲烷的吸附问题一直以来都是相关领域的重点研究内容。

吸附态瓦斯的赋存特性受控于吸附条件，即温度、压力等。同时因煤层气的形成与成煤作用息息相关，随着煤化作用的进行，在不同的演化阶段生成了不同成因的煤层气，且在不同的演化阶段煤层生气产率不同，不同的煤岩显微组分生气能力也不同。因此，煤层气（瓦斯）的吸附能力也取决于煤储层本身的性质，如煤的变质程度、显微组分、水分及瓦斯组成等。近年来，关于煤储层吸附能力的研究，在“显微煤岩组分—煤阶—孔隙结构—吸附能力”的相关性方面展开了较多的探讨，亦得出了许多较为公认的结论，如吸附能力随着变质程度的增大而增大（Bustin et al.，1998；姚艳斌等，2007；Busch et al.，2011；Cheng et al.，2017）；低煤阶时暗煤较亮煤吸附能力强，高煤阶时亮煤较暗煤吸附能力强（Chalmers et al.，2007）；微孔含量是影响吸附能力的重要因素，等等。近年来，逐渐有学者注意到，在煤化作用的历次“阶跃”点附近，煤分子结构与孔隙特征发生变化显著，对煤吸附能力产生了较大影响。无论是从煤阶还是煤岩组分的角度来探讨煤的吸附能力，都可以归结为煤的微观结构对煤的吸附能力的影响，因为煤阶变化和煤岩组分改变的最终结果是影响煤的大分子结构和孔隙结构特征。鉴于此，从煤大分子结构演化出发，探究煤化过程中甲烷吸附能力演化特征及演化机制，对丰富我国煤层气（瓦斯）地质相关理论具有重要意义。

虽然，煤大分子物理结构/纳米孔隙研究极大地深化了对煤吸附性的认识，成为当前煤层气储层评价和瓦斯地质研究的热点之一，但不区分显微组分或仅针对镜质组的研究显然具有片面性和局限性，甚至导致相互矛盾的结果（曹代勇等，2021）。因此，加强惰质组大分子物理结构/纳米孔隙特征及其演化规律研究，是从微观结构角度全面查明煤吸附性特征的基础性工作。通过对比煤岩组分结构及煤变质作用进程中的演化差异，深入探讨显微组分在不同的演化阶段对甲烷吸附影响的差异性演化机制，不仅能丰富煤化作用过程中煤中不同显微组分对甲烷吸附能力演化的控制机理，同时还能服务于煤层气勘探开发及矿井瓦斯治理等方面的实际工作，具有重要的理论和实践指导意义。

二、存在的问题

1）虽然目前分子结构演化的研究很普遍，但从煤岩类型的角度来看，多数集中于原煤或者镜质组（或者富镜质组煤），惰质组的相关研究则较少。从随煤阶演化的角度来分析，发现对惰质组与镜质组的分子结构的对比多集中于低-中煤阶煤，或者热解温度点较少，变质阶段较为局限，缺乏详细的、完整的及定量的煤化过程中的镜质组和惰质组的结构演化差异对比，仍需进一步提高不同煤级不同显微组分的大分子结构差异表征的准确性和全面性，进一步探讨镜质组和惰质组在煤化过程中分子结构差异演化的机理。

2）纵观前人对煤储层孔隙结构影响因素的研究不难发现，虽然煤中孔隙结构的演化已有一些较为公认的规律性认识，但孔隙结构发育随煤级、煤岩组分的变化仍旧存在着一些分歧。各显微煤岩组分对热变质作用的响应是不同的，这种不同会导致煤岩组分尺度下煤储层物性的差异性演化。因此，在煤变质过程中，各显微组分孔隙结构的变化必然也存在着较大差异，不同地区、不同层位的煤储层，由于其显微组成和煤阶的不同，极易混淆其储层孔隙结构的差异化认识。故而，应进一步加强对煤化作用过程中同一煤层的镜质组和惰质组孔隙结构形成的机理及差异化机制的研究。

3）尽管煤阶和煤岩组分类型对煤中甲烷吸附能力有着非常显著的影响，但尚未就这些因素与甲烷吸附能力间的关系达成一致的认识。究其原因，是因为煤阶和煤岩组分改变的最终结果是影响煤中化学和物理结构的变化，故而无论从煤阶还是煤岩组分的角度来探讨煤的吸附能力，本质上都应归结为煤中的化学和物理结构对甲烷吸附能力的影响。然而，以往的研究虽然对甲烷吸附能力的影响因素进行了深入分析，但研究结果互相矛盾，且对煤化过程中大分子结构演化对甲烷吸附能力影响的研究较少，缺乏更多的实验证据。因此，应需从煤岩组分类型和煤阶两个角度切入，建立同煤阶不同显微组分间和同组分不同煤阶间的分子结构演化差异对比，从根本上探讨大分子结构演化差异→孔隙结构演化差异→对甲烷吸附的差异化作用规律和作用机制。

4）目前，多数研究都是基于自然演化的煤样来进行甲烷吸附影响因素的分析，由于不同沉积盆地或煤田内成煤的原始植物或所经历的热演化史不同，造成了各盆地或各煤田内的煤具有特定的表面吸附特质，进一步导致了相同煤岩组分和煤阶条件下甲烷吸附能力的差异性。在此基础上，以煤岩组分、煤阶等数据所建立的所有关于煤的吸附量预测的模型在全球范围内的不同盆地间缺乏较强的普适意义，而基于热模拟实验或高温高压模拟实验来建立煤化作用过程中不同组分的结构演化模式及差异对比则可以消除这种不确定性。

第四节　研究内容及技术路线

一、主要研究内容

依据前述研究现状所总结出的存在的问题和不足，本次研究以人工手选和热模拟/高温高压模拟实验为手段，获得代表不同演化程度的显微组分的煤样，通过对镜质组和惰质组在煤化作用过程中的分子结构、孔隙结构的演化差异性进行对比，以探讨和分析显微组分结构对甲烷吸附演化的差异化作用机制。

（一）镜质组和惰质组大分子结构演化特征及差异

研究以低煤阶煤样显微组分分离后再开展高温热模拟实验和高温高压模拟实验所获得的不同变质程度（阶段）的镜质组系列样品和惰质组系列样品为研究对象，通过傅里叶变换红外光谱（FTIR）、固态^{13}C核磁共振光谱（^{13}C NMR）、X射线衍射（XRD）及X射线光电子能谱（XPS）等实验，采用谱图分析和分峰拟合方法探讨煤化过程中煤中镜质组和惰质组的大分子结构和微晶结构的演化特征；基于FTIR谱图、^{13}C NMR谱图及元素分析等构建热演化过程中各演化阶段的不同显微组分的典型的三维大分子结构模型。基于上述研究，综合对比煤中镜质组和惰质组的芳香结构、脂肪侧链结构和含氧官能团等化学基团的演化及微晶结构演化等的差异性，查明不同显微组分大分子结构的差异性演化机制。

（二）镜质组和惰质组孔隙结构演化特征及差异

采用CO_2吸附实验、N_2吸附实验以及高压压汞实验联合测试，定量表征不同变质程度的人工热模拟的镜质组和惰质组序列样品的纳米级微孔、小孔、中孔及大孔的特征，总结煤化作用过程中不同显微组分的孔隙体积、孔隙比表面积、孔径分布、孔隙度、孔隙连通性、表面分形维数及结构分形维数等的差异性演化特征及演化模式。基于各演化阶段节点的显微组分煤样的三维大分子结构模型，结合镜质组和惰质组的分子结构演化特征及机制，以相关性分析和计算机分子模拟为手段，分析纳米级微孔演化的主控因素，综合考虑煤中孔隙的成因类型及演化特征，查明煤化过程中镜质组和惰质组孔隙结构演化的差异性及其不同的演化机制。

（三）镜质组和惰质组吸附 CH_4 能力演化差异及影响机制

对人工热模拟得到的不同变质程度的镜质组和惰质组样品进行等温吸附实验，分析朗缪尔方程拟合所得到的不同显微组分样品的等温吸附曲线，总结煤化作用过程中显微组分的 CH_4 吸附能力的演化差异。采用计算机分子模拟技术，分析煤中甲烷的吸附机理，定量表征镜质组和惰质组中纳米级孔隙的甲烷吸附特征，厘清甲烷吸附过程中不同孔径的孔隙吸附 CH_4 的贡献度。基于大分子结构演化、孔隙结构演化等特征以及镜质组和惰质组中甲烷的吸附机理，探究煤化作用过程中，不同演化阶段内镜质组和惰质组的甲烷吸附能力主控因素的变化，查明煤化作用过程中不同演化阶段内不同显微组分的甲烷吸附能力的差异性演化机制。

二、技术路线

基于两套不同成熟度、不用演化阶段的人工热模拟和高温高压模拟序列镜质组和惰质组样品，利用相关实验测试分析查明同一组分不同煤阶（不同温度、不同压力）、不同组分相同煤阶（相同温度、相同压力）下的大分子结构、孔隙结构的演化特征及差异，并借助于分子建模和分子模拟技术分析孔隙的形成及演化机理，在此基础上结合甲烷在镜质组和惰质组中的吸附机理，阐明煤化作用过程中不同演化阶段内不同显微组分的结构演化特征对甲烷吸附的差异性影响机制。本次研究技术路线如图 1-1 所示。

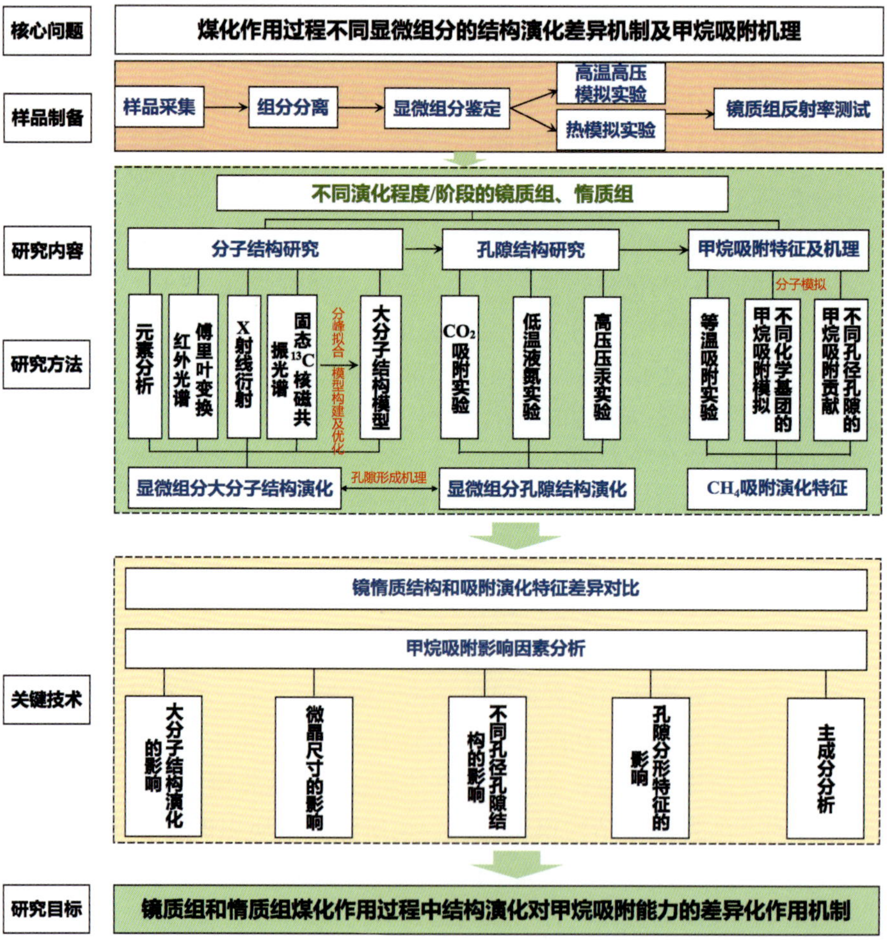

图 1-1　研究技术路线图

第二章　样品的制备与测试分析方法

第一节　实验样品采集与制备

一、高温热模拟实验及样品

（一）样品采集与处理

1. 采样区地质背景

伊犁盆地是一个跨越中国和哈萨克斯坦（主体位于哈萨克斯坦境内）的中新生代大型山间叠合盆地。其形成和发展受盆缘断裂控制，归属天山造山带中的伊犁-中天山微板块（Charvet et al.，2011）。南北向剖面形态以两侧造山带相对向盆地逆冲的对冲构造几何学样式为特征，伊犁盆地内则呈现为“二山三盆”的复杂次级山-盆构造组合，被划分为伊宁坳陷、贡奈斯坳陷、尼勒克坳陷和昭苏坳陷（张国伟等，1999）。

伊犁盆地中的主要含煤地层为八道湾组和西山窑组。八道湾组主要分布在伊宁凹陷、尼勒克凹陷和巩留凹陷，自下而上沉积物粒度由粗变细，主要由砾岩、砂岩、粉砂岩、粉质泥岩和泥岩等组成。在冲积扇、辫状河三角洲、浅湖等湿润温暖气候条件下的沼泽环境中沉积了区域广泛分布的煤层（施哈宁等，2011）。煤层主要分布于八道湾组中下段，总厚度为3.6~130 m，平均厚度为69.4 m（Li et al.，2014），其中厚煤层发育于八道湾组下段（J_1b^1）。

西山窑组主要分布在伊宁凹陷、尼勒克凹陷、贡内斯凹陷和昭苏凹陷，由砂岩、粉砂岩、泥岩、煤层及菱铁矿层组成（Li et al.，2014）。西山窑组沉积环境主要包括三角洲、浅湖、沼泽等气候湿润温暖的环境。研究区位于伊宁坳陷的北部，厚煤层主要赋存于西山窑组，煤层总厚度为10~36 m，含煤5~9层。其中C组煤层发育于西山窑组下段（J_2x^1），沉积环境主要为河控三角洲相，厚煤层主要发育于低位体系域和高位体系域的晚期。但在高位体系域时期发育的厚煤层受构造运动引起的水道改道等作用的影响，煤层沉积不连续（马帅等，2012）。

2. 样品采集

伊犁盆地内伊宁矿区的煤层厚度大，同一煤层既有富惰质组煤，也有富镜质组煤。这些煤的沉积来源相同，但沉积环境不同，经历了相同的沉积埋藏史，为研究单独的显微组分提供了条件，且无需面临太大的显微组分分离的挑战。因此，为了查明镜质组和惰质组在热演化过程中大分子结构的演化差异和演化途径，本次研究选取了伊宁矿区皮里青煤矿的西山窑组C4-3厚煤层，该套煤层厚度达8 m，无夹矸，煤类为褐煤，变质程度低。根据《煤层煤样采取方法》（GB/T 482—2008）按照间隔 0.2～0.5 m 自下而上系统密集地对其进行分层采样，共采集煤样 18 个（图 2-1）。如表 2-1 所示，采样要求每个样品在 2 kg 以上，尽量保持块状，以方便后续实验的进行。煤层总体呈深黑色，宏观煤岩类型为暗淡煤，总体呈深黑色，沥青光泽，参差状和阶梯状断口，条带状-均一状结构，层状和块状构造，含亮煤条带，煤质坚硬，不易破碎，煤层中含少量黄铜矿和铁质矿物。

表 2-1　伊宁矿区样品采集的分层深度及宏观煤岩类型

样品编号	分层深度/m	宏观煤岩类型	样品编号	分层深度/m	宏观煤岩类型
YN-01	0.50	光亮型	YN-10	4.60	半暗型
YN-02	0.90	暗淡型	YN-11	4.90	暗淡型
YN-03	1.30	暗淡型	YN-12	5.20	光亮型
YN-04	1.80	暗淡型	YN-13	5.60	暗淡型
YN-05	2.30	半亮型	YN-14	6.00	暗淡型
YN-06	2.70	光亮型	YN-15	6.30	光亮型
YN-07	3.10	暗淡型	YN-16	6.80	暗淡型
YN-08	3.60	暗淡型	YN-17	7.30	半亮型
YN-09	4.10	暗淡型	YN-18	7.80	光亮型

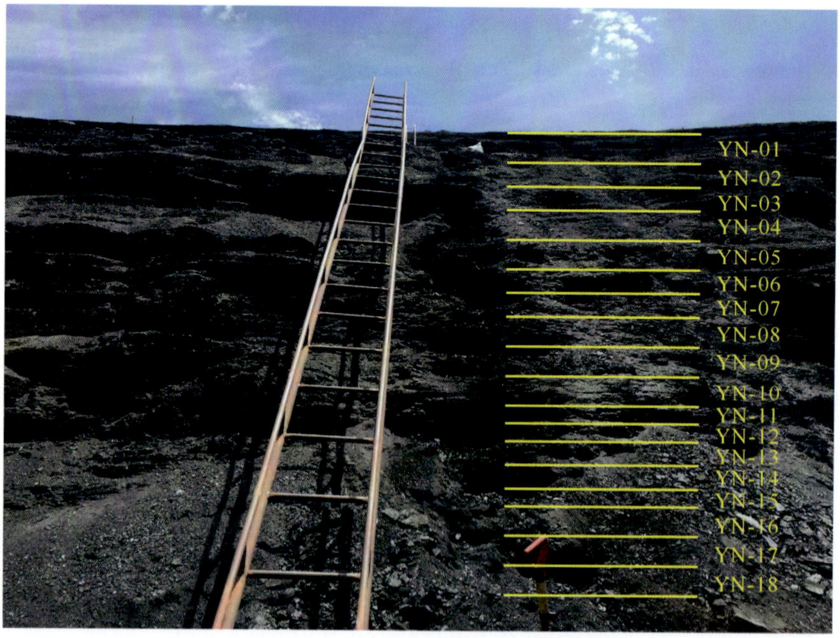

图 2-1　C4-3 煤层分层采样剖面图

3. 显微煤岩组分分离

由前述样品采集可知，伊宁矿区内同一煤层既有富惰质组煤，也有富镜质组煤，可采用手工剥离进行显微组分分选。首先对采集到的煤样进行宏观煤岩特征描述，并以此为依据，挑选宏观煤岩类型为暗淡型和光亮型的煤样，进行手工剥离分选，得到较高纯度的腐殖组（镜质组前身）样品和惰质组样品 YN-V-0 和 YN-I-0。再按照《烟煤显微组分分类》（GB/T 15588—2013）和《煤的显微组分和矿物测定方法》（GB/T 8899—2013），对挑选出的 YN-V 和 YN-I 煤样进行显微镜下煤岩组分定量统计，如若纯度达不到 90%，继续反复进行挑选，直至挑选出富集纯度分别达到 90%的样品YN-V（图 2-2）和 YN-I（图 2-3），将它们作为下一步热模拟实验的前驱物，前驱物样品（YN-V 和 YN-I）的基本信息见表 2-2，在光学显微镜下可以看出，YN-V 中高度富集腐殖组，以无结构腐殖体为主；YN-I 中高度富集惰质组，富含半丝质体和氧化丝质体。

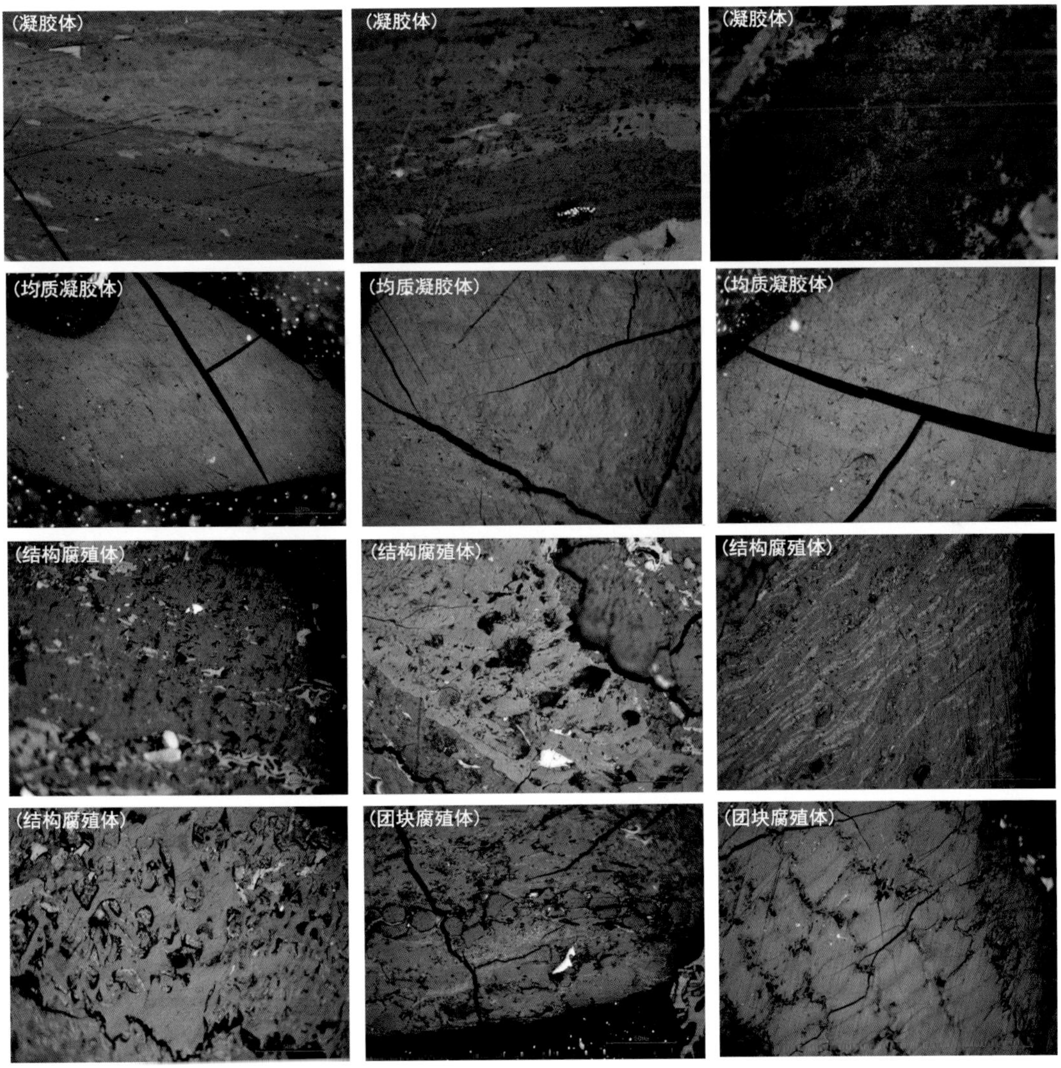

图 2-2　前驱物样品 YN-V 光学显微镜下的煤岩组分特征

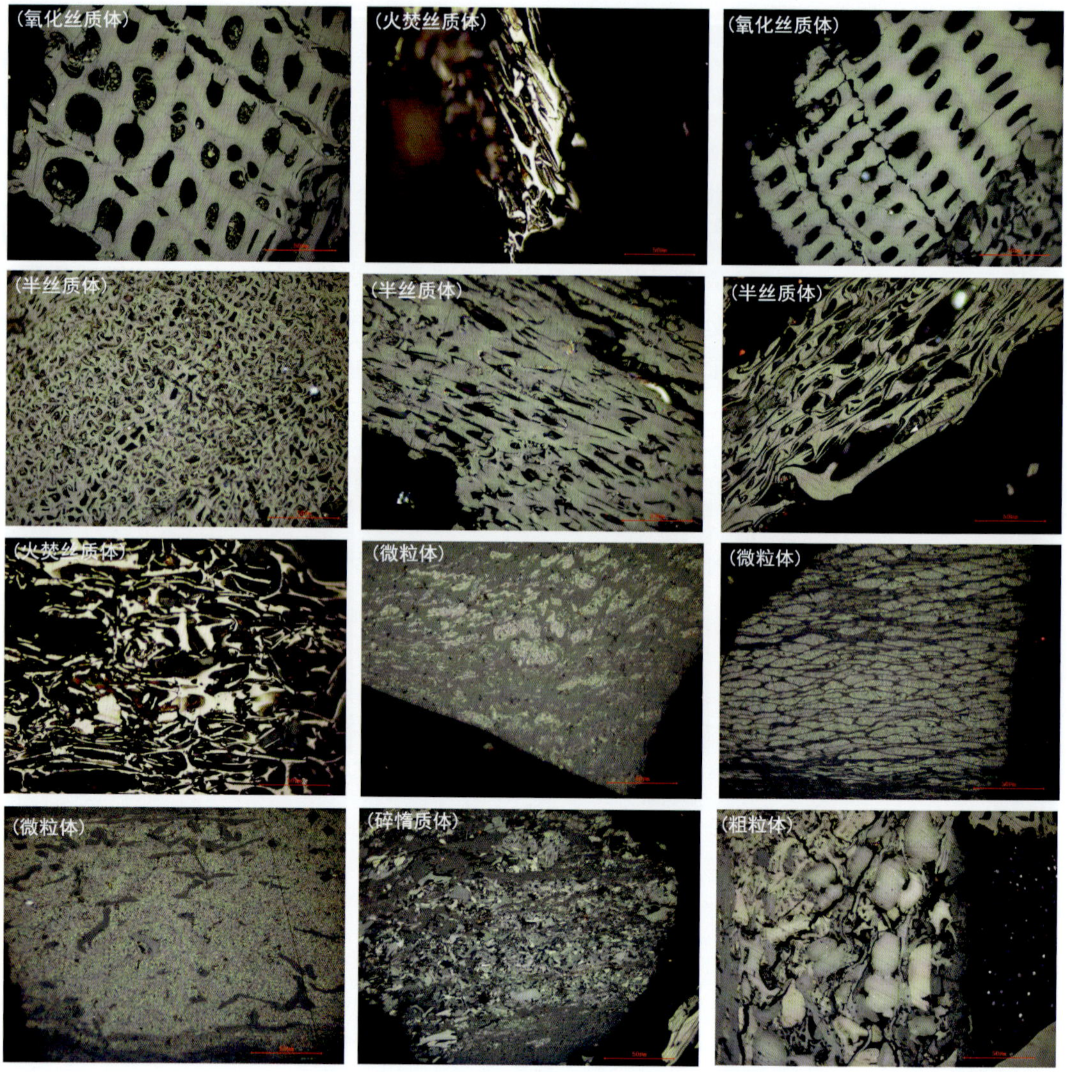

图 2-3　前驱物样品 YN-I 光学显微镜下的煤岩组分特征

表 2-2　热模拟实验前驱物样品煤岩基本特征

单位：%

样品编号	$R_{o,ran}$	镜质组	惰质组	壳质组	矿物
YN-V-0	0.35	82.00	15.10	1.40	1.50
YN-V		92.62	5.39	0.14	1.84
YN-I-0		6.70	90.70	1.00	1.50
YN-I		3.80	94.50	0.40	1.30

（二）高温热模拟实验与样品

本次热模拟实验采用了开放体系实验装置，由中国科学院广州地球化学研究所完成，块状样品加热装置的外形和内部结构如图 2-4 所示。样品放置在不锈钢制成的容器内，容器顶部由密封顶盖封闭，顶盖上有氩气入口和出口，在实验过程中保持 20 mL/min 的氩气流量，用高纯氩气来保护样品在加热过程中不受氧化。氩气出口是对外开放的，排出的气体经水洗后释放在大气中。该装置中样品承受的压力为常压，油气产物未加收集，故该装置仅用于块状样品的热模拟过程。将前驱物样品 YN-V 及 YN-I 分别划分为 13 份平行样，并进行了编号，每份样品重 60g。实验设置了 12 个温度点（表 2-3），分别为320 ℃，360 ℃，400 ℃，440 ℃，470 ℃，490 ℃，500 ℃，520 ℃，540 ℃，570 ℃，590 ℃和 600 ℃。将 12 个平行样装入反应容器然后放入加热炉中，以 20 ℃/h 的升温速率，从室温升高到预定温度，在温度达到预定的温度点时，从加热炉中取出反应容器，冷却后取出其中的样品。对热模拟后的镜质组系列的样品根据《煤的镜质体反射率显微镜测定方法》（GB/T 6948—1998）进行镜质组反射率测试，结果与预设定的演化阶段基本一致（图 2-5）。然后样品被压碎至 200 目用于进行后续的结构测试与等温吸附实验。

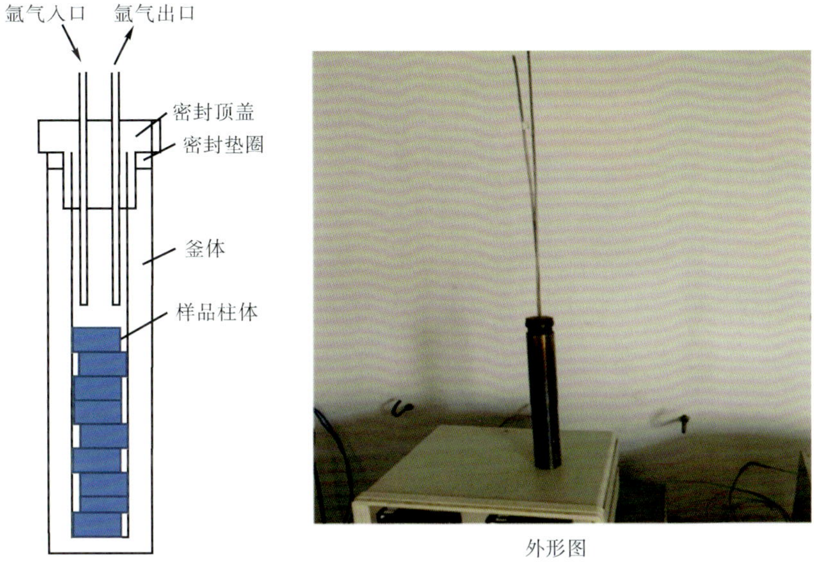

内部结构图　　外形图

图 2-4　块状样品热模拟实验容器外形及内部结构示意

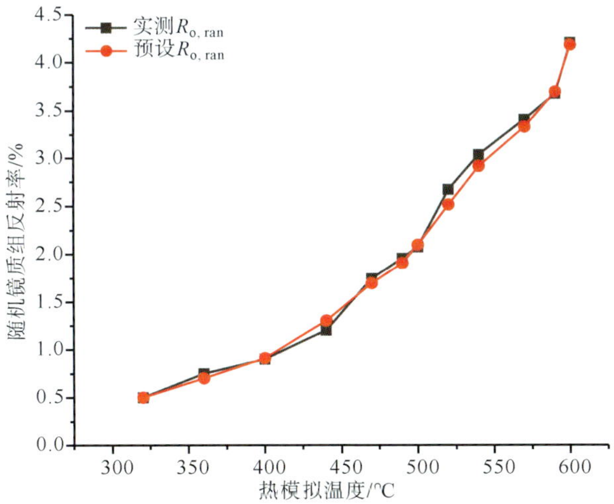

图 2-5　热模拟镜质组的随机镜质组反射率（$R_{o,ran}$）与热模拟温度的关系

表 2-3　热模拟实验参数及结果

样品编号	起点温度/℃	升温速率/$℃·h^{-1}$	取样温度/℃	恒温时间/h	加热前样品重量/g	加热后样品重量（镜质组/惰质组）/g	失重率（镜质组/惰质组）/%	预设 $R_{o,ran}$/%	实测 $R_{o,ran}$/%
YN-V-01/YN-I-01	—	—	—	—	60	60	—	0.40	0.35
YN-V-02/YN-I-02	25	20	320	0	60	48.94/46.08	18.43/23.2	0.50	0.50
YN-V-03/YN-I-03	25	20	360	0	60	47.81/44.99	20.31/25.02	0.70	0.75
YN-V-04/YN-I-04	25	20	400	0	60	46.99/42.05	21.68/29.92	0.91	0.90
YN-V-05/YN-I-05	25	20	440	0	60	45.01/39.56	24.98/34.06	1.30	1.20
YN-V-06/YN-I-06	25	20	470	0	60	44.14/37.43	26.44/37.61	1.69	1.74
YN-V-07/YN-I-07	25	20	490	0	60	43.96/38.02	26.74/36.64	1.9	1.95
YN-V-08/YN-I-08	25	20	500	0	60	43.02/38.03	28.3/36.62	2.09	2.07
YN-V-09/YN-I-09	25	20	520	0	60	42.53/37.39	29.12/37.69	2.51	2.67
YN-V-10/YN-I-10	25	20	540	0	60	41.50/35.86	30.84/40.24	2.91	3.03
YN-V-11/YN-I-11	25	20	570	0	60	40.82/34.40	31.97/42.67	3.32	3.40
YN-V-12/YN-I-12	25	20	590	0	60	40.19/34.03	33.02/43.28	3.69	3.67
YN-V-13/YN-I-13	25	20	600	3	60	39.65/33.62	33.92/43.96	4.18	4.20

二、高温高压模拟实验及样品

（一）样品采集与处理

1. 样品采集

选取了宁东煤田马家滩矿区双马煤矿山西组的4-2煤层，依据国家标准《煤岩样品采取方法》（GB/T 19222—2003）进行了剖面系统全层采样。4-2煤层的镜质组随机反射率为0.64%，属于低煤阶烟煤（不黏煤）。煤颜色为黑色，沥青光泽，参差状断口，以条带结构为主。煤层上部以半暗煤为主，向下逐渐过渡为半亮煤和光亮煤。采样要求每个样品在2 kg以上，尽量保持块状，以方便后续实验的进行。

2. 显微煤岩组分分离

对变质程度较低的煤样，基于宏观煤岩类别中镜煤与丝炭的特征差别初步进行手选，用镊子剥离煤样中条带明显的镜煤（显微组分为镜质组）与丝炭（显微组分为惰质组）。镜煤的光泽最强是光亮的，呈黑色、深黑色；丝炭外观像木炭，具有明显的纤维状结构和丝绢光泽，性脆易染手，呈灰黑色或暗黑色。由于该区煤样宏观煤岩类型以半亮型和半暗型为主，手选过程中难以精准剥离镜质组分和惰质组分与矿物，此方法较为粗糙，具有较大的误差，为获得纯度在90%以上的单组分样品，还需进行浮沉离心与脱灰的方法来进一步提纯。

将样品破碎至200目（75 μm），将200 mL密度为1.25 g/cm^{3}的$ZnCl_2$重液导入盛有20 g样品的烧杯中，玻璃棒搅拌使样品充分溶解，利用高速离心机（凯特离心，型号DD-5）进行浮沉离心，离心机转速为4000 r/min，时间为20 min，取离心后的悬浮液的沉降物质，再依次倒入密度为1.3 g/cm^3、1.35 g/cm^{3}和1.4 g/cm^{3}的$ZnCl_2$重液，重复上述步骤（图2-6）。最终富镜质组煤样选取密度区间在1.25~1.3 g/cm^{3}之间的样品作为镜质组样品，富惰质组样品选取密度区间在1.35~1.4 g/cm^{3}之间的样品作为惰质组样品，并将放置铺有滤纸的锥形瓶，连通泵进行抽滤，过程中用100 ℃热水反复冲洗4~5次，直至滤液清澈无浑浊。将样品连同滤纸放置烘干箱60 ℃真空干燥24 h，得到干燥的粉末样。依据《烟煤显微组分分类》（GB/T 15588—2013）和《煤的显微组分和矿物测定方法》（GB/T 8899—2013）进行显微组分定量，得到纯度为95%的单组分煤样。

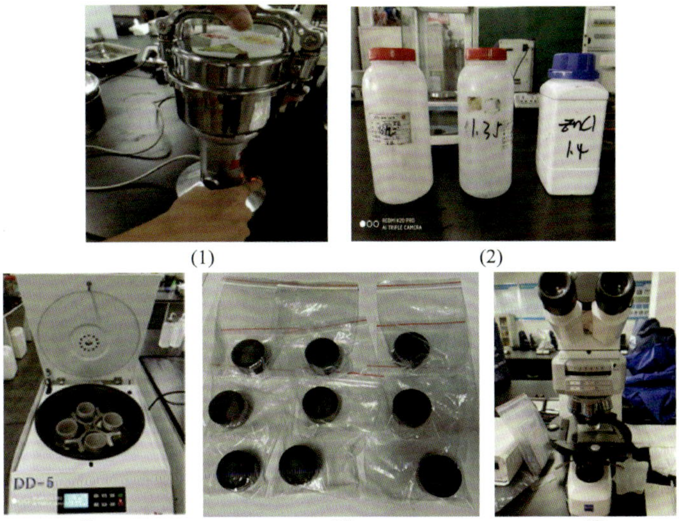

图2-6　浮沉离心步骤图

（二）高温高压模拟工艺与样品

基于“正演”原理，利用高温高压实验，将样品升至不同温压条件下，模拟不同演化程度的煤样。仪器为六面顶压机［图2-7（a）］。压力类型为静水压。模拟实验的温压条件见表2-4，升温升压速率：温度为10~20 ℃/min，压力为10~20 MPa/min，升温升压时间为50 min，保温保压2 h。

表2-4　高温高压模拟实验温压条件

编号	温度/℃	压力/GPa	编号	温度/℃	压力/GPa
NDV-1	600	1.0	NDI-1	600	1.0
NDV-2	600	1.5	NDI-2	600	1.5
NDV-3	600	2.0	NDI-3	600	2.0
NDV-5	900	1.5	NDI-4	900	1.0
NDV-7	1000	1.5	NDI-5	900	1.5
			NDI-6	900	2.0
			NDI-7	1000	1.5
			NDI-9	1200	2.0

将脱灰后的镜质组与惰质组各取10 g，均分成五等份。每份经过粉末预压制与样品封装后放置六面顶压机进行对应温度的高温高压实验。以一份为例：称量1.0~1.1 g镜质组样品，放入粉末压制压力机中［图2-7（b）］，选择1 GPa压力进行压制，得到直径12 mm左右，高8 mm的煤柱［图2-7（c）］。

(a)　(b)　(c)

图2-7　六面顶压机（a）、粉末压制压力机（b）、预压制煤柱（c）

封装为人工进行，套管顺序由内向外依次为氧化镁—石墨—氯化钠—叶蜡石，上下用钼片封住。氧化镁在高温高压下性能稳定，保护样品，避免样品与产热的石墨套管直接接触。石墨套管作为电阻发热体，导电后快速升温。氯化钠套管可传递压力，减少热量损耗。叶蜡石具有良好的流动性，既可以起到保护作用，同时也可创造良好的实验封闭环境（图2-8）。封装后转移进烘箱进行烘干，温度为80 ℃，时间为2 h。

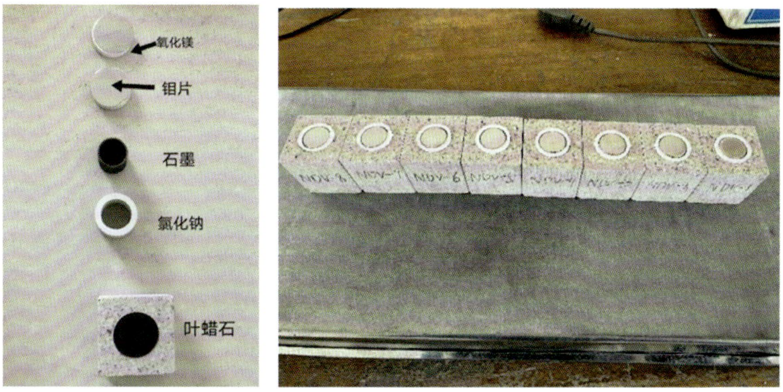

(a) (b)

图 2-8 封装用套管（a）、封装成品（b）

第二节 测试分析方法

一、组分测试分析

工业分析和元素分析（EA）是确定煤组成的最基本的方法，按照《煤的工业分析方法》（GB/T 212—2008）和《煤中碳和氢的测定方法》（GB/T 476—2008）测试标准，采用马弗炉和电子天平，测试温度为 20 ℃，湿度为 45%。本次主要测试参数为煤的水分（M_{ad}）、灰分（A_d）、全硫（$S_{t,d}$）以及碳（C_d）、氢（H_d）、氧（O_d）及氮（N_d）的元素分析，并以此计算出 H/C 原子比。

二、分子结构测试分析

（一）X 射线衍射（XRD）

样品为酸洗脱矿之后的粉末样品。XRD 测试实验仪器选取日本理学 Rigaku Ultima IV，铜靶，$2\theta=10°\sim80°$，加速电压 40 kV，扫描速率为 5°/min，电流 40 mA，$\lambda=0.15418$ nm。XRD 谱图上两个衍射峰（2θ 范围分别是 20°~30°和 40°~50°）与标准石墨 XRD 谱图中的 002 峰和 100 峰的位置相当。使用 Origin9.1 软件对光谱进行峰值拟合，并根据内标法对曲线进行校正，以获得峰位、面积、半高处峰宽（FWHM）和高度。

根据公式（2-1）—公式(2-4）及获得的峰参数计算其相关晶格参数：碳层间距（d_{002}）、延展度（L_a）、堆砌度（L_c）（Lu et al.，2001；Takagi et al.，2004）和芳香层数（N_{ave}）。

$$d_{002}=\frac{\lambda}{2\sin\theta_{002}} \tag{2-1}$$

$$L_a=\frac{1.84\lambda}{\beta_{100}\cdot\cos\theta_{100}} \tag{2-2}$$

$$L_c=\frac{1.05\lambda}{\beta_{002}\cdot\cos\theta_{002}} \tag{2-3}$$

$$N_{ave}=\frac{L_c}{d_{002}}+1 \tag{2-4}$$

式中：β_{100}为 D100 衍射峰的半峰宽；θ_{100}为 D100 衍射峰的衍射角；β_{002}为 D002 衍射峰的半峰宽；θ_{002}为 D002 衍射峰的衍射角；λ 为 X 射线衍射的波长，$\lambda=0.154056$ nm。

（二）傅里叶变换红外光谱（FTIR）实验

煤中不同化学基团对红外光谱的吸收频率不同，基于此利用傅里叶变换红外光谱来测试煤中各化学结构的存在形式和含量特征，根据红外光谱吸收峰的不同波段区域内的强度和面积可以反映出对应的化学基团的类型和含量。进行实验测试前，把 1～2 mg 粉末试样与 200 mg 纯溴化钾（KBr）研细混合均匀，并压成透明薄片，最后将样片放入美国生产的 Thermo Scientific Nicolet iS10 傅里叶变换红外光谱仪中进行测试，波数范围设置为 4000 cm^{-1}至400 cm^{-1}，扫描次数为 32，分辨率为 4 cm^{-1}。根据以往对红外光谱不同波段峰值归属的研究（Dutta et al.，2013；Ibarra et al.，1996；Jiang et al.，2019；Li et al.，2015；Painter et al.，1981；Wang et al.，2022），可以将红外光谱曲线分为几个波段（表 2-5），每个波段都可以通过曲线拟合的方法进行分析。假定煤中碳原子由芳香碳和脂肪碳组成，根据分峰拟合处理所得到的各区域振动峰值的峰值位置和面积计算煤的结构参数。FTIR 结构参数可分为 3 部分：包括芳香族结构参数（f_a，I，DOC）、脂肪族结构参数［$A(CH_2)/A(CH_3)$］和含氧结构参数（'C'）。可用式（2-5）—式（2-7）计算出煤的芳香度（Ibarra et al.，1994）：

$$f_a=1-\frac{C_{al}}{C} \tag{2-5}$$

$$\frac{H_{al}}{H}=\frac{A_{(2800-3000)cm^{-1}}}{A_{(700-900)cm^{-1}}+A_{(2800-3000)cm^{-1}}} \tag{2-6}$$

H_{al}/H 为脂肪氢与总氢比值：

$$\frac{C_{al}}{C}=\left(\frac{H_{al}}{H}\times\frac{H}{C}\right)\Big/\frac{H_{al}}{C_{al}} \tag{2-7}$$

式中：H_{al}/H 为脂肪氢与总氢比值；H_{al}/C_{al} 为脂肪簇团中的氢碳原子数目比，取经验值 1.80；$A_{(700-900)cm^{-1}}$为芳香结构C-H 的吸收峰面积；$A_{(2800-3000)cm^{-1}}$为脂肪烃 CH_x 的吸收峰面积；f_a为红外芳碳率；H/C 为氢碳原子数之比；C_{al}/C 为脂肪碳占总碳的相对含量；H_{al}/H 为脂肪氢含量与总氢含量的比值。

表 2-5　傅里叶变换红外光谱波段分配

编号	波数/cm^{-1}	各吸收峰的归属
1	3600～3200	—OH 伸缩振动
2	3055～3030	芳香核 C—H 伸缩振动
3	3000～2800	脂肪族 C—H 拉伸
4	1780～1660	羰基/羧基 C═O 拉伸
5	1620～1490	芳香环 C═C 拉伸
6	1460～1350	脂肪族 CH_2和 CH_3变形振动

编号	波数/cm^{-1}	各吸收峰的归属
7	1300~1100	芳香醚 C—O—C、酚醛 C—O 和酯 C—O—C 拉伸
8	1100~1030	脂肪醚 C—O—C 和醇 C—O 拉伸
9	900~700	芳香环 CH 平面外振动
10	900~850	1H（5 取代）
11	850~800	2H（4 取代）
12	730~800	3H-4H（2-3 取代）
13	730~720	烷烃侧环[（CH_2）n, n >4]

（据 Dutta et al., 2013; Ibarra et al., 1996; Jiang et al., 2019; Li et al., 2015; Painter et al., 1981; Wang et al., 2022）

I 是芳香族 C—H 的平面外变形振动吸收峰和脂肪族 C—H 的拉伸振动的吸收峰的面积比，可用来表征芳香官能团和脂肪族官能团的相对丰度。

$$I=A_{(700-900)cm^{-1}}/A_{(2800-3000)cm^{-1}} \tag{2-8}$$

DOC 是芳香环的缩合度，表示芳香 C ═C 键与芳香烃 C ═C 键比例的变化，用公式（2-9）计算（Guo et al., 1998），其中，$A_{(1600)\ cm^{-1}}$为芳香核的吸收峰面积。

$$DOC= A_{(700-900)cm^{-1}}/A_{(1600)\ cm^{-1}} \tag{2-9}$$

脂肪结构常用脂肪链长度指数 $A(CH_2)/A(CH_3)$ 来反映支链长度和分支度（张科等，2009），用公式（2-10）计算。该参数越大，脂肪链越长，分支度越小。

$$A(CH_2)/A(CH_3)=A_{(2900-2940)\ cm^{-1}}/A_{(2940-3000)\ cm^{-1}} \tag{2-10}$$

‘C’是 C ═O 官能团与 C ═C 官能团比率，同时还可以反映煤的成熟度，用公式（2-11）计算，其中 $A_{(1650-1800)cm^{-1}}$代表傅里叶变换红外光谱中 C ═O 基团所对应的吸收峰面积。

$$‘C’=A_{(1800-1650)cm^{-1}}/(A_{(1800-1650)cm^{-1}}+A_{1600cm^{-1}}) \tag{2-11}$$

（三）固态^{13}C 核磁共振光谱（^{13}C NMR）实验

测试仪器型号为 Bruker AVANCE Ⅲ HD 400MHz 的固体核磁共振波谱仪，采用 H/X 双共振固体探头，CP/MAS 模式，采用交叉极化/魔角模式/偶极失相（CP/MAS/DD）方法，配备 4 mmMAS 和 ZrO_2 探针，共振频率为 100. 625 MHz。在转速为 10 kHz 的条件下，样品的接触时间为 4 ms，脉冲重复延迟为 1~2 s。利用 Peakfit 4. 12 软件对^{13}C NMR 谱进行峰拟合，以更好地量化镜质组和惰质组的分子结构参数。根据碳原子类型的化学位移分配的不同，对^{13}C NMR 谱中不同类型的碳进行了分类（Erdenetsogt et al., 2010; Solum et al., 1989; Solurn et al., 2001; Suggate et al., 2004）：F_a(100×10^{-6}~220×10^{-6})，代表芳香总碳；f'_a(100×10^{-6}~165×10^{-6})，代表芳香环碳；f_a^H(100×10^{-6}~129×10^{-6})，代表质子化芳碳；f_a^{C1}(165×10^{-6}~190×10^{-6})，代表羧基碳；f_a^{C2}(190×10^{-6}~220×10^{-6})，代表羰基碳；f_a^S(135×10^{-6}~150×10^{-6})，代表烷基取代碳；f_a^B(129×10^{-6}~137×10^{-6})，代表芳香桥碳；f_a^N(129×10^{-6}~165×10^{-6})，代表非质子化芳碳；f_{al}(0~90×10^{-6})，代表脂肪族碳；f_{al}^H(0~36×10^{-6})，代表亚甲基或次甲基碳；f_{al}^*(36×10^{-6}~50×10^{-6})，代表甲基碳；f_a^P(150×10^{-6}~165×10^{-6})，代表酚羟基或醚氧连碳。然后，根据相应峰值的面积计算这些结构参数。此

外，利用式（2-12）计算了表征煤中芳香环聚合程度的重要参数桥周碳比 X_{BP}，它可以反映芳香环的尺寸。

$$X_{BP}=f_a^B/(f_a^H+f_a^P+f_a^S) \quad (2-12)$$

（四）X射线光电子能谱（XPS）

X射线光电子能谱（XPS）可以分析C、N、O和S元素的赋存形式。XPS实验采用Thermo Scientific K-Alpha型X射线光电子能谱仪进行。以C1s（284.8eV）为标准进行校正。使用Al Kα射线激发，取适量样品压片后，贴于样品盘上，将样品放置仪器样品室中，在样品室的压力小于 2×10^{-5}Pa时，将样品送入分析室，分析室真空度为 3×10^{-5}Pa，光斑大小为400μm，工作电压为12 kV，灯丝电流为6 mA；全谱扫描通能为150 eV，步长为1 eV；窄谱扫描通能为50 eV，步长为0.1 eV。

三、孔隙结构测试分析

目前，煤层孔隙结构表征方面的测试方法日趋成熟，其中尤以流体注入法和图像分析法在表征孔隙结构特征方面最为有效（付常青等，2016）。这两类方法因具备测试时间短，精度高，测试范围广的优势而广受欢迎，但不同的实验所测试的孔隙孔径范围局限，无法全面反映煤岩孔隙结构特征（Clarkson et al.，2012）。因此，需结合 CO_2、N_2 及高压压汞实验综合表征煤样的孔隙结构。根据前人研究可知，CO_2 吸附适用于精确表征小于2 nm孔隙，N_2 吸附主要用来表征2~50 nm孔径段的孔隙结构，压汞法主要反映3~100000 nm的孔隙结构信息。

（一）N_2 吸附实验

低温氮气吸附实验以国家标准《岩石比表面积和孔径分布测定 静态吸氮吸附容量法》（SY/T 6154—1995）为依据进行。岩石的表面分子存在剩余的表面自由能，气体分子与固体表面接触时，部分气体分子被吸附在固体表面上。当气体分子的热运动足以克服吸附剂表面自由能的位能时发生脱附，吸附与脱附的速度相等时达到吸附平衡。当温度恒定时，吸附量是相对压力 P/P_0 的函数，吸附量可根据波义耳-马略特定律计算。平衡吸附量随压力变化的曲线称为吸附等温线，对吸附等温线的研究可以获得固体中的孔隙形状类型、比表面积、孔径分布及分形特征等孔隙结构信息（李子文，2015）。

本次实验选用美国康塔公司生产的比表面积分析仪AUTOSORB IQ，实验前将样品研磨筛选至60~80目（0.20~0.25 mm），每个样品选取粉煤样2~3 g，采用“静态容量法”在设定的不同压力点下进行低温液氮吸附实验，记录各个压力点的氮气吸附量，以此得到随着相对压力 P/P_0 增大的氮气吸附量的变化曲线，即为煤样低温液氮吸附-脱附曲线。然后根据吸附滞后回线可以获取孔隙形状类型，比表面积数据以多分子层吸附理论（BET理论）为依据进行计算，煤样的孔容和孔径分布特征则以Barrett-Joyne-Halenda（BJH）模型为依据进行计算。

（二）CO_2 吸附实验

低温 CO_2 吸附实验法同上述低温 N_2 吸附的原理相似，但由于 CO_2 气体分子直径更小，能进入的孔径也更小，特别是小于2 nm的微孔和超微孔，并且扩散速率更快，在饱和温度（273 K）下具有更高的饱和压力，主要用来精确、有效地对小于2 nm的孔隙结构进行表征。以《气体吸附 BET 法测定固态物质比表面积》（GB/T 19587—2004）为标准，采用康塔公司生产的 AUTOSORB IQ 吸附仪进行低温 CO_2 吸附实验，煤样的温度设定为 273 K，先进行干燥脱气，然后检测各个压力点的 CO_2 吸附量，进而得到煤样的 CO_2 吸附-脱附曲线。本次实验采用 DFT（Density Functional Theory，密度泛函理论）模型来计算煤样的孔体积、孔比表面积和孔径分布等数据。

（三）扫描电镜

选取煤样中代表性层状碎片，长轴不超过 0.5 cm，采用 HITACHI S-4800 型冷场发射扫描电镜对煤的表面形貌形态进行观察，依据不同孔隙的成因类型及显微组分的判别，分析镜质组和惰质组样品中的孔隙结构展布特征及形态特征。

（四）压汞实验

该方法以毛管束模型为基础，假设多孔介质是由直径大小不相等的毛管束组成的。汞不润湿岩石表面，是非润湿相，相对来说，岩石孔隙中的空气或汞蒸气就是润湿相。往岩石孔隙中压注汞就是用非润湿相驱替润湿相。当注入压力高于孔隙喉道对应的毛管压力时，汞即进入孔隙之中，此时注入压力就相当于毛细管压力，所对应的毛细管半径为孔隙喉道半径，进入孔隙中的汞体积即该喉道所连通的孔隙体积（宋岩等，2012；潘结南等，2019）。不断改变注入压力，就可以得到孔隙分布曲线和毛管压力曲线。其计算公式为

$$P_c = 2\sigma \cos\theta / r \tag{2-13}$$

式中：P_c 为毛细管压力，MPa；σ 为汞与空气的界面张力，σ 为 480 dyn[1]/cm；θ 为汞与岩石的润湿角，$\theta = 140°$，$\cos\theta = 0.765$；r 为孔隙半径，μm。

可得孔隙半径 r 所对应的毛管压力：

$$R = 0.735 / P_c \tag{2-14}$$

本次压汞测试采用美国 Corelab CMS300 和美国 AutoPore Ⅳ 9505 压汞仪进行，以中华人民共和国石油天然气行业标准：《岩心常规分析方法》（SY/T 5336—2006）和《岩石毛管压力曲线的测定》（SY/T 5346—2005）为标准。样品状态为块状，测试前在 105 ℃下烘干至恒重，最高实验压力 200 MPa，该仪器采用自动液压油循环过滤系统，可从真空开始进行可连续或步进的加压进汞和减压退汞。对样品抽真空后，全自动计算机控制两个内置注汞站同时连续向样品池充汞，压汞仪记录加压过程中压力与进入样品孔中汞体积以及减压过程中压力与滞留在样品孔的汞体积。

四、分形理论

分形理论已被证明是表征复杂多孔介质的一种有效方法，可以结合氮气吸附法和压汞法，进行数字量化煤储层孔隙的复杂程度和非均质性（Cai et al.，2013；Jerzy，1998；Sahouli et al.，1996；Yao et al.，2008；Zhang et al.，2014）。根据分形理论，表面分形维数（DS）用来表征材料表面的粗糙度，分形维数越大，表明煤储层的孔隙空间结构越复杂（Reich et al.，1992）。根据孔隙对煤层气储藏量和可采性的贡献，将煤中的孔隙分为吸附孔隙，包括微孔（<10 nm）和小孔（10~100 nm），以及渗流孔（>100 nm）（Shi et al.，

[1] dyn 表示达因，表述表面张力系数大小。dyn/cm 又叫达因值，力的单位。

2005；Yao et al.，2006）。

本次工作把 Frenkel-Halsey-Hill（FHH）模型作为计算依据，计算复杂分形多孔（<100 nm）介质比表面分形维数（D）。根据 Pfeifer 等（1983）提出的理论，分形表面的分形维数可以由 FHH 方程计算：

$$\ln(V/V_0)=C+A\times\ln[\ln(P_0/P)] \tag{2-15}$$

$$D=A+3 \tag{2-16}$$

式中：V 为平衡压力 P 下吸附的气体体积，cm^3/g；V_0为单分子层吸附气体体积，cm^3/g；P_0为气体吸附的饱和蒸汽压，MPa；以 $\ln(V/V_0)$ 为变量 y，$\ln[\ln(P_0/P)]$ 为自变量 x，A 代表的是 y 随 x 直线变化的斜率；C 则是常数。

Menger 模型、Sierpinski 模型以及热力学模型（Angulo et al.，1992；Jiang et al.，2013；Song et al.，2018；Zhang et al.，1995；Zhang et al.，2006）常被用到压汞实验数据上计算渗流孔（>100 nm）的分形维数。本书采用热力学模型进行渗流孔表面分形维数的计算。在压汞过程中，可以得到如下进汞增量与孔表面能的关系式（Rootare et al.，1967）：

$$\mathrm{d}W=-P\mathrm{d}V=-\gamma_L\cos\theta\mathrm{d}S \tag{2-17}$$

式中：W 为孔表面能，J；γ_L 为汞与孔表面的表面张力，J/m；θ 为汞与孔表面的接触角，°；S 为孔隙表面积，m^2；P 为进汞压力，MPa；V 为进汞量，m^3。

由此，可得出下述关系表达式为

$$W_n=\sum_{i=1}^{n}P_i\Delta V_i \tag{2-18}$$

$$Q_n=V_n^{1/3}/r_n \tag{2-19}$$

$$\Delta V_{obs}=\Delta V_p+\Delta V_c \tag{2-20}$$

Zhang 等（2006）对式（2-20）进行了修正，得出式（2-21）：

$$\ln(W_n/r_n^2)=D\ln(V_n^{1/3}/r_n)+C \tag{2-21}$$

式中：P_i 为孔半径 r_i 对应的进汞压力，MPa；ΔV_i 为孔半径 $r_i\sim r_{i-1}$范围内的孔隙进汞增量；V_n是孔隙体积，m^3；ΔV_{obs}、ΔV_p、ΔV_c分别代表进汞量、孔隙充填和固体压缩的体积，m^3。

因此，令 $y=\ln(V_n^{1/3}/r_n)$，$x=\ln(W_n/r_n^2)$然后对所得到的 $y-x$ 数值进行线性拟合，所获得的斜率即为煤样孔隙分形维数 D_t。

五、等温吸附实验

煤样甲烷等温吸附实验所用仪器为 Quantachrome iSorb HP 高压气体吸附仪，实验方法采用体积法。实验前将样品粉碎至60~ 80目，实验过程参与《煤的高压等温吸附试验方法》（GBT 19560—2008）标准进行，实验温度均为 30 ℃，压力范围为 0 MPa 至20 MPa，压力点一般为 18 个。首先，称取约 30 g 煤样，在真空干燥箱中（105 ℃）干燥 2 小时，将达到平衡水分的煤样样品冷却至室温，再将样品置于密封容器中，测定其在相同温度（30 ℃）、不同压力（0~20 MPa）条件下达到吸附平衡时所吸附的甲烷的体积；然后，根据朗缪尔单分子层吸附理论，对甲烷等温吸附曲线进行拟合，通过理论计算求出表征煤对甲烷等吸附特性的吸附常数朗缪尔体积和朗缪尔压力。

第三章　基于热模拟实验的镜质组和惰质组分子结构演化差异

为了深入研究煤化过程中镜质组和惰质组分子结构演化的差异，本章节采用第二章节所介绍的工业分析、元素分析、X 射线衍射（XRD）、傅里叶变换红外光谱（FTIR）和固态^{13}C 核磁共振光谱（^{13}C NMR）等测试方法对两组热模拟序列的镜质组和惰质组的物质组成和化学结构进行综合表征。在此基础上，探讨分子结构参数与 $R_{o,ran}$ 的关系，对比镜质组和惰质组在煤化过程中分子结构演化特征及演化差异。最后，以实验测试为依据，以分子建模和模拟为手段，建立煤样的三维立体大分子模型。为后续的显微组分孔隙结构及甲烷吸附能力演化差异及影响机制探讨奠定基础。

第一节　实验结果与数据分析

一、元素分析

根据《煤的工业分析方法》（GB/T 212—2008）及表 3-1 和表 3-2 中元素分析和工业分析的测试结果可知，热模拟实验前驱富镜质组煤和富惰质组煤属于特低灰、低硫煤。镜质组的水分含量为 2.02%~5.0%，惰质组的水分含量为 2.58%~6.44%，均随着热解温度的增大而逐渐减少，因此水分对后续实验的误差影响较小。镜质组的灰分含量为 2.95%~4.18%，平均为 3.74%，惰质组的灰分含量均比镜质组的含量大，为 4.2%~7.75%，平均为 5.70%。这说明惰质组在泥炭化作用阶段，在覆水性弱的、干热的氧化环境条件下，所接受的碎屑沉积补给较多。

总体来看，镜质组的 C 含量普遍低于惰质组，H、O、N 含量普遍高于惰质组。随着热模拟的进行，O 含量变化最大，并呈持续下降趋势。热模拟初始样品 YN-V-01 的 O 含量为 20.56%，YN-I-01 的 O 含量为 16.71%，当热模拟温度升高到 400 ℃（YN-I-4，$R_{o,ran}$=0.90%）时，惰质组系列样品的 O 含量降低到 10%以下，而当热模拟温度升高到 440 ℃时（YN-V-5，$R_{o,ran}$=1.20%），镜质组系列样品的 O 含量降低到 15%以下。随着热模拟温度升高到 520 ℃时，镜质组和惰质组的 O 含量均降低到 10%以下。

镜质组样品的 H 含量由 4.15%逐渐降低到 1.92%，惰质组样品的 H 含量由 2.87%逐渐降低到 1.8%，变化较小。N 含量在热解过程中基本不变，其原因为 N 在镜质组中以吡咯和吡啶的形式存在，在惰质组中以氨基和吡咯的形式存在，其结构较为稳定，在热模拟过程中不易发生变化（谢克昌，2002）。随着热模拟过程的推进，镜质组与惰质组中各元素的含量最终趋于相似（表 3-1，表 3-2）。

表 3-1 热模拟镜质组样品的煤质测试结果

样品编号	工业分析/%		元素分析/%					原子比	
	M_{ad}	A_d	$S_{t,d}$	C_d	H_d	N_d	O_d	H/C	O/C
YN-V-01	4.98	3.94	0.07	71.50	4.15	0.86	20.56	0.6965	0.2157
YN-V-02	5.00	2.95	0.07	73.39	4.00	0.80	18.79	0.6540	0.1920
YN-V-03	4.04	3.02	0.07	74.83	4.00	0.85	17.22	0.6415	0.1726
YN-V-04	3.68	3.37	0.07	76.81	3.55	0.85	15.34	0.5546	0.1498
YN-V-05	3.68	3.49	0.07	78.95	3.26	0.88	13.35	0.4955	0.1268
YN-V-06	3.34	3.42	0.06	78.01	3.30	0.95	14.26	0.5076	0.1371
YN-V-07	3.50	3.65	0.08	81.16	3.01	0.99	11.11	0.4450	0.1027
YN-V-08	3.48	4.03	0.08	81.73	2.88	0.93	10.34	0.4229	0.0949
YN-V-09	3.19	3.78	0.08	83.30	2.81	0.93	9.10	0.4048	0.0819
YN-V-10	2.91	3.68	0.07	84.58	2.47	0.97	8.23	0.3504	0.0730
YN-V-11	2.57	3.95	0.08	84.98	2.38	0.99	7.62	0.3361	0.0673
YN-V-12	2.26	3.87	0.08	86.41	2.30	0.94	6.39	0.3194	0.0555
YN-V-13	2.02	4.18	0.08	87.34	1.92	0.89	5.58	0.2638	0.0479

表 3-2 热模拟惰质组样品的煤质测试结果

样品编号	工业分析/%		元素分析/%					原子比	
	M_{ad}	A_d	$S_{t,d}$	C_d	H_d	N_d	O_d	H/C	O/C
YN-I-01	4.3	6.9	0.07	75.64	2.87	0.75	16.71	0.4553	0.1657
YN-I-02	6.44	4.45	0.15	75.49	2.58	0.72	16.62	0.4101	0.1651
YN-I-03	6.18	4.20	0.09	76.52	2.53	0.71	15.96	0.3968	0.1564
YN-I-04	5.93	6.61	0.83	76.56	2.49	0.70	12.81	0.3903	0.1255
YN-I-05	4.69	4.28	0.07	79.29	2.52	0.76	13.08	0.3814	0.1237
YN-I-06	4.76	5.56	0.42	80.18	2.41	0.76	10.67	0.3607	0.0998
YN-I-07	3.80	7.13	0.85	79.79	2.39	0.75	9.09	0.3594	0.0854
YN-I-08	3.88	4.50	0.07	81.69	2.36	0.79	10.58	0.3467	0.0971
YN-I-09	3.72	7.75	0.87	81.10	2.31	0.79	7.19	0.3418	0.0665
YN-I-10	3.98	7.50	0.92	82.61	2.25	0.69	6.04	0.3268	0.0548
YN-I-11	3.80	4.86	0.18	84.78	2.20	0.75	7.22	0.3114	0.0639
YN-I-12	3.47	4.56	0.06	85.47	2.13	0.71	7.07	0.2991	0.0620
YN-I-13	2.58	5.79	0.64	85.49	1.80	0.74	5.55	0.2527	0.0487

随着 $R_{o,ran}$ 的增加，镜质组的 C 含量先迅速增加，后缓慢增加，基本保持不变。镜质组的 C 含量变化基本上分为两个阶段，在热模拟温度小于 440 ℃时（YN-V-01 至 YN-V-05），C 含量随着温度的增大而较为快速地增加，该阶段 C 含量小于 80%。当温度大于 440 ℃时，C 含量随着温度的增大而缓慢地增加，C 含量由 81.16%逐渐增大到 87.34%。惰质组的 C 含量变化小于镜质组，且随 $R_{o,ran}$ 的增加呈线性增加趋势。当热模拟温度小于

440 ℃时（YN-I-01 至 YN-I-05），C 含量增加较为缓慢，该阶段 C 含量小于 80%。当温度范围为 440～520 ℃时（YN-I-06 至 YN-I-09），C 含量变化较小，该阶段 C 含量为 79.79%～81.69%。当热模拟温度继续增大时，C 含量再次缓慢增大，由 82.61%逐渐增大到 85.49%。

二、傅里叶变换红外光谱

（一）FTIR 谱图特征

煤的 FTIR 可以反映官能团的类型。按照所反映的官能团的类型，将煤的 FTIR 谱图分成 4 个吸收波谱带，分别为芳香结构吸收带（700～900 cm^{-1}）、含氧官能团吸收带（1000～1800 cm^{-1}）、脂肪结构吸收带（2800～3000 cm^{-1}）和羟基吸收带（3000～3600 cm^{-1}）（相建华，2013）。热模拟镜质组和惰质组样品扣除基线后的 FTIR 光谱如图 3-1所示。可以看出，尽管煤阶和显微组分不同，两组热模拟样品却具有相似的光谱。但是两个组分对应的峰强度和峰位移均有所差异，说明在煤化作用过程中两个组分的官能团类型和含量存在明显差异。

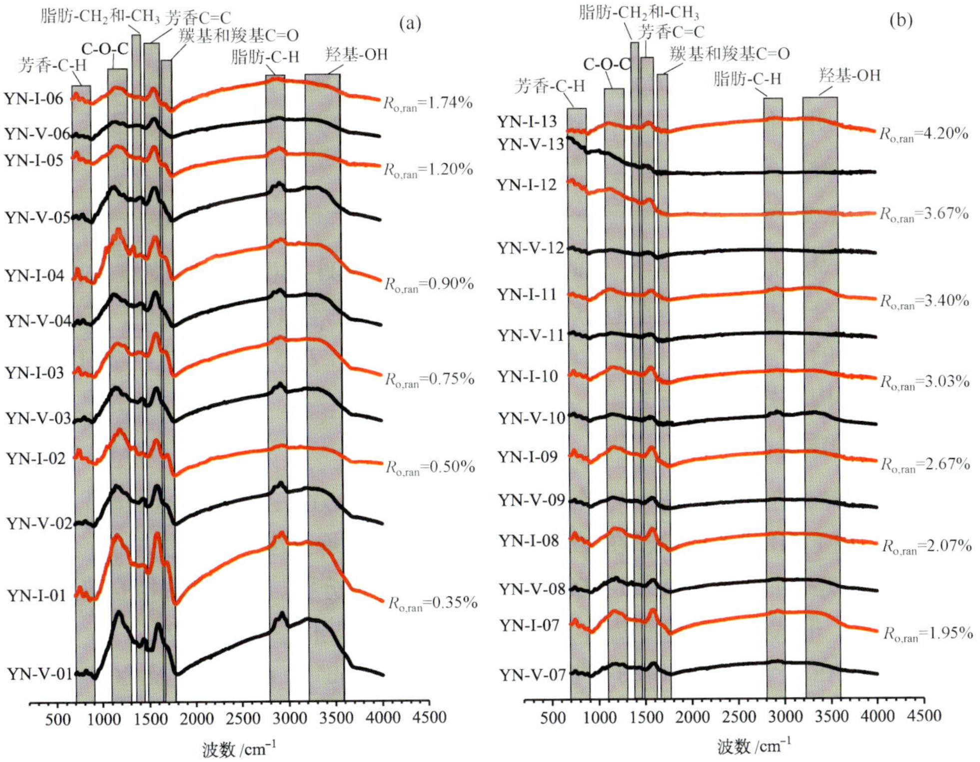

图 3-1 热模拟镜质组和惰质组样品的 FTIR 谱图

（a）热模拟镜质组样品的 FTIR 谱图；（b）热模拟惰质组样品的 FTIR 谱图

镜质组样品在 700～900 cm^{-1}区域的吸收峰强度随着变质程度的增大先增大后减小，表明芳香 C—H 在煤化作用过程中先增加后降低。前期随着芳构化作用的增强，不断形成新的芳香环，导致苯环上的 C—H 基团增加，后期随着成熟度增大，煤中分子结构开始发生缩聚作用，由于芳香性 C—H 基团基本上存在于芳香环的边缘，在缩聚作用影响下会导

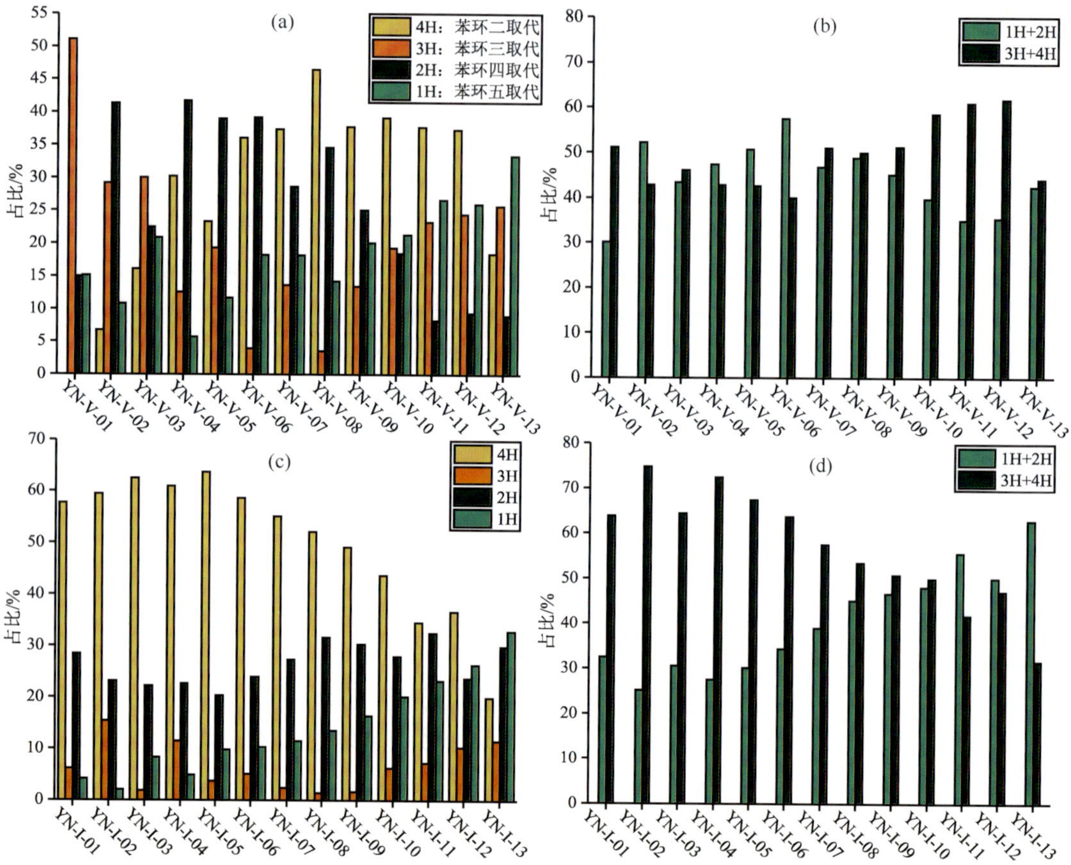

图 3-2　镜质组和惰质组样品苯环取代方式统计图

（a）镜质组样品芳香取代基的变化特征；（b）镜质组样品中苯环四~五取代方式与二至三取代方式对比；（c）惰质组样品中芳香取代基的变化特征；（d）惰质组样品中苯环四~五代方式与二至三取代方式对比

此外，采用第二章第二节中提到的f_a、I和 DOC 等参数来定量表征煤中芳香结构，并采用相关分析的方法研究热模拟过程中这 3 个芳香结构参数的演化特征［图 3-3（a）~（c）］。所有煤样的f_a、I、DOC 随着$R_{o,ran}$的增加呈现出逐渐增加的趋势，说明芳香性和芳香结构的缩合度增加。在$R_{o,ran}$=1.20%~2.67%阶段，镜质组的I值变化趋势平缓，但在$R_{o,ran}$=3.03%~4.20%阶段内，I值迅速增大。惰质组的I值在相应变质阶段内则呈现出相反的变化趋势。这表明，在中、高煤阶的镜质组和惰质组样品中，芳香族官能团的相对丰度差异很大。在热模拟过程中，镜质组的芳香结构参数的变化比惰质组的大。相同$R_{o,ran}$的惰质组的f_a、I和 DOC 值大于镜质组，这也与以前的研究一致（He et al.，2017；Zhou et al.，2021），说明成熟度与煤的大分子物质有关（Zhou et al.，2021）。

2. 脂肪烃定量分析

$A(CH_2)/A(CH_3)$代表了脂肪族侧链的长度及其演化程度，其数值的变化可以反映脂肪结构的整体演化情况（Jiang et al.，2019）。CH_3占比越高，芳香环之间的空间越小，结构越紧密（Orrego-Ruiz et al.，2011），因此$A(CH_2)/A(CH_3)$的值越低，说明芳香环之间

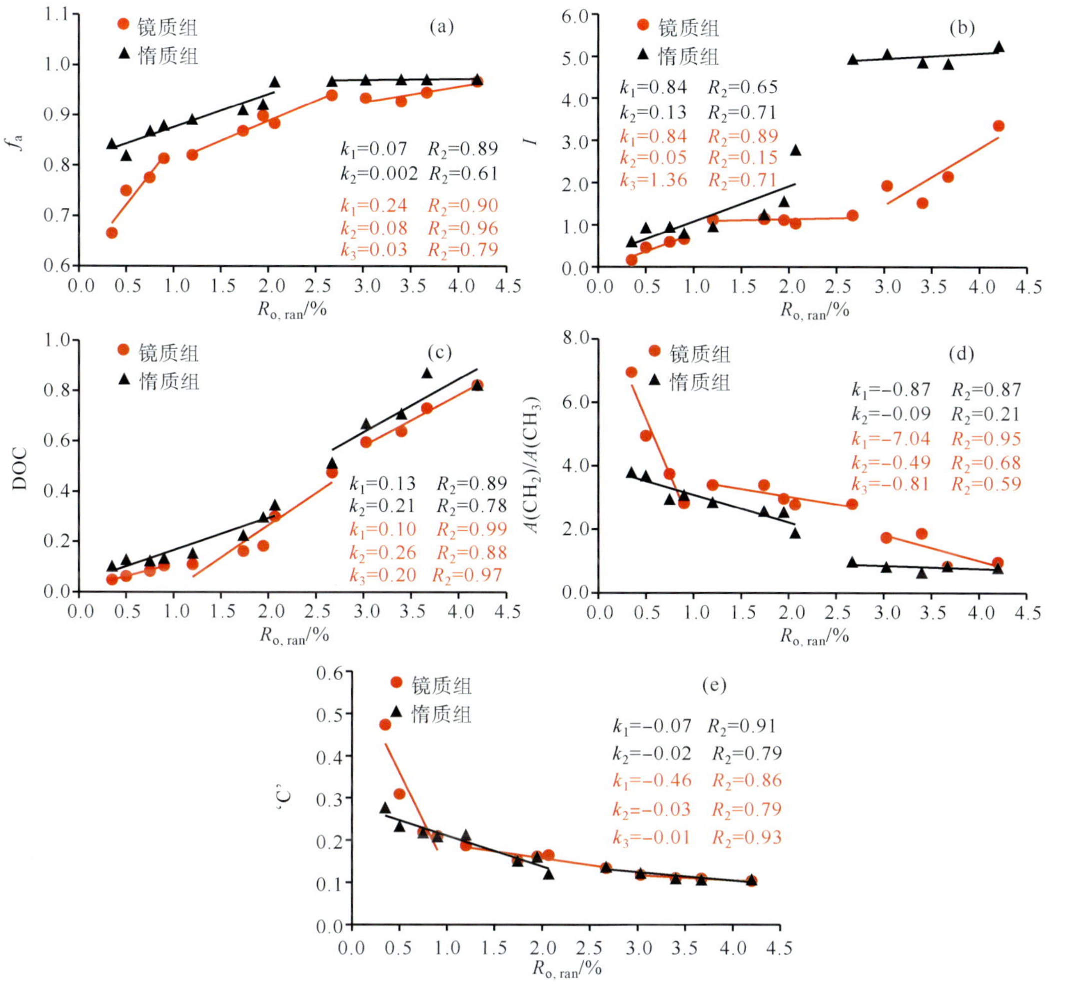

图 3-3　热模拟镜质组和惰质组样品的 FTIR 结构参数与 $R_{o,ran}$ 的关系

k 为斜率（线性关系表达式中的效率）；R^2 为相关性系数；下同

的脂肪链越短。图 3-3（d）为镜质组和惰质组样品的 $A(CH_2)/A(CH_3)$ 与 $R_{o,ran}$ 之间的关系。可以看出，随着 $R_{o,ran}$ 的增加，$A(CH_2)/A(CH_3)$ 的值逐渐下降，说明随着热模拟过程的推进，脂肪族链逐渐缩短和减少，同时意味着亚甲基含量的下降速度比甲基快。此外，在相同的变质程度下，惰质组的 $A(CH_2)/A(CH_3)$ 值比镜质组的小，说明镜质组样品中的脂肪族侧链更长更多。当 $R_{o,ran}$<0.90%时，两个组分的 $A(CH_2)/A(CH_3)$ 值差别很大，但随着变质程度的增大，两个组分的 $A(CH_2)/A(CH_3)$ 指数逐渐趋于一致，说明镜质组中脂肪结构的脱落速度明显快于惰质组。

3. 含氧官能团定量分析

由图 3-3（e）可以看出，‘C’随着 $R_{o,ran}$ 的增加而减小，说明随着热模拟过程的推进，C═O 基团的含量逐渐减小。当 $R_{o,ran}$<0.9%时，镜质组的‘C’变化比惰质组的变化快。随着 $R_{o,ran}$ 的继续增大，‘C’的下降速度有所减缓。在 $R_{o,ran}$=1.2%~4.2%变质阶段内，两个组分的‘C’逐渐趋于相同。且同一 $R_{o,ran}$ 的惰质组的‘C’小于镜质组。

三、XRD 实验结果及分析

（一）XRD 谱图特征

X 射线衍射峰的特征可以反映大分子结构的结晶程度和石墨基本结构单元的微晶结构。人工热模拟实验得到的镜质组和惰质组样品的 XRD 谱图如图 3-4 所示。各 XRD 谱图中分别在 $2\theta=25°$ 和 $2\theta=44°$ 处有两个衍射峰，分别对应的是微晶结构的 002 面（称 D002 峰）及 100 面（称 D100 峰）。D002 峰的强度随着变质程度的增加，对称性逐渐增强，直至样品 YN-V-13 与 YN-I-13 时仅表现出非常微弱的不对称性。这是由于脂肪侧链等不饱和结构的存在，导致 D002 峰出现不对称性，而随着变质程度的增加，煤中脂肪结构含量减少，因其导致的不对称性也逐渐减弱（Okolo et al.，2015；Takagi et al.，2004）。样品 YN-V-01 和 YN-I-01 的 D002 峰最高，也最宽。随着变质程度的增大，热模拟镜质组和惰质组样品中的 D002 峰的峰形逐渐变窄、变尖锐，衍射峰中心的位置逐渐向右发生偏移。与 D002 峰相比，样品 YN-V-01 和 YN-I-01 的 D100 峰最低。两个系列的热模拟样品随着成熟度的增大，D100 峰强度逐渐增大，峰形逐渐变窄。

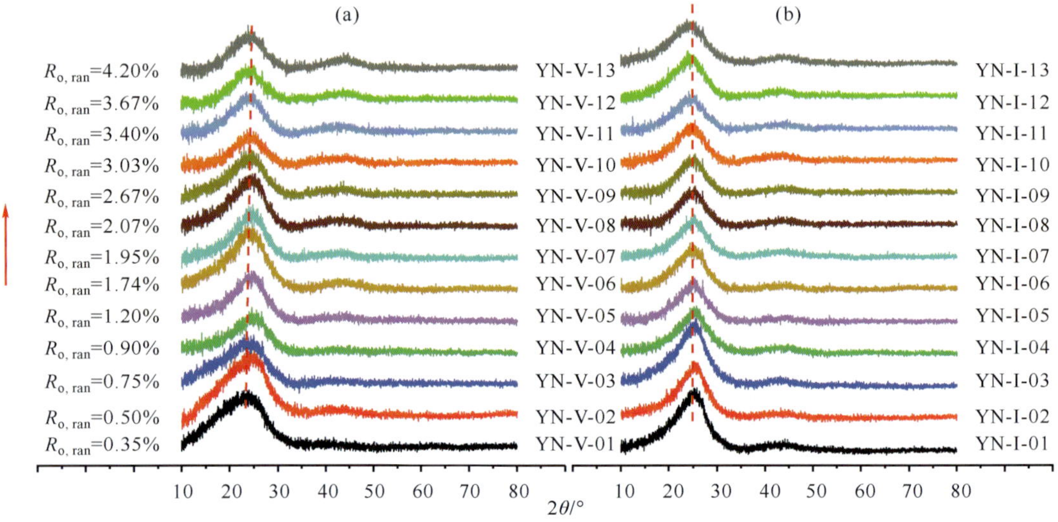

图 3-4　热模拟系列样品 XRD 谱图

（a）镜质组样品的 XRD 谱图；（b）惰质组样品的 XRD 谱图

另外，镜质组和惰质组的 XRD 谱图之间也有明显的差异。同等变质程度的惰质组比镜质组的衍射峰高度更高，说明惰质组分子结构中聚合芳环的含量更多。另一方面，惰质组在煤化作用过程中的衍射峰的整体变化较小，同一煤化过程中的镜质组衍射峰的变化则较为显著。峰强度越大，峰形越窄，煤的结构越有序（Zhang et al.，2008）。因此，基于这一现象，可以得出同等变质程度的惰质组的结构比镜质组更为有序，且随着变质程度的逐渐增大，镜质组和惰质组样品的结构逐渐变得有序（图 3-5）。

（二）XRD 结构参数特征

通过对 XRD 谱图分峰拟合（图 3-6，图 3-7），获取到了公式（2-1）—公式(2-4）计算微晶结构尺寸所需要的 D002 峰和 D100 峰的峰位、衍射强度及半峰宽等参数，据此计算所得到的芳香层间距 d_{002} 值及相应芳香层的直径 L_a、堆叠高度 L_c 和芳香层数，结果见表 3-3

至表 3-5。镜质组和惰质组的碳层间距 d_{002} 分别为 3.52～3.689 Å❶ 和 3.508～3.567 Å，镜质组的 d_{002} 变化更大。镜质组的 L_a 和 L_c 分别为 13.08～24.26 Å 和 9.68～16.07 Å（表 3-4），惰质组的 L_a 和 L_c 分别为 17.21～31.67 Å 和 11.76～16.79 Å（表 3-5）。可以看出各样品的芳香碳层的结晶度较低。

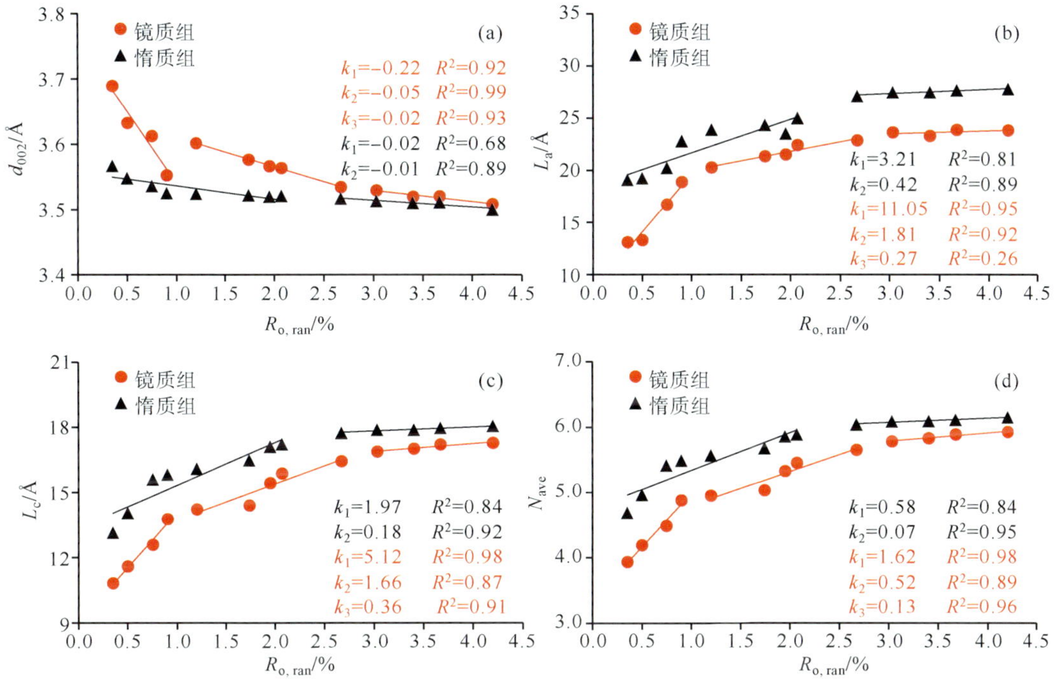

图 3-5　热模拟镜质组和惰质组样品 XRD 结构参数与 $R_{o,ran}$ 关系

表 3-4　热模拟镜质组样品的 XRD 结构参数

样品编号	$2\theta_{002}$/(°)	$2\theta_{100}$/(°)	$FWHM_{002}$	$FWHM_{100}$	d_{002}/Å	L_c/Å	L_a/Å	N_{ave}
YN-V-01	24.123	42.170	8.771	13.314	3.689	10.813	13.085	3.931
YN-V-02	24.512	43.540	8.200	13.191	3.632	11.576	13.268	4.187
YN-V-03	24.644	42.870	7.548	10.462	3.612	12.579	16.691	4.482
YN-V-04	25.072	43.559	6.909	9.279	3.552	13.753	18.863	4.872
YN-V-05	24.722	42.688	6.684	8.616	3.601	14.207	20.255	4.945
YN-V-06	24.900	43.435	6.598	8.203	3.576	14.397	21.329	5.026
YN-V-07	24.972	42.194	6.163	8.108	3.566	15.415	21.487	5.323
YN-V-08	24.993	42.699	5.990	7.792	3.563	15.861	22.398	5.451
YN-V-09	25.200	42.799	5.785	7.644	3.534	16.430	22.840	5.649
YN-V-10	25.237	42.631	5.636	7.388	3.529	16.864	23.616	5.779
YN-V-11	25.307	42.565	5.593	7.496	3.519	16.996	23.272	5.829
YN-V-12	25.272	43.592	5.527	7.339	3.52	17.199	23.852	5.886
YN-V-13	25.291	43.856	5.505	7.363	3.51	17.272	23.797	5.924

❶ 1 Å = 10^{-10} m。

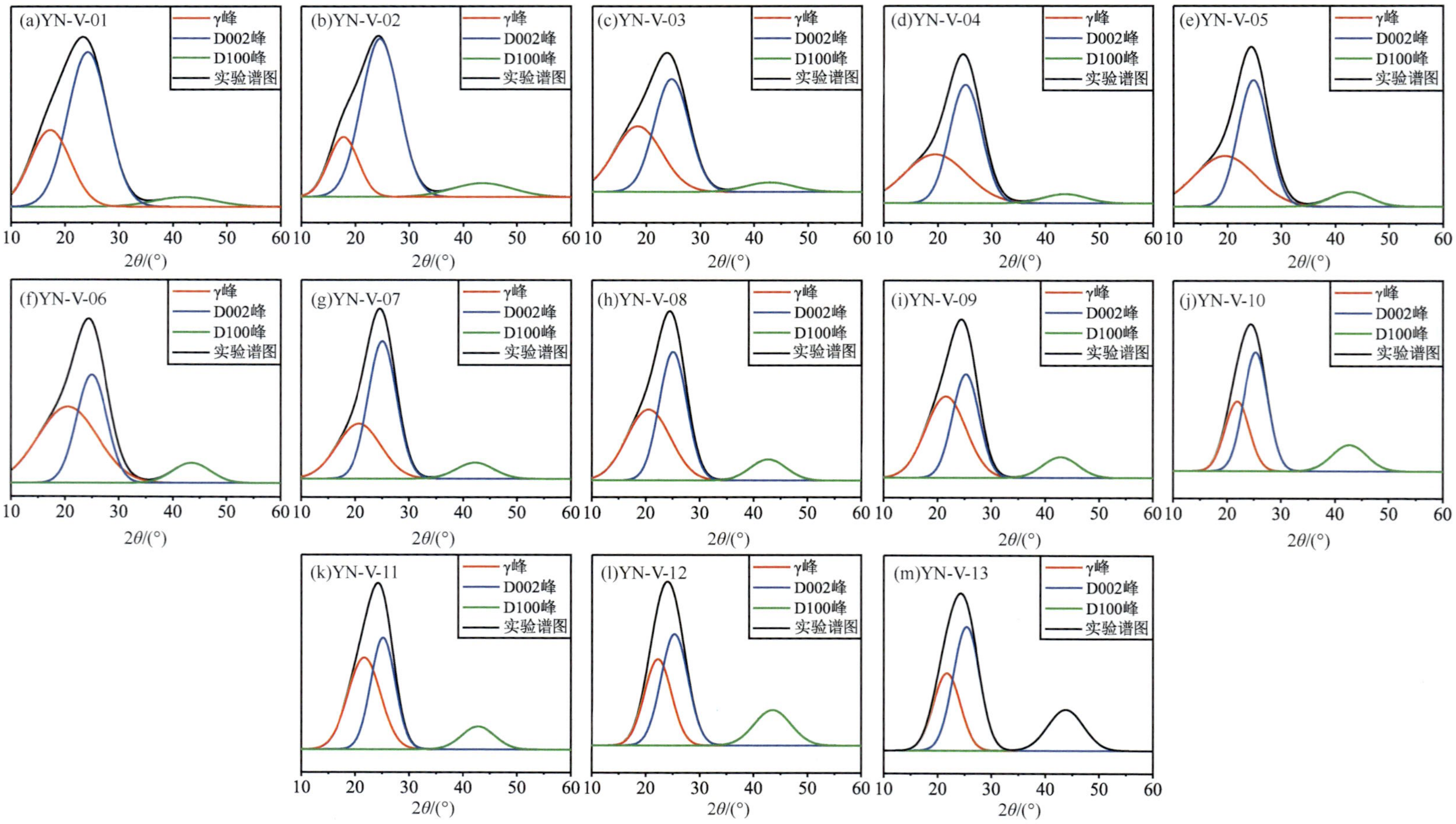

图 3-6 热模拟镜质组样品 XRD 谱图分峰拟合

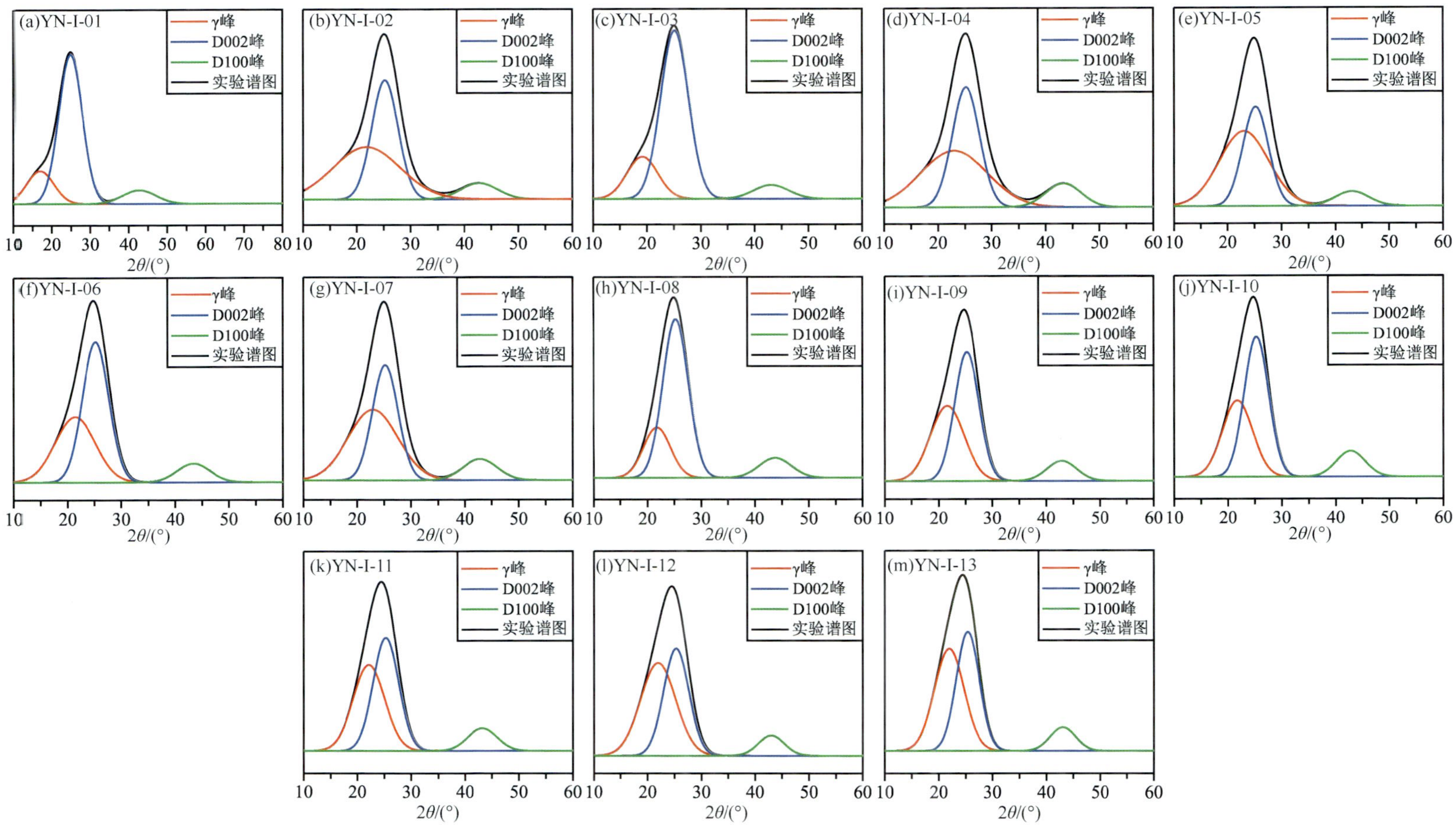

图 3-7　热模拟惰质组样品 XRD 谱图分峰拟合

表 3-5 热模拟惰质组样品的 XRD 结构参数

样品编号	$2\theta_{002}$/(°)	$2\theta_{100}$/(°)	$FWHM_{002}$	$FWHM_{100}$	d_{002}/Å	L_c/Å	L_a/Å	N_{ave}
YN-I-01	24. 961	42. 851	7. 232	9. 148	3. 567	13. 137	19. 088	4. 683
YN-I-02	25. 108	42. 788	6. 766	9. 072	3. 547	14. 050	19. 243	4. 962
YN-I-03	25. 188	43. 266	6. 368	8. 640	3. 536	15. 600	20. 230	5. 412
YN-I-04	25. 265	43. 361	6. 008	7. 674	3. 525	15. 821	22. 794	5. 488
YN-I-05	25. 275	43. 160	5. 908	7. 318	3. 524	16. 091	23. 886	5. 566
YN-I-06	25. 283	43. 461	5. 769	7. 191	3. 522	16. 479	24. 333	5. 679
YN-I-07	25. 299	42. 888	5. 560	7. 427	3. 520	17. 098	23. 514	5. 857
YN-I-08	25. 293	43. 812	5. 523	7. 010	3. 521	17. 213	24. 991	5. 889
YN-I-09	25. 325	42. 952	5. 359	6. 445	3. 517	17. 741	27. 103	6. 044
YN-I-10	25. 352	42. 846	5. 316	6. 357	3. 513	17. 886	27. 467	6. 091
YN-I-11	25. 360	43. 266	5. 316	6. 368	3. 510	17. 886	27. 460	6. 096
YN-I-12	25. 370	43. 051	5. 293	6. 318	3. 511	17. 963	26. 402	6. 116
YN-I-13	25. 450	43. 112	5. 271	6. 289	3. 500	18. 039	26. 809	6. 154

由图 3-5 可以看出，XRD 结构参数具有阶段性演化特征。随着变质程度的增大，两组样品 L_a 均逐渐增大，说明随着两个组分变质程度的增大，脂肪结构和含氧官能团随着 $R_{o,ran}$ 的增加而逐渐脱落，煤的大分子链开始相互连接，分子结构的芳构化程度逐渐增大，逐渐接近于石墨结构。根据镜质组和惰质组 L_a 的变化，将其与 $R_{o,ran}$ 的关系划分为 3 个阶段，即 $R_{o,ran}$ = 0. 35% ~ 0. 90%，$R_{o,ran}$ = 1. 20% ~ 2. 67% 及 $R_{o,ran}$ = 3. 04% ~ 4. 20%。惰质组的 L_a 的演化则划分为两个阶段，即 $R_{o,ran}$ = 0. 35% ~ 2. 07% 和 $R_{o,ran}$ = 2. 67% ~ 4. 20%。同时，脂肪结构和含氧官能团的脱落又使大分子的排列更加紧凑（Li et al., 2020），d_{002} 随着变质程度的增大而减小。同时，脂肪族氢的含量趋于减少，而芳香族氢的含量增加，芳香族层迅速堆积，因此 L_c 和 N_{ave} 随着变质程度的增大而增大。故而，煤的微晶结构尺寸 d_{002}、L_c 及 N_{ave} 的演化也具有阶段性。当 $R_{o,ran}$ < 0. 9% 时，镜质组的 d_{002}、L_a、L_c 和 N_{ave} 迅速变化。而当 $R_{o,ran}$ = 1. 20% ~ 2. 67% 时，它们的演化速度减缓。惰质组的微晶结构参数在 $R_{o,ran}$ = 0. 35% ~ 2. 07% 内也发生线性变化，但其演化速率小于镜质组。在高煤级阶段，随着 $R_{o,ran}$ 的增加，两个组分的 d_{002}、L_a、L_c 和 N_{ave} 的变化保持稳定。此外，在 $R_{o,ran}$ 相同的情况下，镜质组的 d_{002} 小于惰质组，而 L_a、L_c 和 N_{ave} 都高于惰质组。结果表明，惰质组的芳香层的数量和芳香环缩合程度均高于镜质组，且惰质组中的芳香层的排列比镜质组更有规律，更紧凑，芳香条纹的定向性也比镜质组大。

四、^{13}C 核磁共振实验（^{13}C NMR）结果及分析

（一）^{13}C NMR 谱图特征

如图 3-8 所示，^{13}C NMR 光谱主要分为两个区域：脂肪族碳区域（0 ~ 90×10^{-6}）和芳香族区域（90×10^{-6} ~ 165×10^{-6}）。在光谱中，羰基区域吸收峰几乎未见，这表明羰基官能

团很少。这与 FTIR 光谱显示结果一致。图 3-8 显示，低变质阶段镜质组样品的脂肪结构峰与芳香结构峰的强度和面积间的差异较小，表明在此时的镜质组中存在一定量的脂肪碳，但当成熟度增大时，脂肪结构峰的强度面积迅速变少，意味着脂肪结构发生了迅速脱落。芳香结构峰强度及面积则逐渐增大，芳香结构逐渐增加。当 $R_{o,ran}=2.67\%$（样品 YN-V-09）时，镜质组样品在 $0\sim90\times10^{-6}$范围内的吸收峰几乎消失，此时样品中脂肪结构数量降低至很低的水平。与此同时，芳香结构的峰逐渐变窄。在低变质阶段，镜质组的芳香结构吸收峰在 $100\times10^{-6}\sim160\times10^{-6}$的范围内，而当 $R_{o,ran}>0.90\%$时，该峰的峰值范围缩小至 $105\times10^{-6}\sim150\times10^{-6}$，当 $R_{o,ran}>2.67\%$时，继续缩小到 $110\times10^{-6}\sim145\times10^{-6}$。低变质阶段惰质组分的脂肪结构峰强度及面积则远小于芳香结构峰，说明惰质组分基本上以芳香结构为主，但当成熟度增大时，脂肪结构同样迅速脱落。芳香结构峰强度及面积则逐渐增大，芳香结构逐渐增加。$R_{o,ran}$在 2.07%（样品 YN-I-8）时，脂肪峰几近消失，此时样品中脂肪结构数量降低至很低的水平。芳香结构的峰逐渐变窄，但变化与镜质组演化相比较为微弱。低煤阶惰质组样品中的芳香结构峰在 $100\times10^{-6}\sim150\times10^{-6}$的范围内，当 $R_{o,ran}>2.07\%$时，缩小到 $110\times10^{-6}\sim145\times10^{-6}$。

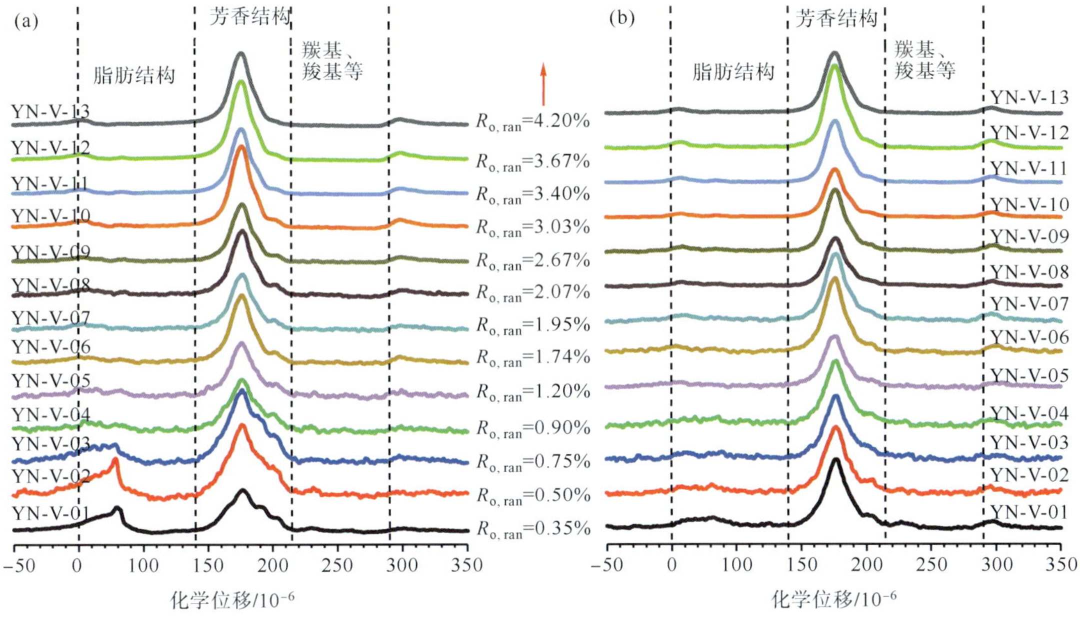

图 3-8 热模拟系列样品^{13}C NMR 谱图

（a）镜质组样品的^{13}C NMR 谱图；（b）惰质组样品的^{13}C NMR 谱图

（二）^{13}C NMR 结构参数特征

利用数据分析软件 Peakfit 对热模拟镜质组和惰质组样品的核磁谱图进行分峰拟合处理（图 3-10，图 3-11），得到各类型碳的化学位移归属，再根据各个基团对应峰的面积计算其相对含量（Mathews et al.，2011；Suggate et al.，2004），镜质组和惰质组样品的各典型基团相对含量计算结果如表 3-6 和表 3-7 所示。图 3-9、图 3-12 和图 3-13 为各典型基团相对含量与 $R_{o,ran}$的关系，可以看出在煤化作用过程中，煤镜质组各类型碳原子含量也呈阶段式演化特征。与前述 XRD 和 FTIR 结构参数的演变分界点一致，镜质组样品在煤化过程中，^{13}C NMR 谱图结构参数的 3 个阶段的演变分界点为 $R_{o,ran}=0.90\%$ 和 $R_{o,ran}=2.67\%$，惰质组样品的分界点为 $R_{o,ran}=2.07\%$。

表 3-6　热模拟镜质组样品的^{13}C NMR 结构参数

样品编号	F_a/%	f'_a/%	f_a^{C1}/%	f_a^{C2}/%	f_a^H/%	f_a^N/%	f_a^B/%	f_{al}/%	f_{al}^H/%	f_{al}^*/%	X_{BP}
YN-V-01	67.35	60.59	4.84	2.97	36.16	25.43	6.91	29.32	24.65	3.44	0.13
YN-V-02	70.39	63.31	4.64	2.97	36.54	25.77	9.56	26.44	21.86	3.13	0.16
YN-V-03	76.03	71.01	4.98	1.42	37.71	34.31	9.59	19.93	16.41	2.06	0.16
YN-V-04	77.88	72.88	3.69	1.77	39.86	33.01	13.18	19.98	12.85	2.05	0.21
YN-V-05	78.38	73.66	3.94	1.58	41.88	33.78	15.02	15.87	12.91	1.72	0.24
YN-V-06	82.92	78.71	3.75	0.96	43.56	37.15	18.30	13.84	7.83	1.30	0.29
YN-V-07	82.25	79.69	1.73	1.12	44.41	36.28	20.07	14.28	7.57	1.24	0.31
YN-V-08	83.41	80.87	1.8	1.14	43.04	38.82	22.14	13.19	8.33	1.51	0.31
YN-V-09	85.72	84.9	1.04	0.84	46.17	38.84	21.76	12.63	7.48	0.84	0.35
YN-V-10	85.53	84.18	1.36	0.38	46.48	38.70	25.57	10.33	7.06	0.83	0.36
YN-V-11	85.73	84.27	1.39	0.38	46.44	38.83	25.12	9.79	5.58	0.85	0.40
YN-V-12	85.85	84.51	1.47	0.23	46.56	38.94	25.57	9.53	5.35	0.83	0.43
YN-V-13	86.79	85.48	1.45	0.24	46.65	39.83	26.54	9.57	4.75	0.76	0.45

表 3-7　热模拟惰质组样品的^{13}C NMR 结构参数

样品编号	F_a/%	f'_a/%	f_a^{C1}/%	f_a^{C2}/%	f_a^H/%	f_a^N/%	f_a^B/%	f_{al}/%	f_{al}^H/%	f_{al}^*/%	X_{BP}
YN-I-01	76.05	71.95	7.82	0.73	41.42	29.53	12.12	23.5	11.65	3.67	0.21
YN-I-02	77.67	72.26	6.07	0.85	41.71	30.55	13.07	17.98	10.92	3.31	0.22
YN-I-03	77.90	72.29	5.46	1.35	41.92	31.27	14.20	18.4	9.37	3.33	0.23
YN-I-04	78.44	73.84	4.82	1.08	42.42	32.42	14.32	19.74	10.23	1.98	0.25
YN-I-05	82.06	77.51	4.01	1.15	44.50	34.01	20.31	16.00	8.51	1.75	0.31
YN-I-06	85.09	80.83	2.96	1.30	44.49	36.34	21.17	12.75	8.11	1.61	0.34
YN-I-07	84.89	81.78	1.57	1.97	44.44	37.34	22.12	12.62	7.26	1.75	0.36
YN-I-08	86.21	83.15	2.03	1.85	46.06	37.09	23.69	11.80	7.46	1.43	0.35
YN-I-09	88.14	85.99	2.00	0.74	46.71	40.28	26.29	8.35	6.78	0.78	0.37
YN-I-10	89.48	87.89	2.27	0.56	47.20	40.68	27.76	9.29	6.51	0.78	0.38
YN-I-11	89.86	88.30	2.35	0.24	47.30	41.00	26.03	8.30	5.64	0.73	0.42
YN-I-12	90.35	89.40	2.32	0.14	47.00	42.41	28.23	8.14	5.58	0.73	0.44
YN-I-13	90.50	89.28	2.287	0.01	47.23	42.05	30.23	7.81	5.20	0.68	0.46

由于成煤环境的差异性，本次研究的样品的 F_a 比文献中提到的其他地区相同煤阶的煤样的 F_a 大（Li et al.，2021；Wang et al.，2022）。镜质组的芳香碳（F_a）含量在 $R_{o,ran}$ = 0.35%～0.90%演化阶段内，从 67.35%迅速线性增加到 77.88%，然后在 $R_{o,ran}$ = 1.20%～2.67%阶段随着成熟度的增大而缓慢地从 78.38%增加到 85.72%。当 $R_{o,ran}$>3.03%，芳香碳含量随成熟度增加基本保持不变，稳定在 86%左右。惰质组的芳香碳含量在热演化过程中整体大于镜质组的，变化趋势与镜质组相似，但其演化划分为两个阶段。在 $R_{o,ran}$ = 0.35%～2.07% 阶段随着成熟度的增大线性增加，但增加速率相比镜质组较小，由 76.05%缓慢增加到 88.14%，然后在 $R_{o,ran}$ 为 2.67%～4.20% 时稳定保持在 90% 左右［图 3-9（a）］。镜质组和惰质组中芳环碳（f_a'）、带质子芳碳 f_a^H(100～129)、桥接芳碳 f_a^B(129～137) 和非质子化芳碳 f_a^N(129～165) 均归属于芳香族碳，它们与芳香碳的变化趋势与演化速率相同，与 $R_{o,ran}$ 呈正相关性［图 3-9（b）～(e)］。说明随着成熟度的增大，芳香性和芳香环缩合度逐渐增加。在高变质阶段时，镜质组和惰质组的 f_a' 分别稳定在 85%和 88%左右，f_a^H 分别稳定在 46%和 47%左右，f_a^N 分别稳定在 40%和 42%左右，f_a^B 分别稳定在 26%和 30%左右，表明两个组分之间的芳构化差异在逐渐减小（图 3-9）。

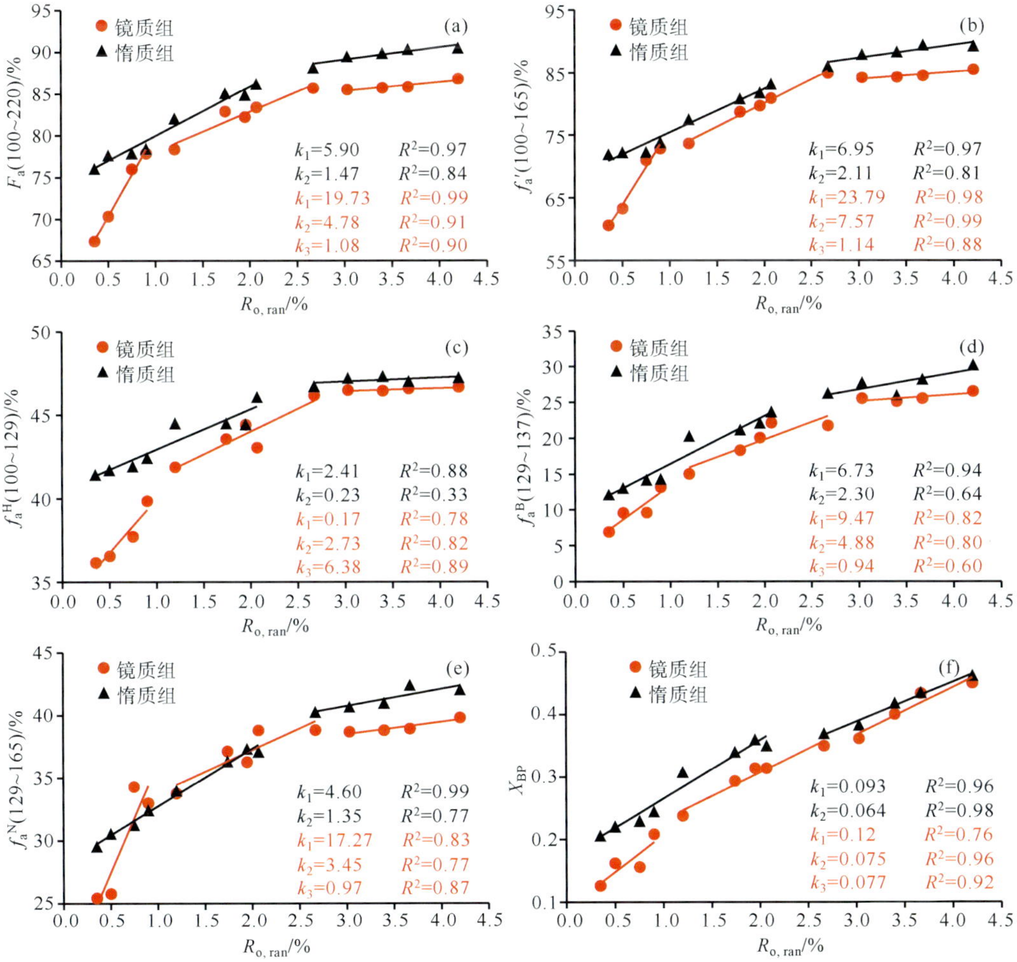

图 3-9 镜质组和惰质组中芳香总碳（F_a）含量、芳香环碳（f_a'）含量、质子化芳碳（f_a^H）含量、芳香桥碳（f_a^B）含量、非质子化芳碳（f_a^N）含量和桥周碳比（X_{BP}）与 $R_{o,ran}$ 的关系

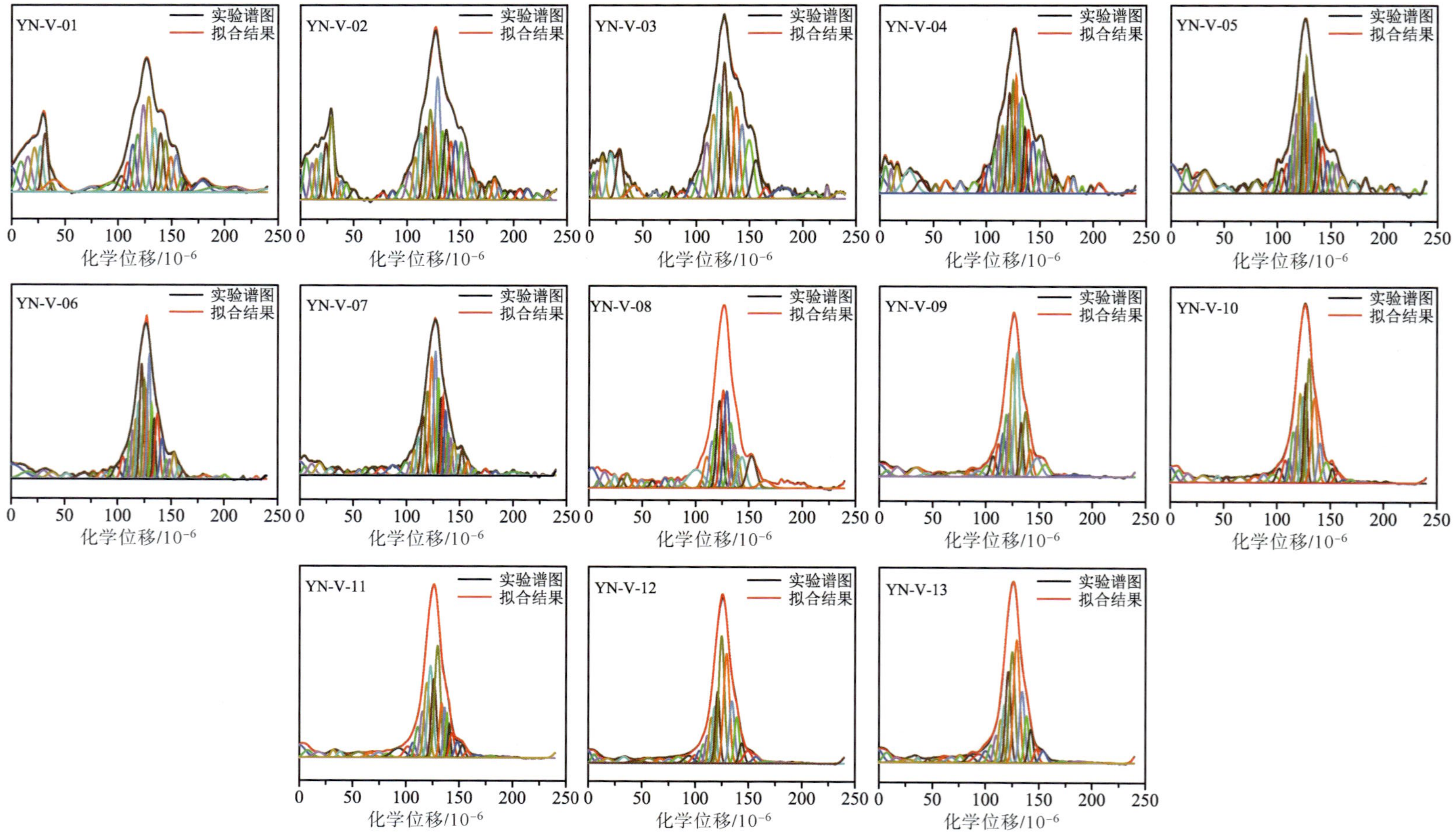

图 3-10 热模拟镜质组样品^{13}C NMR 谱图分峰拟合

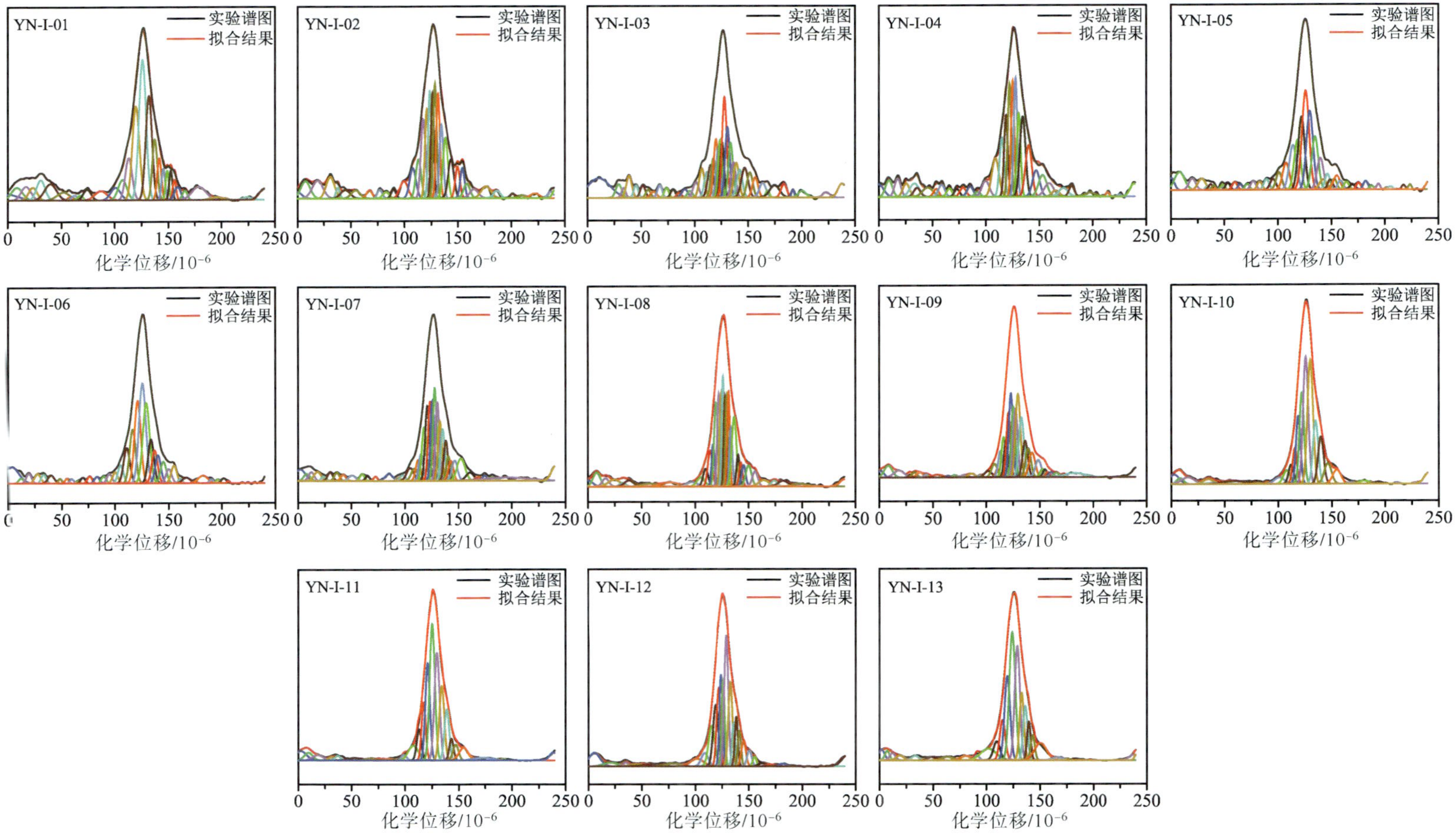

图 3-11 热模拟惰质组样品^{13}C NMR 谱图分峰拟合

桥周碳比（X_{BP}）也随着 $R_{o,ran}$ 增大整体呈线性增大，最终两个组分的桥周碳比也趋于一致。对镜质组而言，其整体变化大于惰质组，不同的演化阶段演化速率差异较大，对惰质组而言，其整体变化较小，且演化速率基本一致，这说明在热模拟过程中镜质组的芳香环的尺寸变化较大。惰质组的 X_{BP} 大于同一成熟度的镜质组的，表明惰质组的芳香环更大［图 3-9（f）］。

所有煤样的总脂肪碳[f_{al}(−90)]含量与芳香碳（F_a）含量、芳环碳（f'_a）含量在煤化过程中的变化一直是此消彼长的关系。随着成熟度的增大，总脂肪碳含量呈阶段式线性下降的变化趋势。脂肪碳主要以亚甲基和次甲基的形式存在，其次是甲基，说明随着热演化的推进，亚甲基、次甲基及甲基发生脱落。镜质组中的脂肪族碳（f_{al}）在第一阶段从 29.32%迅速下降到 19.98%，在第二阶段从 15.87%缓慢下降到 12.63%，在第三阶段基本稳定在 10%左右。惰质组样品的脂肪族碳（f_{al}）与镜质组的变化趋势相似。但在 $R_{o,ran}$ 为 0.35%～2.07%阶段时，f_{al}从 23.5%缓慢下降到 11.8%，然后在 $R_{o,ran}$ = 2.67%～4.20%阶段时，稳定保持在 8%左右［图 3-12（a）］。随着 $R_{o,ran}$ 的增大，样品中的甲基（f_{al}^*）和亚甲基、次甲基（f_{al}^H）呈现出与脂肪族碳（f_{al}）相同的变化趋势。在第一阶段内（$R_{o,ran}$ = 0.35%～0.90%），镜质组样品的 f_{al}^* 和 f_{al}^H 随着 $R_{o,ran}$ 的增大而迅速下降，分别从 3.44%和 24.65%下降到 2.05%和 12.85%。在第二阶段内（$R_{o,ran}$ = 1.20%～2.67%），f_{al}^* 和 f_{al}^H 继续随着 $R_{o,ran}$ 的增大而减少，但减少的速度低于第一阶段。整体上，惰质组样品中的甲基（f_{al}^*）和亚甲基（f_{al}^H）含量变化则较小，下降速率缓慢［图 3-12（b），（c）］。至高变质阶段时，两个显微组分的脂肪碳含量和演化速率趋于一致，并保持稳定。上述结果表明，在低煤阶煤中存在环烷和长链烷烃形式的脂肪族侧链，而且煤阶越低脂肪族侧链越长。

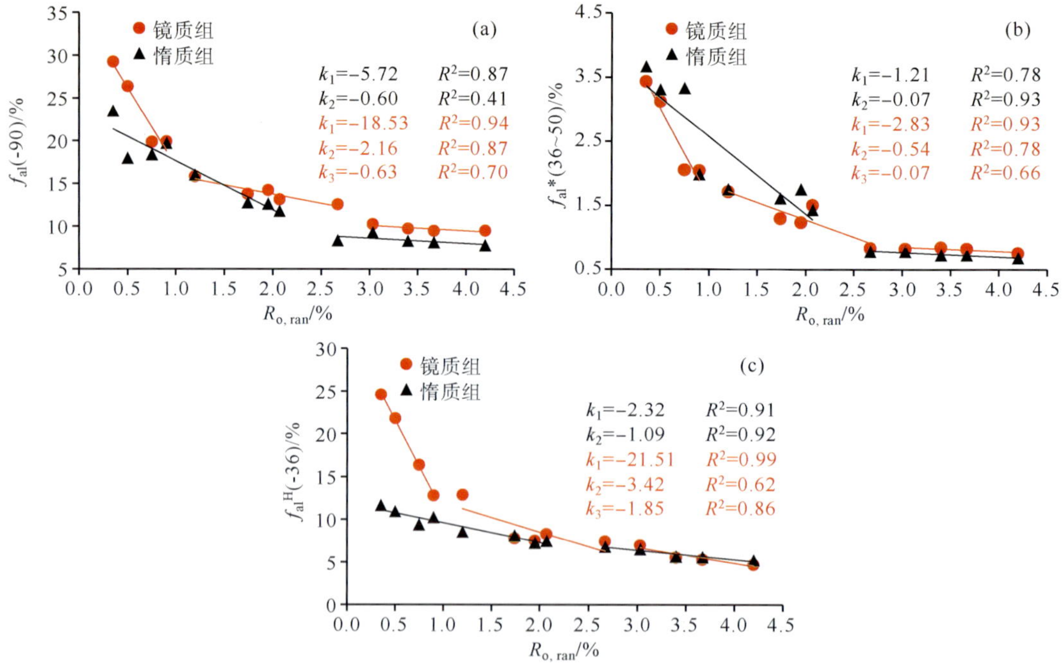

图 3-12　镜质组和惰质组脂肪总碳（F_a）含量、甲基（f_{al}^*）含量、亚甲基（f_{al}^H）含量与 $R_{o,ran}$ 的关系

镜质组的羧基（f_a^{Cl}）在第一阶段内，含量大致由 4.84%迅速降低至 3.69%，之后随

成熟度增大继续减小，含量降到 1.04%，最后在第三阶段随成熟度增加非常缓慢地由 1.36%增加至 1.45%，基本上在 1.4%左右保持不变。惰质组的羧基含量在煤化过程中变化趋势与镜质组相似，在 $R_{o,ran}$=0.35%~2.07%阶段随着成熟度的升高而线性减少，含量大致由 7.82%降低至 2%，而后在 2.3%左右基本保持不变［图 3-13（a）］。

镜质组的羰基（f_a^{C2}）相比惰质组含量较多，在第一、二阶段内，含量大致由 2.97%迅速降低至 1%之下，在第三阶段基本上在 0.3%左右保持不变。惰质组的羰基含量整体基本上小于 1%，随着成熟度增大先增大后减小［图 3-13（b）］。

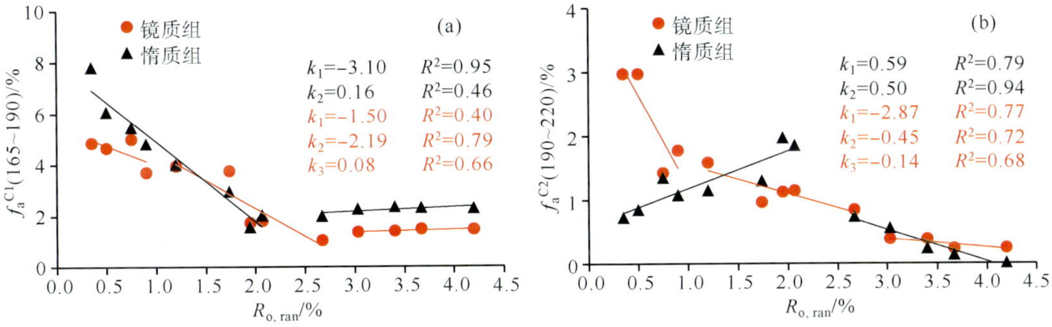

图 3-13　镜质组和惰质组样品中羧基（f_a^{C1}）含量、羰基（f_a^{C2}）含量与 $R_{o,ran}$ 的关系

第二节　分子结构模型的构建与结构优化

本书采用以曾凡桂教授团队以及刘宇等学者所建立的以^{13}C-NMR、元素分析、FTIR 等测试为依据的化学大分子结构构建方法（相建华，2013；司加康，2014；李鹏鹏，2014；李耀高，2019；刘宇，2019；王小令，2019）。煤的大分子结构由芳香碳结构、脂肪碳结构和杂原子结构 3 部分构成。首先基于实验测试分析计算煤结构的相关参数，确定分子中芳香碳基本骨架构成，然后添加各种脂肪碳基团以及杂原子官能团。借助 ACDLabs 软件进行二维平面分子模型构建，再在 Materials Studio 软件中对各煤样的二维平面分子模型进行几何优化、退火、分子动力学优化和密度模拟优化，获得平衡构型。

一、分子模型构建的基本参数

（一）芳香碳结构

芳香碳在煤的大分子结构中总碳的占比最大，构成了煤的大分子结构的骨架。根据 ^{13}C NMR谱图分峰拟合结果，可以先确定出芳香碳的个数，再根据其芳香度，即芳香碳占总碳的百分比来推算出总碳个数。最后依据脂肪碳占比和氧连接碳占比，综合元素分析结果，初步推算出各煤样大分子结构模型的分子式。芳香碳个数确认的关键则是通过分峰拟合后所统计出的不同类型碳的比例计算出芳香桥碳与周碳之比：即 $X_{BP}=f_a^B/(f_a^H+f_a^P+f_a^S)$，除了可利用此参数确认芳香碳个数外，还可以初步推断出芳香结构单元的类型。已知苯、萘的 X_{BP}分别为 0 和 0.25，蒽和菲的 X_{BP}为 0.4。基于各煤样核磁共振谱图计算的 X_{BP}值，利用数学待定系数法不断地调整芳香环的类型及比例，以此得到与^{13}C NMR 谱图

计算得到的 X_{BP} 值最接近的分子结构模型的 X_{BP} 值，进而确定出各大分子结构模型中的芳香碳骨架。表 3-8 为根据此方法所确定出的各煤样的芳香环类型和数量，表 3-9 和表 3-10为以此为依据推算出的各煤样大分子结构模型的化学结构参数。

表 3-8　不同热演化程度的镜质组与惰质组样品中芳香结构的类型和数量

芳香环类型	个数							
	YN-V-01 (0. 35%)	YN-I-01 (0. 35%)	YN-I-04 (0. 90%)	YN-V-05 (1. 2%)	YN-I-09 (2. 67%)	YN-V-10 (3. 03%)	YN-V-13 (4. 20%)	YN-I-13 (4. 20%)
	8	5	5	6	1	3	1	1
	4	6	2	3	4	3	1	1
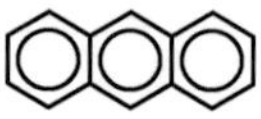	1	1	2	1	2	1	1	1
	—	—	1	—	1	—	1	1
	—	1	—	1	—	2	1	1
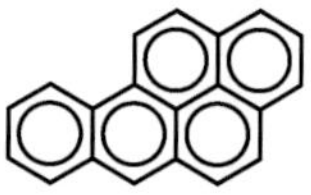	—	—	—	—	—	—	1	1
	1	1	1	1	1	1	1	1

（二）脂肪碳结构

脂肪结构是连接芳香环的重要组成部分，脂肪碳在总碳中的占比继芳香碳之后最多，主要以脂肪侧链、环烷烃及氢化芳环等形式存在。根据核磁谱图所确定的 F_a 和芳香碳原子个数，计算出总的碳原子个数，进一步根据脂肪碳占比（f_a）初步确定出脂肪碳的个数，然后通过 FTIR 测试结果对其存在形式进行表征，后期再根据核磁共振模拟谱图和实验谱图的差异进行微调。

样品 YN-V-01 的芳香碳个数为 107，芳香度为 0. 67，由此推算出该样品的 C 原子总数为 160，脂肪碳的个数为 47。由本书第三章第一节的傅里叶变换红外光谱分析的结果可知，样品 YN-V-01 样品中的芳香结构，以 3 取代为主，4 取代和 5 取代次之，据此推测出样品 YN-V-01 中芳香苯环上亚甲基和次甲基较多。且核磁共振结果显示，f_{al}^{H} 为 24. 65%，f_{al}^{*} 为 3. 44%，表明煤结构中亚甲基和次甲基的含量远大于甲基和季碳（表 3-9）。

样品 YN-V-05 的芳香碳个数为 99，芳香度为 0. 78，由此推算出该样品的 C 原子总数为 127，脂肪碳的个数为 25。FTIR 分析结果显示，该样品中的芳香结构，以 4 取代为主，说明样品 YN-V-05 中芳香苯环上的亚甲基和次甲基有所减少。核磁共振结果显示，f_{al}^{H}为 12.91%，f_{al}^{*}为 1.72%，表明煤结构中亚甲基和次甲基随着成熟度增大而减少，脂肪侧链长度减小，该样品中亚甲基和次甲基多于甲基和季碳含量（表 3-9）。

表 3-9　镜质组样品中各原子数量及存在形式

结构特征		YN-V-01	YN-V-05	YN-V-10	YN-V-13
芳香环类型	X_{BP}	0.126	0.237	0.361	0.450
	苯	8	6	3	1
	萘	4	3	3	1
	蒽	1	1	1	1
	芘	—	—	—	1
	并四苯	—	1	2	1
	苯并芘	—	—	—	1
	吡咯	—	—	—	—
	吡啶	1	1	1	1
	总芳香环数	13	12	9	8
碳原子	芳香碳原子总数	107	99	103	89
	芳香度	0.67	0.78	0.86	0.87
	碳原子个数	160	127	118	102
	脂肪碳占比	0.29	0.20	0.10	0.09
	脂肪碳原子个数	47	25	12	11
	甲基	13	3	4	2
	亚甲基	27	8	8	8
	次甲基	7	3	—	—
	季碳	—	—	—	—
	氧接脂碳	—	7	—	1
氧原子	总数	36	22	9	7
	羟基	22	11	4	4
	羰基	3	4	—	—
	羧基	3	1	1	—
	醚氧基	5	5	3	3
氮原子	总数	1	1	1	1
	吡啶氮	1	1	1	1
	吡咯氮	—	—	—	—

样品 YN-V-10 的芳香碳个数为 103，芳香度为 0.86，由此推算出该样品的 C 原子总数为 118，脂肪碳的个数为 12。FTIR 分析结果显示，该样品中的芳香结构，以 2 取代为主，其次是 3、4 和 5 取代。核磁共振结果显示，f_{al}^{H}为 7.06%，f_{al}^{*}为 0.83%，表明煤结构中亚甲基和次甲基随着成熟度的增大而减少，脂肪侧链长度减小，该样品中亚甲基和次甲基多于甲基和季碳含量（表 3-9）。

样品 YN-V-13 的芳香碳个数为 89，芳香度为 0.87，由此推算出该样品的 C 原子总数为 102，脂肪碳的个数为 11。FTIR 分析结果显示，该样品中的芳香结构，以 5 取代为主，其次是 2 取代和 3 取代，说明在高变质阶段时甲基和亚甲基等含量降至很低。核磁共振结果显示，f_{al}^{H} 为 4.75%，f_{al}^{*} 为 0.76%，同样说明煤结构中的脂肪结构含量降至最低，脂肪侧链降至最短，几至消失（表 3-9）。

样品 YN-I-01 的芳香碳个数为 127，芳香度为 0.76，由此推算出该样品的 C 原子总数为 167，脂肪碳的个数为 38。该样品中的芳香结构，以 2 取代为主，其次是 4 取代。核磁共振结果显示，f_{al}^{H} 为 11.23%，f_{al}^{*} 为 3.67%，表明煤结构中亚甲基和次甲基虽小于 YN-V-01 样品，但其含量在该样品中大于甲基（表 3-10）。

表 3-10 惰质组样品中各原子数量及存在形式

结构特征		YN-I-01	YN-I-04	YN-I-09	YN-I-13
芳香环类型	X_{BP}	0.206	0.245	0.369	0.463
	苯	5	5	1	1
	萘	6	2	4	1
	蒽	1	2	2	1
	芘	—	1	—	1
	并四苯	1	—	1	1
	苯并芘	—	—	—	1
	吡啶	1	1	1	1
	吡咯	—	—	—	—
	总芳香环数	13	8	8	6
碳原子	芳香碳原子总数	127	99	97	89
	芳香度	0.76	0.78	0.88	0.91
	碳原子个数	167	127	109	98
	脂肪碳占比	0.23	0.19	0.10	0.08
	脂肪碳原子个数	38	24	11	9
	甲基	11	5	1	1
	亚甲基	25	18	10	7
	次甲基	—	—	—	—
	季碳	—	—	—	—
	氧接脂碳	2	—	—	1
氧原子	总数	28	17	10	5
	羟基	10	10	6	1
	羰基	1	1	—	—
	羧基	7	2	1	1
	醚氧基	3	2	2	2
氮原子	总数	1	1	1	1
	吡啶氮	1	1	1	1
	吡咯氮	—	—	—	—

样品 YN-I-04 的芳香碳个数为 99，芳香度为 0.78，由此推算出该样品的 C 原子总数为 127，脂肪碳的个数为 24。该样品中的芳香结构，以 2 取代为主，其次是 4 取代。核磁共振结果显示，f_{al}^{H} 为 11.65%，f_{al}^{*} 为 1.98%，据此推测出亚甲基和次甲基的个数（表 3-10）。

样品 YN-I-09 的芳香碳个数为 97，芳香度为 0.88，由此推算出该样品的 C 原子总数为 109，脂肪碳的个数为 14。FTIR 分析结果显示，该样品中的芳香结构，以 2 取代为主，其次是 4 取代和 5 取代。核磁共振结果显示，f_{al}^{H}为 6.78%，f_{al}^{*} 为 0.78%，表明同样在惰质组煤的结构中亚甲基和次甲基随着成熟度增大而减少，脂肪侧链长度减小，该样品中亚甲基和次甲基多于甲基和季碳含量（表 3-10）。

样品 YN-I-13 的芳香碳个数为 89，芳香度为 0.91，由此推算出该样品的 C 原子总数为 98，脂肪碳的个数为 9。FTIR 分析结果显示，该样品中的芳香结构，以 4 取代和 5 取代为主，说明在高变质阶段时甲基和亚甲基等含量降至很低。核磁共振结果显示，f_{al}^{H} 为 5.2%，f_{al}^{*} 为 0.68%，同样说明煤结构中的脂肪结构含量降至最低，脂肪侧链降至最短，几至消失（表 3-10）。

综合分析，脂肪碳主要以脂肪侧链和环烷烃形式存在，低变质煤中的饱和脂肪碳含量较高，碳链较长，而随着煤变质程度的增加，煤大分子中的饱和脂肪碳含量逐渐减少，且脂肪碳链长度也会在煤化作用过程中变短。

（三）杂原子结构

杂原子是煤中任何不是 C 或 H 的原子，结合本书第三章第一节中元素分析的结果计算得到 N、O、S 原子的近似个数（表 3-9，表 3-10），而对 H 原子个数则需在对分子模型的不断调整吻合后再最终确认。

N 原子在煤中全部为有机形式存在。根据元素分析得到各煤样中的 N 元素含量非常稳定，几乎没有变化，且 N 原子个数均为 1，因此在模型中考虑只加入了吡啶。

S 原子在煤中主要以有机形式存在，本次元素分析测试结果表明热演化镜质组和惰质组系列样品中的硫的相对含量较低，因此在构建煤的大分子模型时不考虑硫元素。

O 原子主要存在于羧基、酚羟基、甲氧基及醚氧键等官能团中。随着成熟度的增加，其主要存在形式随之发生变化。由本书第三章第一节傅里叶变换红外光谱分析及文献可知，煤中含氧官能团随成熟度增加而急剧降低，其中以醚氧键 C—O—C 降低最多，其次是羟基—OH 及羰基和羧基 C ═O。在褐煤阶段，普遍存在羧基，其中对于镜质组样品而言羧基快速脱落发生于 $R_{o,ran}=0.90\%$之前，在 $R_{o,ran}=1.20\%\sim2.67\%$时仍含有一定量的羧基，当 $R_{o,ran}>3.03\%$时，羧基基本上消失；而惰质组样品中的羧基在 $R_{o,ran}=0.35\%\sim2.07\%$内稳定线性地减少，直至$R_{o,ran}>2.67\%$才基本上消失；醚氧键、羰基基和酚羟基则存在于整个烟煤阶段，羰基在褐煤中含量较高，且随着变质程度的增加，含量逐渐减少，醚氧键是较为稳定的含氧官能团，是煤分子中含氧官能团存在的主要形式。据此变化可大致推断出各变质阶段典型样品的氧原子的主要存在形式，然后再结合 FTIR 及^{13}C NMR 测试分析结果，初步推断氧原子的存在形式，再根据核磁共振模拟谱图和实验谱图的差异进行调整，最终确定出各样品的杂原子结构。

二、二维平面模型的构建

通过上述分析得到镜质组与惰质组各演化阶段典型样品分子中的芳香环基本骨架，脂肪 C 原子数量及脂肪碳中甲基、亚甲基的含量占比，O 原子数量及含氧官能团的存在形式，N 原子数量及吡啶个数等模型构建的相关参数。然后在 ACDLabs 软件中绘制基本的芳香骨架，然后补充各种芳香桥碳、脂肪碳及各种含氧官能团和吡啶，得到初步的分子平面模型。再利用 ACDLabs 软件计算模拟出各样品分子模型的原始^{13}C NMR 谱图数据，将此数据导入至 g NMR 软件中，得到模型的模拟核磁共振谱图，再将其与实验测试所得的固态^{13}C 核磁共振谱图进行对比，若两类谱图存在差异，则依据差异波段反应的结构特征，对构建好的大分子结构二维平面模型进行调整，并再次将重新修正好的分子模型导入至 g NMR 软件模拟固体核磁谱图，以此类推，直至模拟谱图与实测谱图基本上吻合为止，如图 3-14—图 3-21 所示为各典型样品的平面结构模型及核磁共振谱图验证。

样品 YN-V-01 的二维平面模型所模拟出的^{13}C NMR 谱图与实验谱图几乎一致（图 3-14）。模拟出的固态^{13}C 核磁共振谱图中 $0\sim20\times10^{-6}$波段对应的峰强度与实验谱图略有差异，根据模拟的峰强度略低于实验谱图的峰强度，推测构建的样品 YN-V-01 分子模型中的甲基、亚甲基的数量略低于实验计算值，$115\times10^{-6}\sim195\times10^{-6}$范围内的差异则可能由于模型中羧基（—COOH）的含量低于真实值。

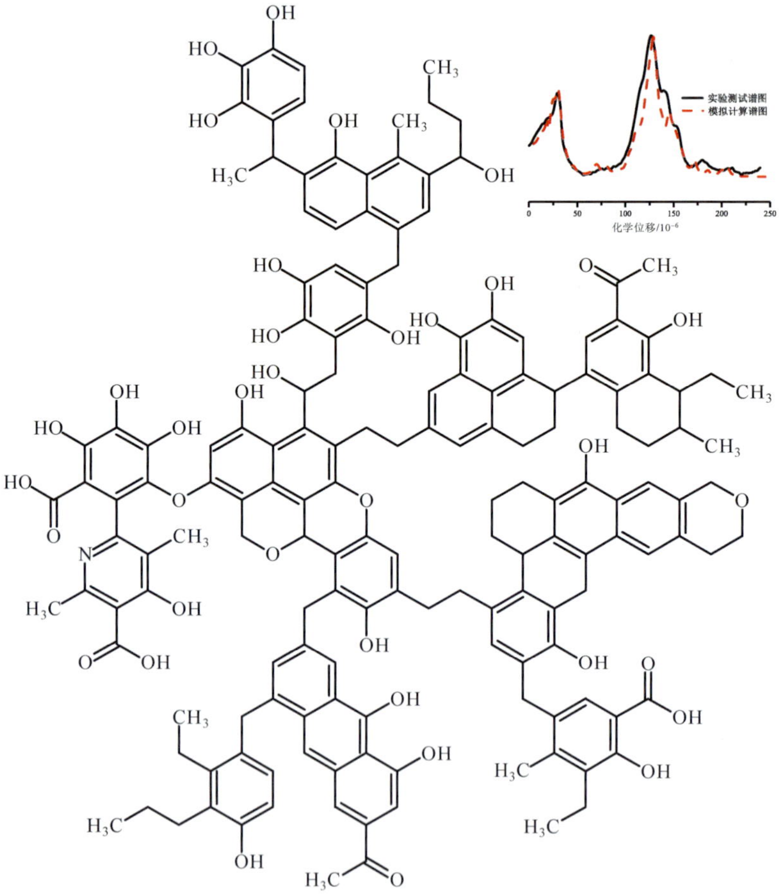

图 3-14　YN-V-01 样品^{13}C NMR 谱图对比及二维平面大分子结构模型

样品 YN-V-05 的二维平面模型所模拟出的^{13}C NMR 谱图与实验谱图几乎一致（图 3-15）。由图中可以看出，样品 YN-V-05 的实验谱图中 $18\times10^{-6}\sim70\times10^{-6}$的峰强度略低于该样品大分子模型所模拟出的^{13}C NMR 谱图对应波段的峰强度，表明模型中脂肪碳的数量略大于真实值。

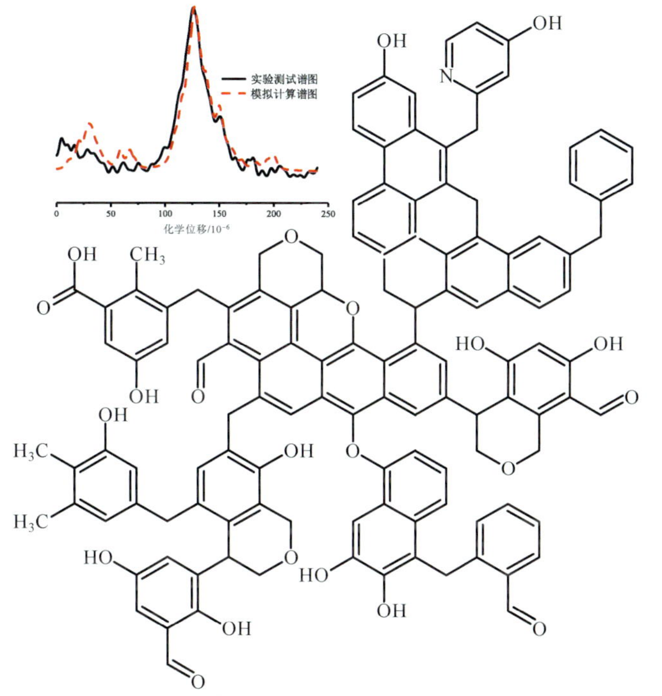

图 3-15　样品 YN-V-05 二维平面大分子结构模型及^{13}C NMR 谱图对比

样品 YN-V-10 的二维平面模型所模拟出的^{13}C NMR 谱图与实验谱图几乎一致（图 3-16）。该样品的 $150\times10^{-6}\sim240\times10^{-6}$的计算谱图稍高于实验谱图，表明模型中羰基碳的数量略大于真实值。

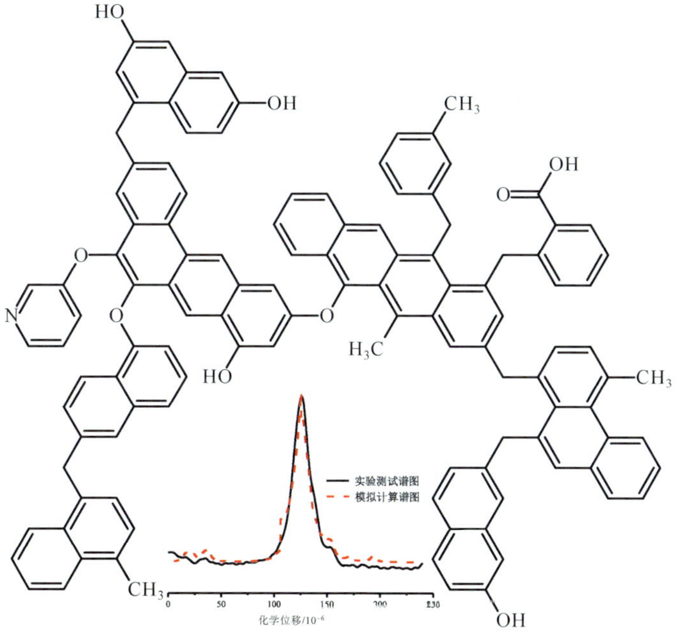

图 3-16　样品 YN-V-10 二维平面大分子结构模型及^{13}C NMR 谱图对比

样品 YN-V-13 的二维平面模型所模拟出的^{13}C NMR 谱图与实验谱图几乎一致（图 3-17）。其中，计算谱图 $8\times10^{-6}\sim72\times10^{-6}$范围内的峰强度的稍高于实验谱图，表明模型中脂碳的数量略大于真实值；此外，$150\times10^{-6}\sim190\times10^{-6}$范围内的计算谱图略高于实验谱图，可能是模型中的氧取代芳碳、羧基碳含量略高于实验测试值。

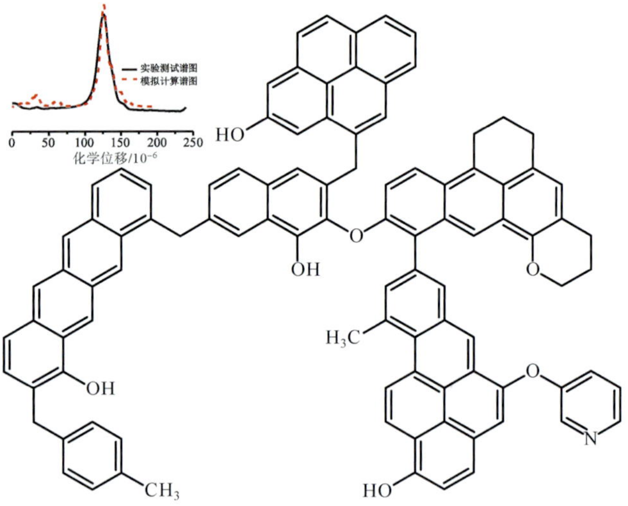

图 3-17　样品 YN-V-13 二维平面大分子结构模型及^{13}C NMR 谱图对比

样品 YN-I-01 的二维平面模型所模拟出的^{13}C NMR 谱图与实验谱图几乎一致（图 3-18）。其中，计算谱图的 $70\times10^{-6}\sim90\times10^{-6}$范围的峰强度稍低于实验谱图，这说明样品 YN-I-01 的二维平面模型中的环内氧接脂碳的数量略低于实验测试值。

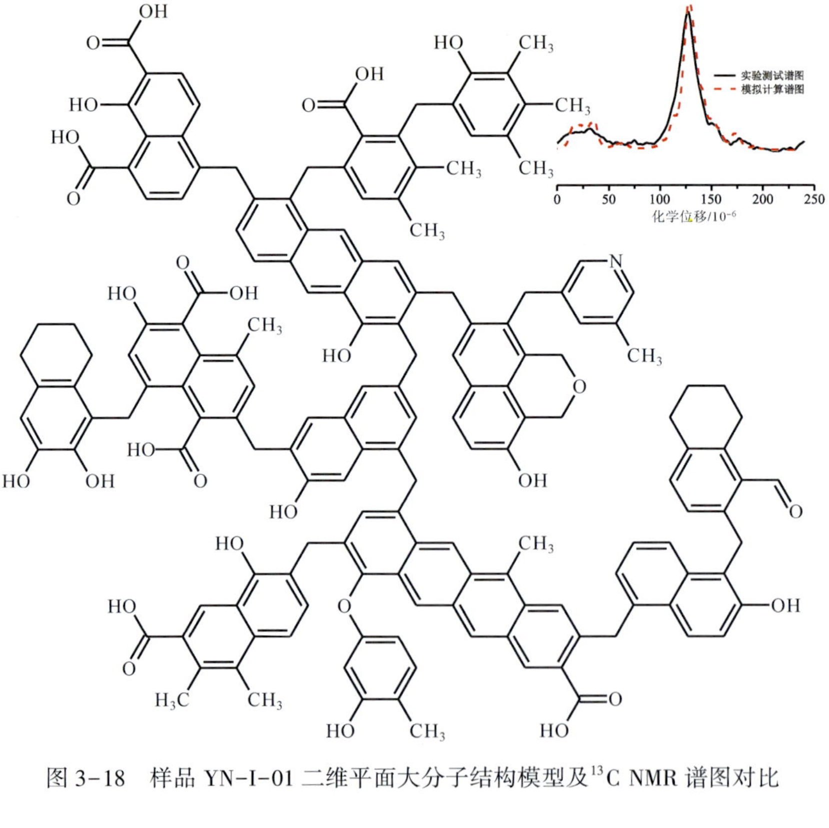

图 3-18　样品 YN-I-01 二维平面大分子结构模型及^{13}C NMR 谱图对比

样品 YN-I-04 的二维平面模型所模拟出的^{13}C NMR 谱图与实验谱图几乎一致（图 3-19）。其中，计算谱图中 $25\times10^{-6}\sim50\times10^{-6}$范围内的峰强度稍高于实验谱图对应波段内的峰强度，表明样品 YN-I-04 的二维平面模型中的脂碳的数量略高于实验测试值。

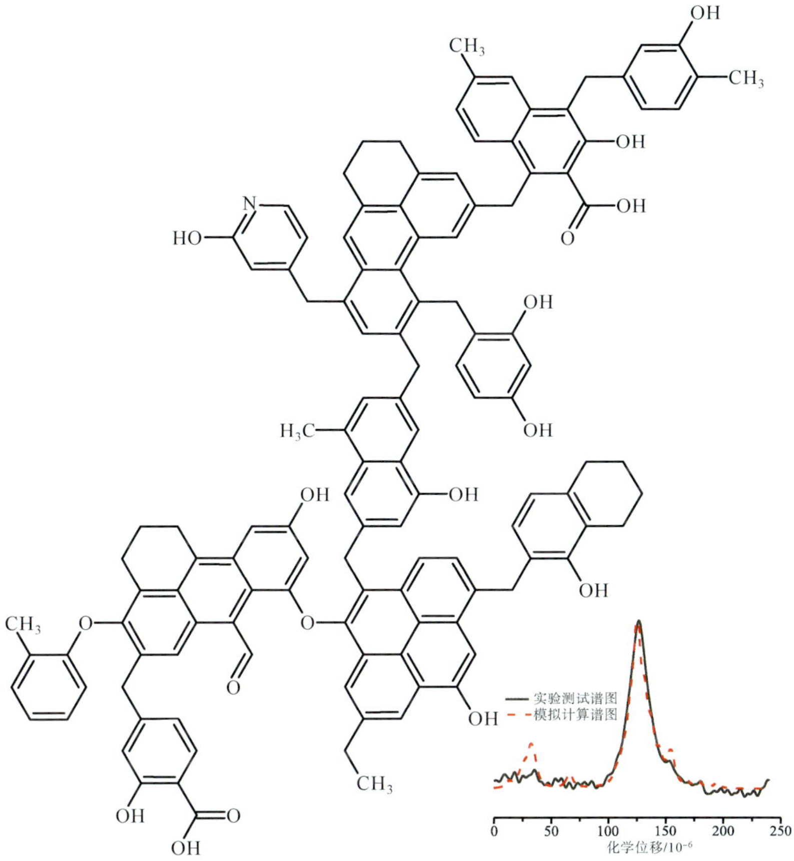

图 3-19　样品 YN-I-04 二维平面大分子结构模型及^{13}C NMR 谱图对比

样品 YN-I-09 的二维平面模型所模拟出的^{13}C NMR 谱图与实验谱图几乎一致（图 3-20）。该样品模拟出的固态^{13}C 核磁共振谱图中的 $25\times10^{-6}\sim40\times10^{-6}$波段内的峰强度略高于实验谱图，表明模型中芳香甲基碳-RCH_3、与脂甲基相连的亚甲基碳-CH_2的数量略大于真实值；此外，$113\times10^{-6}\sim146\times10^{-6}$范围内的计算谱图略低于实验谱图，可能是模型中的质子化芳碳、桥接芳碳及侧支芳碳含量略低于实验测试值。

样品 YN-I-13 的二维平面模型所模拟出的^{13}C NMR 谱图与实验谱图几乎一致（图 3-21）。该样品模拟出的固态^{13}C 核磁共振谱图中的 $16\times10^{-6}\sim50\times10^{-6}$波段内的峰强度稍高于实验谱图，据此可以推测出该大分子结构模型中甲基、季碳、亚甲基和次甲基碳等的数量略大于实验计算值。

根据上述计算最终得出样品 YN-V-01 模型的分子式为 $C_{160}H_{149}N_1O_{36}$，样品 YN-V-05 模型的分子式为 $C_{133}H_{109}N_1O_{22}$，样品 YN-V-10 模型的分子式为 $C_{118}H_{85}N_1O_9$，样品 YN-V-13 模型的分子式为 $C_{110}H_{77}N_1O_6$；样品 YN-I-01 模型的分子式为 $C_{167}H_{137}N_1O_{28}$，样品 YN-I-04 模型的分子式为$C_{126}H_{95}N_1O_{17}$，样品 YN-I-09 模型的分子式为 $C_{109}H_{75}N_1O_{10}$，样品 YN-I-13 模

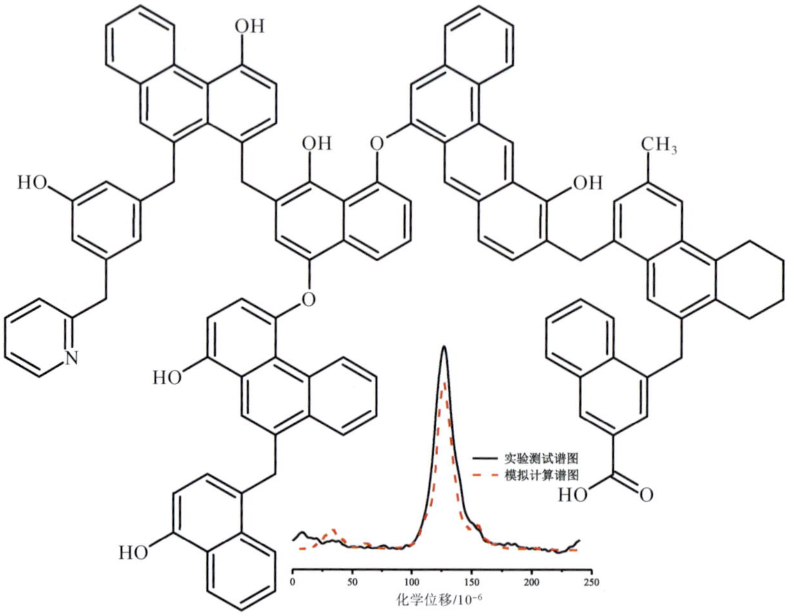

图 3-20　样品 YN-I-09 二维平面大分子结构模型及 ^{13}C NMR 谱图对比

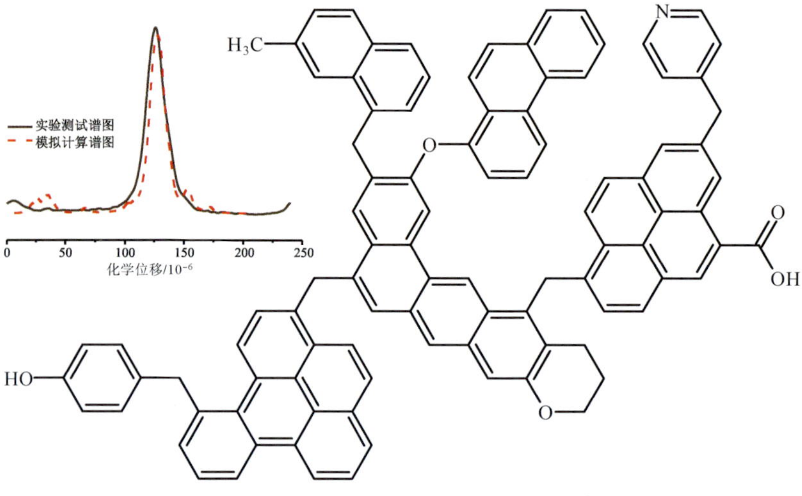

图 3-21　样品 YN-I-13 二维平面大分子结构模型及 ^{13}C NMR 谱图对比

型的分子式为 $C_{98}H_{69}N_1O_5$。通过上述二维平面分子模型所计算出的元素含量和实际测试相比，含量差异较小，均在1%以内（表 3-11）。

表 3-11　各演化阶段的镜质组和惰质组的分子模型结构信息

样品	分子式	元素含量/%				相对分子量	芳香度
		C	H	N	O		
YN-V-01	$C_{160}H_{153}N_1O_{36}$	71.5	4.15	0.86	20.56	2663	0.67
YN-V-05	$C_{127}H_{99}N_1O_{22}$	78.95	3.26	0.88	13.35	1989	0.78

续表

样品	分子式	元素含量/%				相对分子量	芳香度
		C	H	N	O		
YN-V-10	$C_{118}H_{85}N_1O_9$	84.58	2.47	0.97	8.23	1659	0.86
YN-V-13	$C_{102}H_{69}N_1O_7$	87.34	1.92	0.89	5.58	1419	0.87
YN-I-01	$C_{167}H_{137}N_1O_{28}$	75.64	2.87	0.75	16.71	2603	0.76
YN-I-04	$C_{127}H_{103}N_1O_{17}$	76.56	2.49	0.7	12.81	1913	0.78
YN-I-09	$C_{109}H_{79}N_1O_{10}$	81.1	2.31	0.79	7.19	1561	0.88
YN-I-13	$C_{98}H_{67}N_1O_5$	85.49	1.8	0.74	5.55	1337	0.91

根据元素分析、傅里叶变换红外光谱和固态^{13}C核磁共振光谱等实验测试结果，确认出镜质组和惰质组在各演化阶段的典型样品的结构信息，然后对模型进行固态^{13}C核磁共振谱图模拟，并与实验测试的谱图进行验证，最终得出不同演化程度的镜质组和惰质组样品的二维平面大分子结构模型。根据上述平面分子模型可以总结出以下变化规律：①随着煤化过程的推进，镜质组和惰质组煤的分子结构中的芳香碳的存在形式由低煤阶时苯环和萘环为主逐渐转变为在中煤阶时三环芳香烃增多，直至高煤阶时以三环、四环及五环芳香烃为主，尤其在高变质阶段（样品 YN-V-10 至 YN-V-13，样品 YN-I-09 至 YN-I-13）苯和萘急剧减少；②主要连接芳香结构单元的基团为亚甲基、环烷烃和醚氧键，随着成熟度增大，醚氧键减少，脂肪侧链变短，甲基和亚甲基减少，高变质阶段时亚甲基基本消失；③成熟度相同的镜质组的环缩合程度低于惰质组，且整体而言，镜质组样品的结构变化较大，惰质组样品的结构变化较小。

三、三维立体模型的构建

在二维平面模型构建的基础上，使用 Materials Studio 软件中的 Forcite 和 Amorphous Cell 模块进行模型优化计算，从而构建三维立体大分子模型。将建立好的各典型煤样的二维平面分子模型导入至该软件中，对平面模型进行加氢饱和处理，初步得到样品的单分子三维结构模型；然后再对其进行分子力学模拟，直至模型不再发生明显的形变；再对模型进行分子动力学模拟，得到其最低能量构型，并以此为依据建立镜质组和惰质组分子结构的演化模式。

经过分子力学与分子动力学模拟优化后，YN-V-01、YN-V-05、YN-V-10、YN-V-13、YN-I-01、YN-I-04、YN-I-09 及 YN-I-13 等样品模型的最小能量构型如图 3-22—图 3-29所示，能量组成及变化如表 3-12 所示。大分子结构模型总体能量实现最低时在空间上分子结构最为稳定。对比各样品的二维平面分子模型和最低能量构型可以发现，各样品的平面分子模型经过优化模拟之后，空间上分子结构严重变形，由脂肪碳构成的碳链或环烷烃变形程度较大，由脂肪碳连接的单个苯环变形程度次之，萘环变形程度次之，蒽、芘等四-五环的芳香结构扭转程度最低。

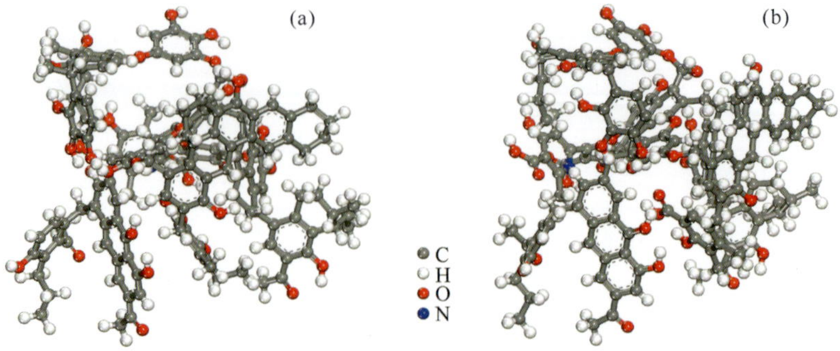

图 3-22　样品 YN-V-01 结构优化后的三维单分子模型

（a）主视图；（b）侧视图

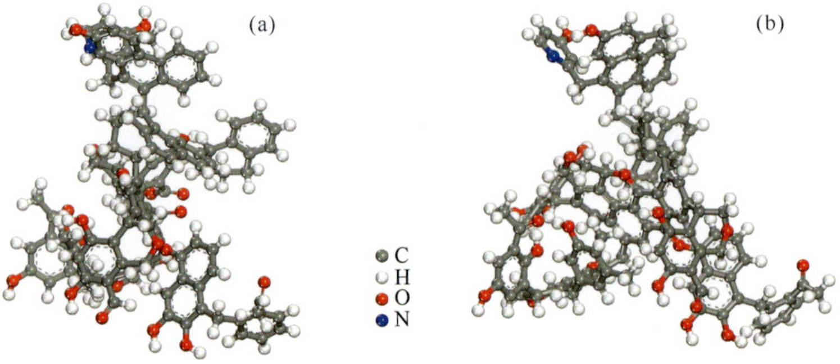

图 3-23　样品 YN-V-05 结构优化后的三维单分子模型

（a）主视图；（b）侧视图

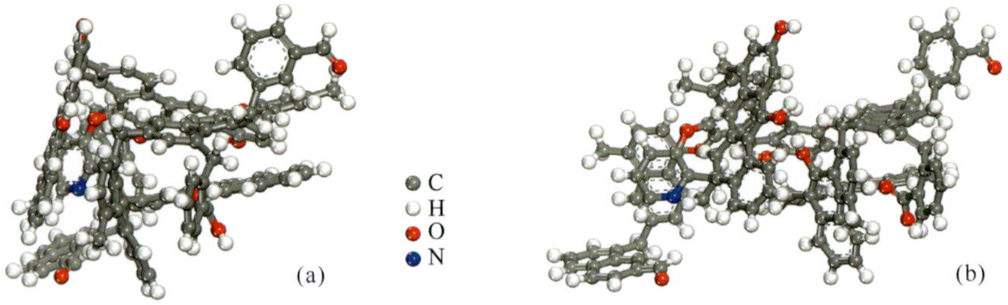

图 3-24　样品 YN-V-10 结构优化后的三维单分子模型

（a）主视图；（b）侧视图

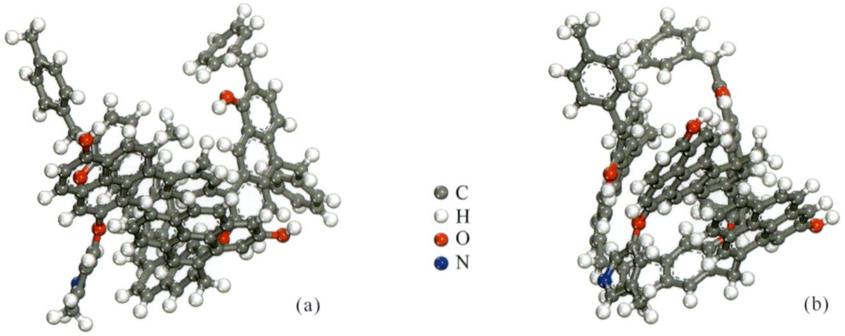

图 3-25　样品 YN-V-13 结构优化后的三维单分子模型

（a）主视图；（b）侧视图

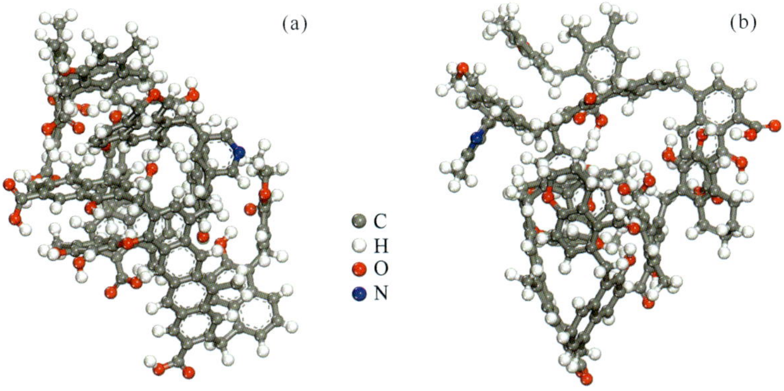

图 3-26　样品 YN-I-01 结构优化后的三维单分子模型
（a）主视图；（b）侧视图

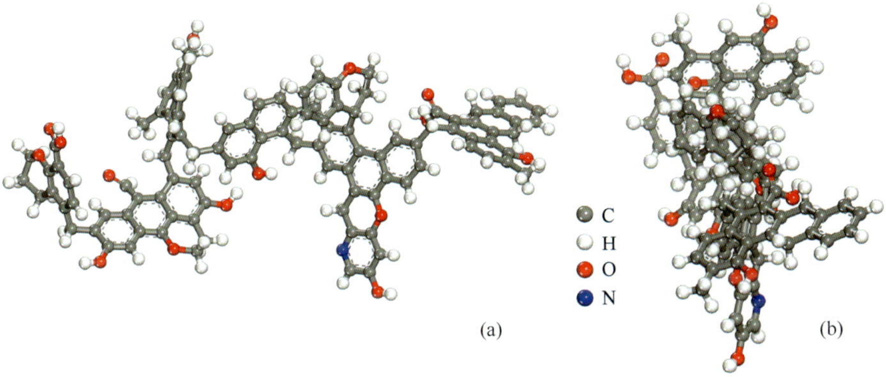

图 3-27　样品 YN-I-04 结构优化后的三维单分子模型
（a）主视图；（b）侧视图

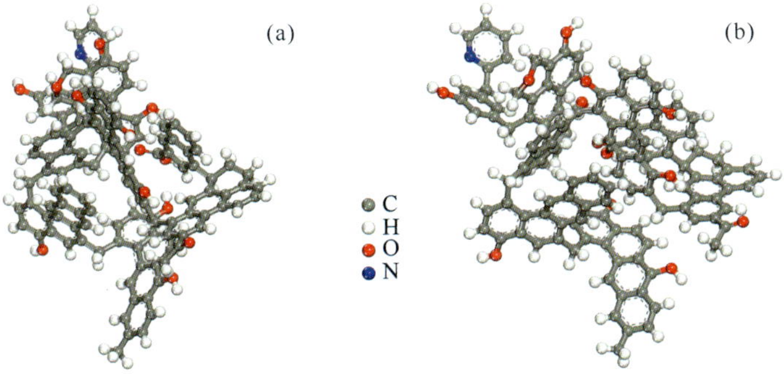

图 3-28　样品 YN-I-09 结构优化后的三维单分子模型
（a）主视图；（b）侧视图

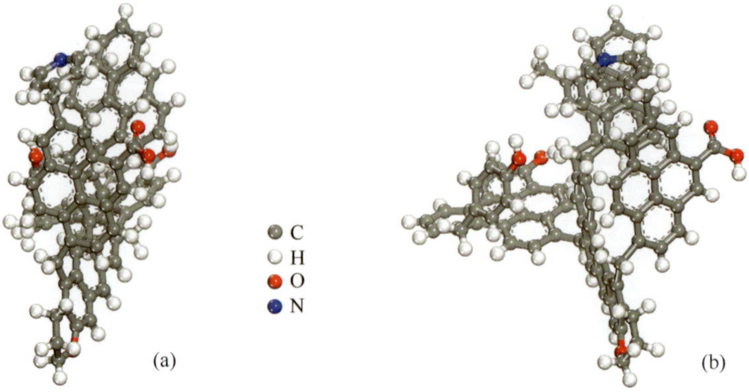

图 3-29　样品 YN-I-13 结构优化后的三维单分子模型

(a) 主视图；(b) 侧视图

镜质组样品的大分子结构模型在分子力学优化前的总能为 4050.4~9047.8 kcal/mol❶，经过分子力学优化总能下降为 380.4~650.1 kcal/mol，下降的幅度达到 88.43%~92.81%；经过分子动力学优化之后，总能下降为 348.1~549.0 kcal/mol，下降的幅度达到 89.49%~93.93%（表 3-12）。惰质组样品的大分子结构模型在分子力学优化前的总能为 2570.5~5605.4 kcal/mol，经过分子力学优化总能下降为 340.0~614.9 kcal/mol，下降的幅度达到 86.77%~91.59%；经过分子动力学优化之后，总能下降为 279.5~565.1 kcal/mol，下降的幅度达到 86.93%~93.05%（表 3-12），由此可见大分子的结构经过分子力学和分子动力学优化后具有较强的稳定性。

表 3-12　热模拟样品的三维大分子模型结构优化前后的势能对比　　单位：kcal/mol

样品	优化条件	总能量	价电子能				非成键能		
			EB	EA	ET	EI	EH	EV	EE
YN-V-01	初始条件	9047.8	2593.1	62.8	208.6	2.5	-1.4	6158.7	23.4
	分子力学	650.1	86.5	85.0	114.0	1.9	-9.5	392.7	-20.4
	分子动力学	549.0	80.2	69.5	99.1	1.7	-19.0	365.0	-47.6
YN-V-05	初始条件	6660.0	2178.2	116.1	161.9	2.5	-1.0	4247.5	-45.1
	分子力学	511.8	74.9	62.3	112.6	2.2	-4.4	326.4	-62.2
	分子动力学	444.2	73.1	52.2	101.3	1.8	-11.0	298.9	-72.0
YN-V-10	初始条件	4609.1	2413.8	14.8	80.8	1.6	0	2123.8	-25.6
	分子力学	533.3	73.5	44.3	74.3	1.5	0	358.7	-19.1
	分子动力学	484.6	68.3	41.9	74.8	2.1	0	307.8	-10.3
YN-V-13	初始条件	4050.4	1819.0	9.8	30.4	1.2	0	2205.0	-14.9
	分子力学	380.4	51.0	28.9	38.9	0.7	0	276.1	-15.2
	分子动力学	348.1	50.3	24.3	41.0	0.7	-0.1	238.6	-6.7

❶ kcal/mol 是热力学单位，表示 1 mol 物质所含的能量，常用于化学反应的热力学分析中。1 kcal/mol=4.19 kJ/mol。

续表

样品	优化条件	总能量	价电子能				非成键能		
			EB	EA	ET	EI	EH	EV	EE
YN-I-01	初始条件	5605.4	2890.0	36.8	142.9	3.7	-0.1	2593.0	-60.9
	分子力学	614.9	93.8	65.6	103.0	2.3	-4.2	427.3	-72.8
	分子动力学	565.1	94.1	63.8	99.6	2.7	-10.5	383.8	-68.5
YN-I-04	初始条件	5036.5	2393.8	35.1	63.2	1.3	-0.4	1248.1	-20.8
	分子力学	423.7	59.32	42.3	86.8	2.9	0	329.0	-34.1
	分子动力学	349.9	69.4	54.2	83.3	1.9	-3.5	272.8	-32.3
YN-I-09	初始条件	5416.7	2193.8	25.1	63.2	0.9	-0.6	3158.1	-23.8
	分子力学	479.5	68.3	38.2	71.1	2.2	0	327.8	-28.1
	分子动力学	279.5	71.3	42.1	49.9	1.5	-2.6	310.0	-27.9
YN-I-13	初始条件	2570.5	1632.8	7.9	48.7	0.6	0	897.4	-16.9
	分子力学	340.0	53.1	28.3	26.3	0.4	0	244.3	-12.5
	分子动力学	335.8	52.0	26.1	32.7	0.8	0	234.0	-9.7

注：EB 表示键伸缩能；EA 表示键角能；ET 表示扭转能；EI 表示相互作用能；EH 表示氢键能；EV 表示范德华能；EE 表示静电能。

相对于平面结构，结构优化除变形导致的键角能增加外，整体能量降低，结构趋于稳定。键角能增加，说明了在此过程中，大分子结构内部的脂肪链、桥键、芳香层片的扭转变形更为强烈；总能与范德华能大幅度减小，说明分子间与分子间的作用力变小，分子结构变得更加稳定；其他的能量如相互作用能 EI 和电子能 EE 几乎没有变化，说明它们对分子结构的影响很小。观察同一成熟度的镜质组和惰质组样品的结构及能量变化可以发现，镜质组的总能大于惰质组，但其角能大于惰质组，说明镜质组的扭曲变形更大。随着成熟度的增加，伴随着芳香结构体系的增大，大分子结构的变形程度逐渐降低，且惰质组样品的大分子结构在整个热模拟过程中的变形变化较小。

第三节　高温条件下的镜质组和惰质组分子结构演化模式及差异

煤化作用本质上是杂原子逐渐脱落，碳原子逐渐聚集的一个化学变化过程，该过程主要发生 3 个方面的变化：①含氧等杂原子基团的脱落；②含氢的烷基侧链的降解；③增碳作用和芳香环的稠合（张科等，2009）。根据 XRD、FTIR 及 ^{13}C NMR 实验测试，对不同成熟度的镜质组和惰质组样品的分子结构参数与 $R_{o,ran}$ 进行了相关性分析。研究表明，煤化作用过程中，煤的分子结构总体呈现出芳香体系增大及脂肪结构和含氧官能团减少的变化趋势，且各类化学基团均呈现出阶段性的演化特征，体现了深刻的煤化作用机理。

一、含氧官能团

FTIR 和 ^{13}C NMR 谱图显示，随着 $R_{o,ran}$ 的增加，煤中的含氧官能团迅速减少，其中醚氧基团（—O—）减少最多，其次是羟基—OH 和羰基、羧基 C ═O。煤中的—O—以脂肪醚和芳香醚的形式存在，对镜质组样品而言，当 $R_{o,ran}$<0.90%，—O—基团主要受脂肪结构的脱落影响而迅速减少；当 $R_{o,ran}$ = 1.20% ~ 2.67%时，随着 $R_{o,ran}$ 继续增大，芳香醚的含量逐渐增加，但总的—O—基团及脂肪醚含量依旧减少，但减少速度与第一阶段相比变慢；对惰质组样品而言，则在对应的当 $R_{o,ran}$ = 0.35% ~ 2.07%阶段内，脂肪醚、芳香醚及总的—O—基团含量逐渐减少，减少的速率基本上与镜质组的第二阶段一致；当 $R_{o,ran}$ = 3.03% ~ 4.20%时，镜质组样品的—O—基团继续减少，减少速率相比第二阶段大幅度地减小，基本上接近平缓变化，而惰质组样品则在 $R_{o,ran}$ = 2.67% ~ 4.20%阶段内，—O—含量随着 $R_{o,ran}$ 的增大略微有所增大，但整体上基本保持不变（图 3-30）。此外，镜质组样品在低煤阶阶段，脂肪醚的占比大于芳香醚，随着成熟度增大，芳香醚的占比逐渐变得大于脂肪醚；惰质组样品则由于在演化初期芳香结构含量较多，而表现出芳香醚占比略大于脂肪醚的特征，随着成熟度增大，芳香醚的占比逐渐增大，脂肪醚占比则减小（图 3-31）。

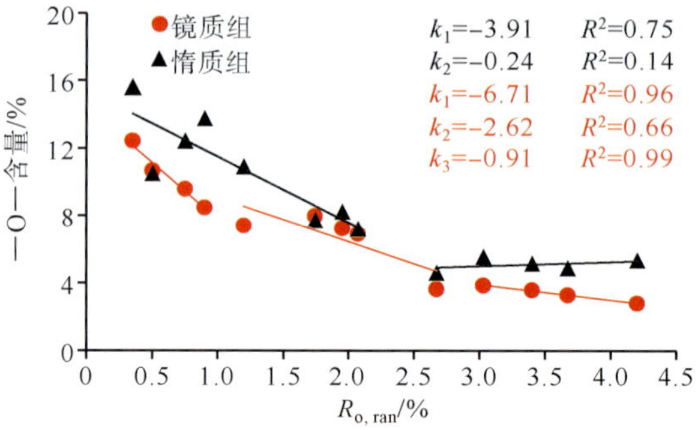

图 3-30　镜质组和惰质组样品的—O—基团含量与 $R_{o,ran}$ 的关系

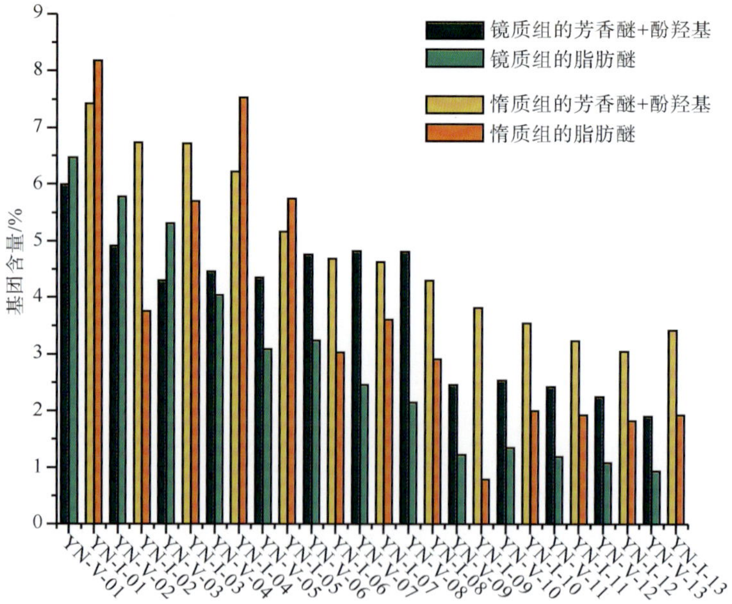

图 3-31　镜质组和惰质组中—O—基团的存在形式及含量变化差异对比

FTIR结构参数‘C’、FTIR光谱图中1660～1780 cm^{-1}区域的吸收峰变化特征以及固态^{13}C核磁共振参数“$f_a^{C1}(165-190)+f_a^{C2}(165-190)$”[图3-13（a)，(b)] 表明，当$R_{o,ran}$<0.90%时，镜质组中的C═O基团迅速发生脱落；当$R_{o,ran}$=1.20%～2.67%时，C═O仍然存在，但含量较少；当$R_{o,ran}$>3.03%时，则几乎消失。惰质组中的C═O基团在$R_{o,ran}$=0.35%～2.07%阶段内稳定地呈线性下降趋势，演化速率与镜质组第二阶段一致；当$R_{o,ran}$>2.07%时，基本已经消失。其中，镜质组和惰质组中的羧基含量在C═O基团中的占比均大于羰基，镜质组的羧基和羰基随着成熟度增大保持着与C═O基团相似的变化趋势，惰质组的羧基与其C═O基团变化趋势也相似，但羰基含量则很小，其含量占比平均值小于1%。同一成熟度的镜质组的羧基和羰基基本上小于惰质组中的羧基和羰基的含量，但随着成熟度增大，二者的羧基和羰基含量差异逐渐减小，在中高煤阶阶段基本上趋于一致。

二、脂肪结构

由图3-3d及图3-12可知，随着成熟度的增大，镜质组和惰质组的脂肪结构也分别呈现出“三段式”和“二段式”的演化特征。根据$A(CH_2)/A(CH_3)$结构参数的含义可知，其数值的变化可以反映脂肪族侧链的支链化度的演化情况。由前述第三章第一节分析可知，$A(CH_2)/A(CH_3)$值越低，说明芳香环之间的脂肪链越短，反映出芳香结构间越紧密，因此，脂肪结构的脱落也会导致芳香体系增大。结合图3-3d和图3-12分析，可知当$R_{o,ran}$<0.90%时，镜质组的脂肪结构快速减少，且亚甲基的脱落速度快于甲基，$A(CH_2)/A(CH_3)$快速减小，支链化程度增大，侧链快速变短，且在此阶段内镜质组和惰质组的脂肪结构差异快速减小；当$R_{o,ran}$=1.20%～2.67%时，脂肪结构含量、脂肪侧链长度都降到较低的水平，随着成熟度的增大继续减小，支链化度继续增大，但演化速率明显减小。惰质组的脂肪结构则在$R_{o,ran}$=0.35%～2.07%演化阶段内，同样保持着与镜质组第二演化阶段内相似的演化趋势和演化速率发生脱落；此阶段内，两个显微组分的脂肪结构差异较小。当$R_{o,ran}$>3.03%时，镜质组的脂肪结构基本上保持不变，此时脂肪结构含量减小到最低，脂肪侧链长度降到最短，支链化度达到最大；惰质组在$R_{o,ran}$>2.67%时，基本上与镜质组第三演化阶段演化特征相似，且二者的脂肪结构含量、$A(CH_2)/A(CH_3)$、甲基和亚甲基等含量在数值上与镜质组的趋于一致，二者之间几乎不存在差异。

三、芳香结构

含氧官能团的脱落导致与之相连的碳原子比例减少，与芳香结构相连的碳原子比例增加，同时也提供了新的活性位点，为芳香环进一步聚合提供了有利条件，最终导致芳香体系增大（李霞等，2015），此外脂肪侧链的减少也会导致芳香结构的排列更加紧凑，因此，镜质组的芳香结构的演化也经历了3个阶段。当$R_{o,ran}$<0.90%时，芳碳率f_a（FTIR）、F_a（^{13}C NMR）、f'_a、I及DOC等参数的快速增大，见图3-3a，图3-9a，图3-9b，图3-3b及图3-3c，意味着在低煤阶演化阶段芳构化作用明显，芳香环的稠合度和碳网缩合程度加强，芳香结构尺寸增大（图3-9f）。FTIR谱图中1490～1620 cm^{-1}区域内的吸收

峰随着 $R_{o,ran}$ 增大向低波数移动，同时吸收峰面积减小印证了这一点。这是因为稠合度和碳网缩合程度加强会导致分子自由振动能降低，使得 C ═C 键的伸缩振动频率降低。此外，非质子化芳香碳的占比在此阶段也快速增大，质子化芳香碳和芳香桥碳的增加速率相比之下较小。当 $R_{o,ran}$ = 1.20%～2.67%时，各芳香结构参数随着成熟度增大而增大，但演化速率明显减小，表明此阶段内芳构化作用减弱，芳香环的稠合度和碳网缩合程度在继续增大的同时，增大速率有所减小。惰质组样品与镜质组样品相比，区别主要在于惰质组的芳香结构含量及芳香环的缩合度大于镜质组，且在低煤阶演化阶段内，芳香结构的演化速率小于镜质组，但与镜质组的第二演化阶段保持相似的演化速率。当 $R_{o,ran}$ >3.03%时，镜质组的芳构化作用继续减弱，基本上不再形成新的芳香结构，芳香环的缩合度和尺寸也基本保持不变；惰质组在相似的演化阶段内（即 $R_{o,ran}$ >2.67%），也保持着相似的变化趋势，且二者的芳香度、缩合度、X_{BP} 及芳香碳含量等结构参数在数值上呈现出趋于一致的特征。

四、微晶结构

此外，随着 $R_{o,ran}$ 的增加，脂肪结构和官能团逐渐脱落，煤大分子链开始互相连接，导致平均结晶直径（L_a）增大。这些结构的脱落也使大分子的排列更加紧凑（Li et al.，2020），导致层间距（d_{002}）减小。同时，脂肪族氢含量趋于下降，芳香氢含量增加，芳香层快速堆积，导致结晶高度（L_c）增加，碳层数（N_{ave}）增加（图 3-5）。

综上可知，煤化作用过程是芳香结构和脂肪结构、含氧官能团协同作用的结果。刘志飞（2021）研究认为，镜质组和惰质组在煤大分子结构演化上的本质区别在于醚氧键的数量，醚氧键一般键长短，键能高，难以破坏，其阻碍了化学键断裂和芳香层的重排。由图 3-30 和图 3-31 可知，对镜质组样品而言，第一个演化阶段内，醚氧键快速减少，结构重组的障碍快速减小，因此该阶段内各化学基团快速发生变化；随着 $R_{o,ran}$ 增大，在第二个演化阶段内，醚氧键减少速率变缓，导致结构重组的障碍持续减小，且减小的速率变缓，因此结构重组还在继续发生，但演化速率也变缓；惰质组样品则相应地在第一个演化阶段内，醚氧键随着 $R_{o,ran}$ 增大而减少，且其演化速率与镜质组第二阶段相似，因此该阶段内的含氧官能团和脂肪结构保持着与镜质组第二演化阶段相似的速率而较快速脱落，芳构化作用较快速地发生，芳香结构较快速地增多。当 $R_{o,ran}$ >3.03%时，镜质组的醚氧键基本上保持不变，略微随着 $R_{o,ran}$ 增大而有所减小，导致分子结构以接近平缓的演化速率发生变化；而当 $R_{o,ran}$ >2.67%时，惰质组中的醚氧键则略微有所增大，但基本上保持不变，因此在此阶段内惰质组的分子结构演化基本上保持不变。由于在整个煤化作用过程中，镜质组的醚氧键含量均一直小于惰质组，因此整个演化过程中镜质组的分子结构变化更大（图 3-32）。

综上所述，煤化过程中惰质组的芳构化程度始终高于镜质组。相同 $R_{o,ran}$ 的芳香环的含量和缩合度大于镜质组，而脂肪结构、支链度、侧链长度和含氧官能团含量则小于镜质组。惰质组结构的整体演化速率低于镜质组，但在高演化阶段两组显微组分的分子结构特征趋于一致。

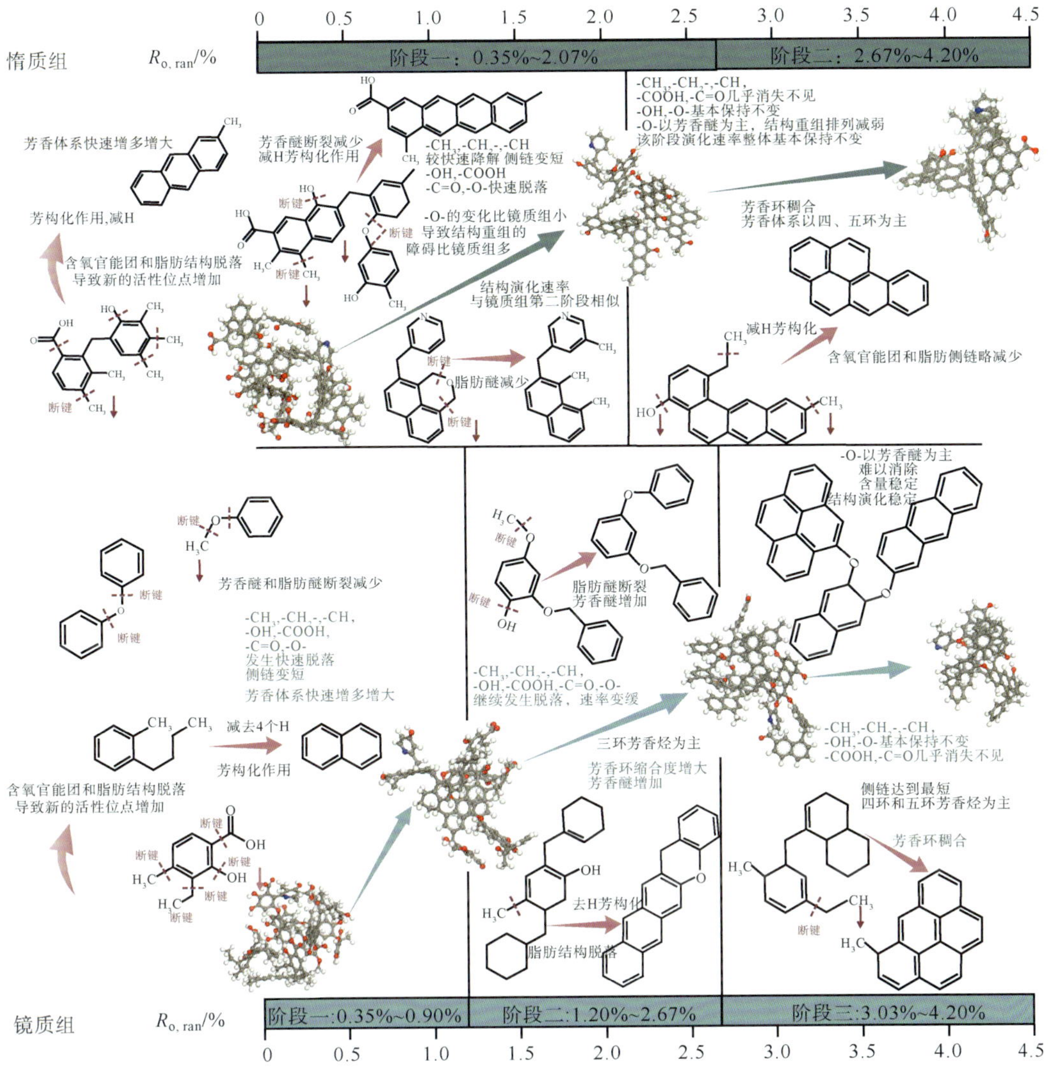

图 3-32　镜质组和惰质组大分子结构演化模式图

第四章　基于高温高压模拟实验的镜质组和惰质组的分子结构演化差异

本章节针对宁夏回族自治区灵武市（简称宁东地区）双马矿区气煤高温高压实验后的镜质组与惰质组的 FTIR、XRD、XPS、^{13}C NMR、CO_2吸附实验的测试数据进行处理，计算相关结构参数，分析各测试方法反映的大分子结构特征，对比各测试反映的镜质组与惰质组的大分子结构的差异。

第一节　实验结果与数据分析

一、基于元素分析的镜质组与惰质组分子结构演化差异

元素分析可以得到样品内 C、H、O、N、S 等元素的相对含量。高温高压实验前后镜质组与惰质组的元素分析测试结果见表 4-1。

表 4-1　不同温压下宁东煤样镜质组与惰质组元素分析测试结果

样品编号	温度/℃	压力/GPa	N 含量/%	C 含量/%	H 含量/%	S 含量/%	O 含量/%
NDV	常温	常压	1. 505	68. 51	4. 5425	2. 385	20. 027
NDV-1	600	1. 0	1. 125	87. 025	2. 9505	2. 6695	5. 4225
NDV-2	600	1. 5	1. 335	86. 235	3. 298	2. 7335	6. 365
NDV-3	600	2. 0	1. 4	85. 105	3. 246	2. 5635	6. 399
NDV-5	900	1. 5	0. 275	89. 07	0. 6595	1. 315	4. 6975
NDV-6	900	2. 0	0. 35	91. 405	0. 6475	1. 2735	4. 1555
NDV-7	1000	1. 5	0. 355	92. 7	0. 538	1. 4235	4. 4365
NDI	常温	常压	1. 175	73. 345	3. 783	1. 2295	17. 442
NDI-1	600	1. 0	1. 355	83. 975	3. 0715	1. 2895	7. 1425
NDI-2	600	1. 5	1. 5	84. 72	3. 232	1. 252	7. 593
NDI-3	600	2. 0	1. 47	83. 17	3. 3625	1. 303	8. 197
NDI-4	900	1. 0	0. 925	91. 37	0. 886	0. 781	3. 643
NDI-5	900	1. 5	0. 77	88. 94	0. 9605	0. 6335	3. 8545
NDI-6	900	2. 0	0. 855	89. 56	1. 051	0. 658	3. 817
NDI-7	1000	1. 5	0. 905	93. 125	0. 808	0. 674	2. 936
NDI-9	1200	2. 0	0. 88	92. 3	0. 76	0. 6055	2. 9295

原煤样中惰质组的 C 元素的含量比镜质组高，H、S、O 元素的含量比镜质组低，原煤样中惰质组的 C 元素富集程度高于镜质组。温度变化，镜质组与惰质组各元素相对含量变化明显，但同一温度下，压力对镜质组与惰质组各元素相对含量影响较小（表 4-

1)，说明，温度是煤变质程度的主控因素，压力对其影响远小于镜质组。随着温度和压力的不断升高，镜质组与惰质组均表现出 C 元素逐渐增多、其他元素相对含量逐渐减少的趋势，其中镜质组与惰质组 O 元素在升温至 600 ℃表现出含量骤增，说明温度升高，促进镜质组与惰质组的 C 元素逐渐富集，O、S、H、N 等元素逐渐析出，在升温至 600 ℃过程中，镜质组与惰质组发生含氧官能团脱落减少的反应。镜质组与惰质组的区别在于 S 元素和 N 元素：镜质组 S 元素在 600 ℃后的相对含量出现骤减，下降约 1.4%；而惰质组变化幅度远比镜质组小，下降约 0.5%。原煤样中镜质组 N 元素相对含量高于惰质组，随着温度和压力的升高，其被惰质组反超，且两者差距逐渐增大。同时，随着变质程度的增加，镜质组和惰质组中相同元素的相对含量逐渐趋近，其煤化程度的差距逐渐减小。

二、基于 XRD 的镜质组与惰质组分子结构演化差异

煤具有复杂的大分子结构，XRD 可以表征煤大分子结构聚集态特征。高温高压实验后镜质组与惰质组的 X 射线衍射谱图如图 4-1 所示。

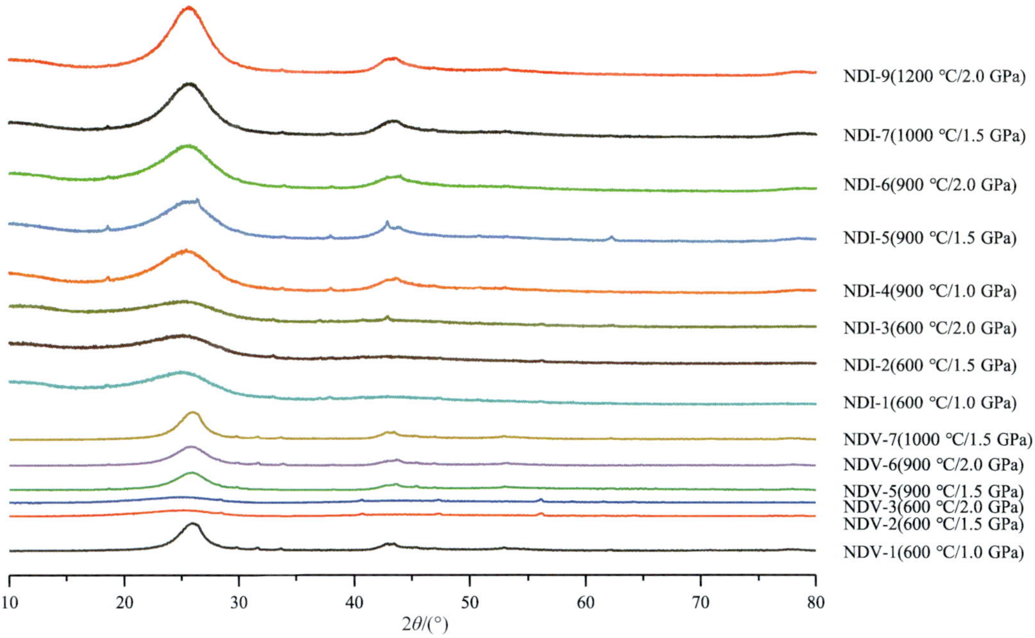

图 4-1　宁东地区样品高温高压后镜质组与惰质组 X 射线衍射谱图

根据公式（2-1）—公式（2-4）计算所得煤样的微晶结构参数 d_{002}、L_c、L_a结果见表 4-2。

原煤样中惰质组的热演化程度超前于镜质组。镜质组随温度和压力的升高首先表现出 d_{002}的减小，L_a、L_c变化不明显，而惰质组 d_{002}变化不明显，L_a、L_c大幅升高。原煤样中惰质组的 d_{002}远小于镜质组（表 4-2），说明在原煤样中惰质组的热演化程度高于镜质组，同时进行升温升压时，镜质组先进行芳构化作用，缩聚反应尚未成为主要反应；惰质组具有初始的高变质程度，因而缩聚反应在惰质组相同升温升压过程中更加剧烈，由此，惰质组的热演化程度超前于镜质组。该状态并非一成不变，镜质组的演化速率比惰质组快，所以随着温度和压力的不断升高，镜质组的变质程度逐渐趋于惰质组。

相同条件下，惰质组的 d_{002} 峰峰值强度均比镜质组高，惰质组的 d_{002} 变化比镜质组小，表明相同条件下惰质组芳香结构比镜质组更致密，同一煤样中惰质组的煤化程度始终高于镜质组。镜质组与惰质组对温压条件的响应速度不同。相比 600 ℃ 1.0 GPa 下的单显微组分，常温常压下的镜质组 d_{002} 减小了 0.01 nm，L_c 增大了 0.3 nm，L_a 增大了 0.04 nm；而常温常压下惰质组的 d_{002} 减小了 0.001 nm，L_c 增大了 0.4 nm，L_a 增大了 0.8 nm。说明，镜质组对温度的响应更为敏感。

600 ℃下，在 1.0~2.0 GPa 升压过程中，24°附近的 d_{002} 峰峰值强度大幅减小，峰形由尖锐逐渐变宽缓，42°附近的 d_{100} 峰的“鼓包”不断减小（图 4-1），镜质组与惰质组的 d_{002} 不断增大，L_c、L_a 不断减小（表 4-2），结合元素分析结果发现，其原因为压力增大造成镜质组与惰质组含氧官能团大幅脱落，游离的基团增多，芳香结构体系表现出冗杂无序，对煤化程度起抑制效果。

表 4-2　高温高压实验前后镜质组与惰质组 XRD 结构参数

样品编号	温度/℃	压力/GPa	2θ/(°)	d_{002}/nm	L_c/nm	L_a/nm
NDV	常温	常压	24.068	0.3695	0.796	1.602
NDV-1	600	1.0	24.877	0.3576	1.124	1.647
NDV-2	600	1.5	24.544	0.3624	1.002	1.591
NDV-3	600	2.0	24.245	0.3668	0.819	1.429
NDV-5	900	1.5	25.547	0.3484	2.174	7.327
NDV-6	900	2.0	25.783	0.3453	2.429	7.381
NDV-7	1000	1.5	25.793	0.3451	2.856	7.812
NDI	常温	常压	25.089	0.3546	0.809	1.792
NDI-1	600	1.0	25.142	0.3539	1.222	2.588
NDI-2	600	1.5	25.101	0.3545	1.173	2.140
NDI-3	600	2.0	25.082	0.3547	1.087	2.084
NDI-4	900	1.0	25.529	0.3486	1.246	6.173
NDI-5	900	1.5	25.668	0.3468	1.312	6.612
NDI-6	900	2.0	25.792	0.3451	1.318	6.810
NDI-7	1000	1.5	25.805	0.3450	1.651	6.890
NDI-9	1200	2.0	26.018	0.3422	1.746	7.496

900 ℃下，24°附近的 d_{002} 峰峰值强度不断增大，峰形逐渐尖锐，42°附近的 d_{100} 峰的“鼓包”不断增大（图 4-1），镜质组与惰质组 d_{002} 随压力增大而减小，L_c、L_a 不断增大（表 4-2），是由压力抵抗芳香层片之间的范德华力引起。升温促进游离的基团与其他基团重新结合，小分子物质以烃类物质析出，此时煤大分子结构较 600℃时更为有序且规则，压力更多地抵抗范德华力。由此得出，压力对镜质组与惰质组的煤化作用的影响机制会随温度的变化而变化。在升温过程中，存在某一临界温度（介于 600~900 ℃之间），压力由之前对芳构化作用与缩聚作用、抑制作用转变为促进作用。

相比压力，镜质组与惰质组对温度的响应程度更大。温度升高，24°附近的 d_{002} 峰峰值强度不断增大，峰形逐渐尖锐，在 42°附近的 d_{100} 峰的“鼓包”不断增大（图 4-1），温度影响镜质组与惰质组 d_{002} 的量级几乎为 0.01 nm，L_c 与 L_a 的量级为 1 nm；压力影响镜质组与惰质组 d_{002} 的量级几乎为 0.001 nm，L_c 与 L_a 的量级为 0.1 nm（表 4-2）。因此，温度对镜质组与惰质组的热演化程度以及芳香层秩序化起主控作用，升温促进芳构化作用。

现有研究通常用镜质组反射率（R_o）判断煤的热演化程度，但本书研究对象包含惰质组，镜质组反射率并不能较准确地适配于本书对惰质组变质程度的判断，同时受限于实验样品含量少，本书依照前人对 XRD 与煤变质程度的相关性关系的研究，采用 d_{002}厘定镜质组与惰质组的变质程度。依据前人研究（李霞等，2016c；Wang et al.，2021），从煤变质作用的阶跃性以及分子结构演变规律等方面出发，本书以 d_{002}为参数划分 3 个阶段：d_{002}>0.365 nm，0.365 nm≥d_{002}>0.352 nm，d_{002}≤0.352 nm。

三、基于 FTIR 的镜质组与惰质组分子结构演化差异

高温高压后的镜质组与惰质组的红外光谱可以表征单显微组分的分子结构中的官能团类型等信息。原样与高温高压实验后的镜质组与惰质组的红外光谱见图 4-2 至图 4-4。

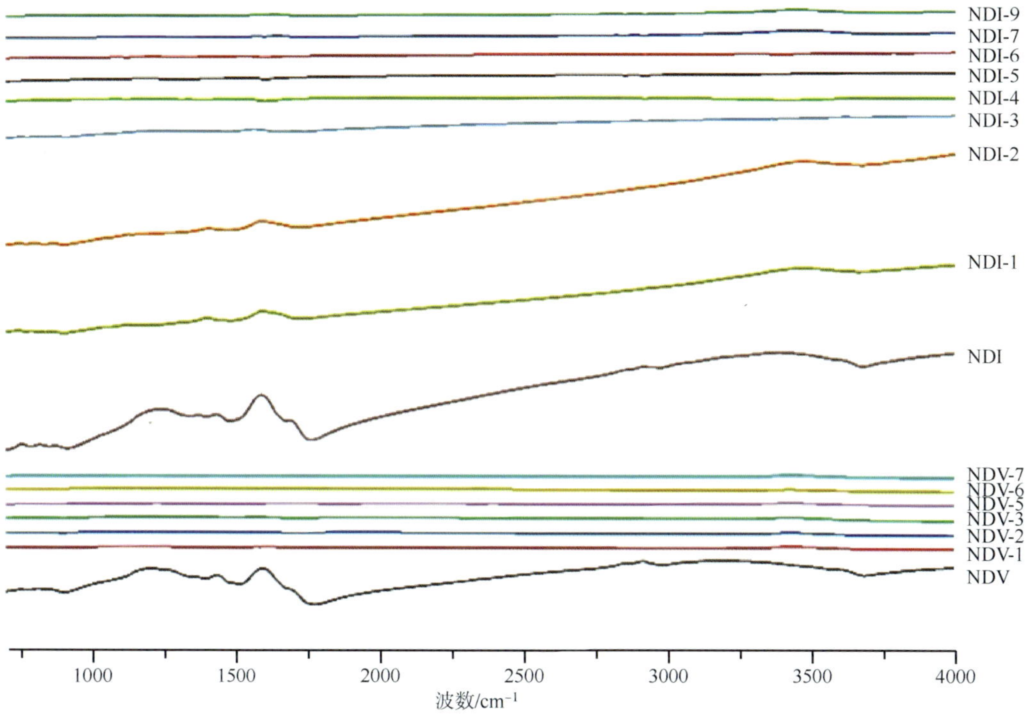

图 4-2　宁东地区样品高温高压实验前后镜质组与惰质组傅里叶变换红外光谱图

对比原煤样与高温高压实验样，发现温度升高含氧官能团和脂肪结构峰值强度逐渐减小（图 4-2），同压下升温至 600 ℃过程中，脂肪结构与含氧官能团明显减小；600 ℃后，主要表现为芳香结构单元峰值强度不断增大，说明温度升高促进煤的芳构化；升温至 600 ℃阶段，主要发生含氧官能团与脂肪结构的脱落；600 ℃之后，芳香结构的缩聚为主要反应。相同温度（600 ℃）下，随压力增大，芳香结构峰值强度明显不断增大，含氧官能团峰值强度在 1.5~2.0 GPa 升压过程中，有较为明显的增大，900 ℃后分子结构变化秩序较稳定，压力增大，含氧官能团与脂肪结构的峰值强度小幅减小，表明温度与压力对煤分子结构有决定性影响，含氧官能团与脂肪结构的受影响程度较大。压力在不同温度条件下所起到的作用是不同的，存在一个从压力对惰质组芳构化程度的抑制作用转向促进作用的临界温度。

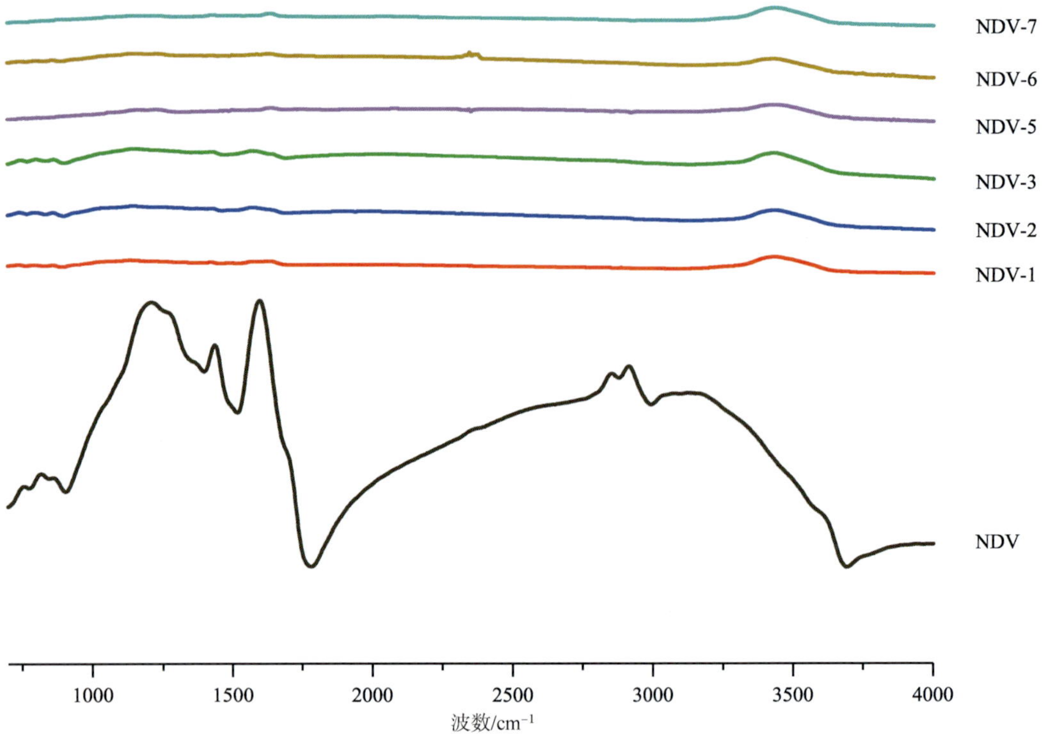

图 4-3　宁东地区样品高温高压实验前后镜质组傅里叶变换红外光谱图

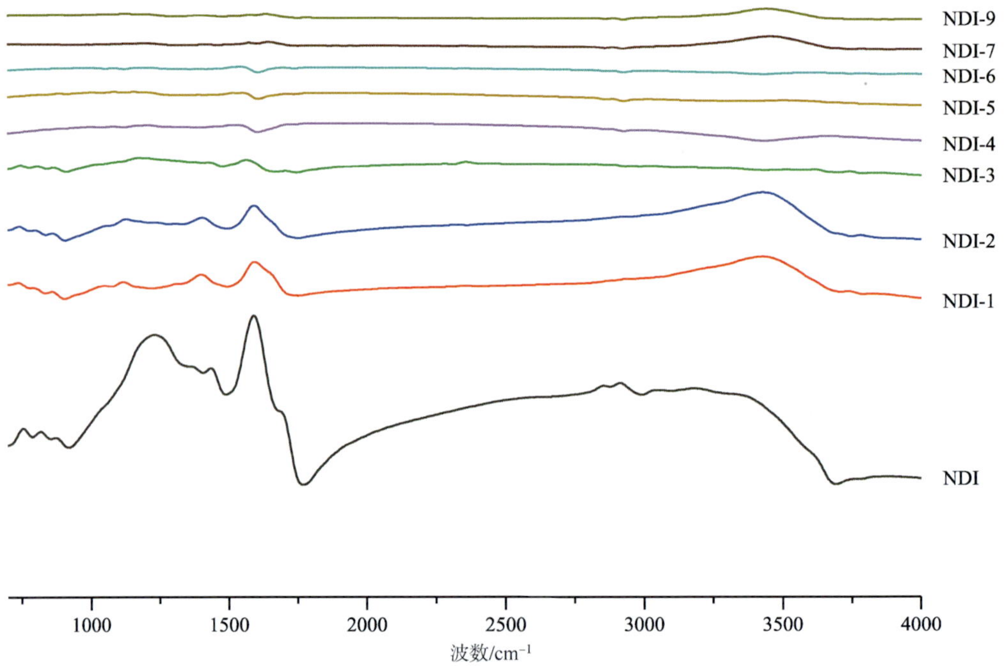

图 4-4　宁东地区样品高温高压实验前后惰质组傅里叶变换红外光谱图

对比镜质组与惰质组原样，惰质组的芳香结构峰值以及 1600 cm^{-1} 的 C ═C 峰值强度更高，原样中惰质组的芳构化程度会比镜质组稍高。相同的温压条件下，镜质组的芳构化反应更剧烈，惰质组对温压的反应较迟缓。温度与压力直接影响煤的大分子结构，其中温度起主控作用，压力的影响远小于温度，且压力在不同温度条件下对镜质组与惰质组的影响机制不同，存在一个临界温度，压力由抑制作用转变为促进作用。

（一）芳香结构分析

在煤结构的红外光谱中，表征芳香结构的波数范围为700~900 cm^{-1}，属于芳香环邻近H原子的面外振动，表征芳环碳的不同取代方式。730~720 cm^{-1}区段属于烷烃侧环；776~730 cm^{-1}区段属于苯环二取代或苯环三取代，849 cm^{-1}属于苯环四取代，860~880 cm^{-1}属于苯环五取代（Chen et al.，2012；姬新强等，2016；Zhu et al.，2020）。对高温高压实验前后的镜质组与惰质组的傅里叶变换红外光谱图的700~900 cm^{-1}区段进行分峰拟合，得到结果如图4-5所示。

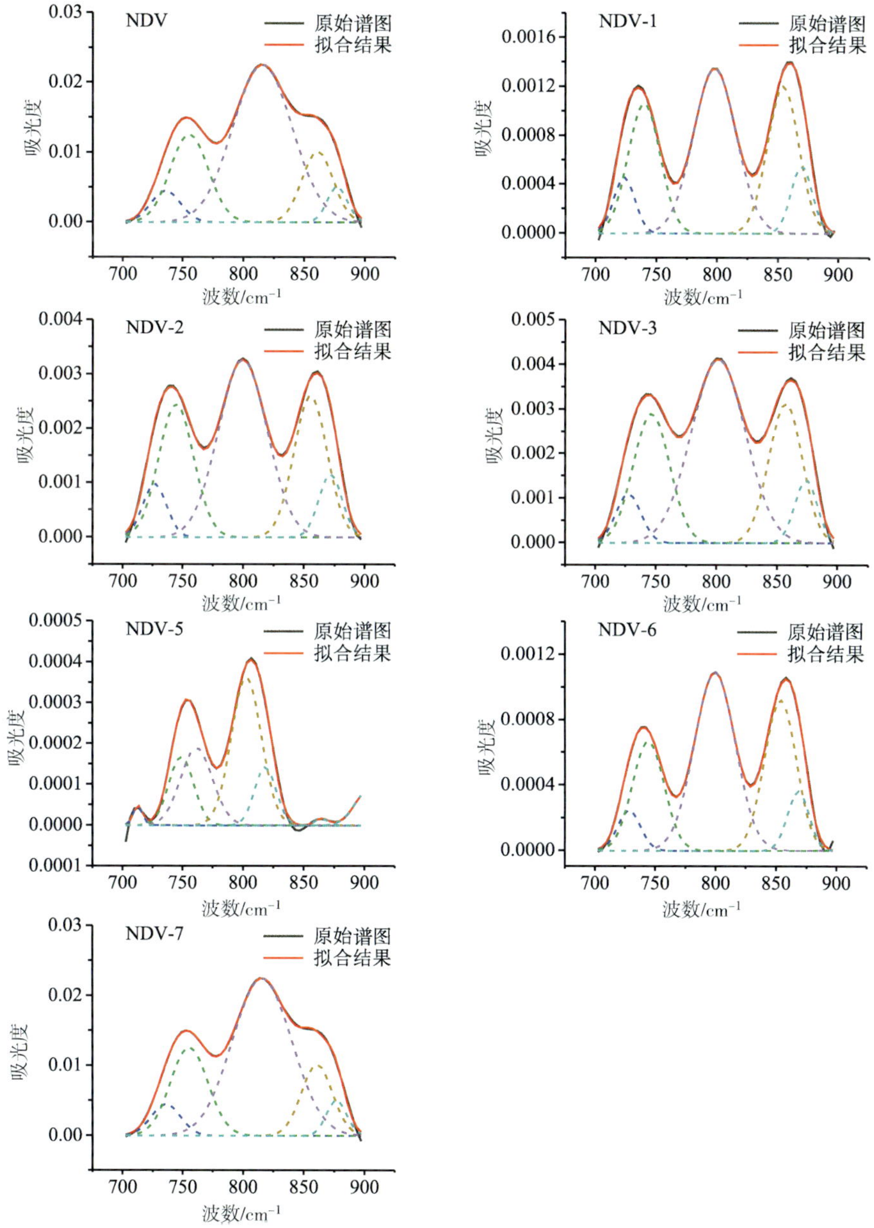

图4-5　宁东地区样品高温高压实验前后镜质组与惰质组芳香结构红外光谱图

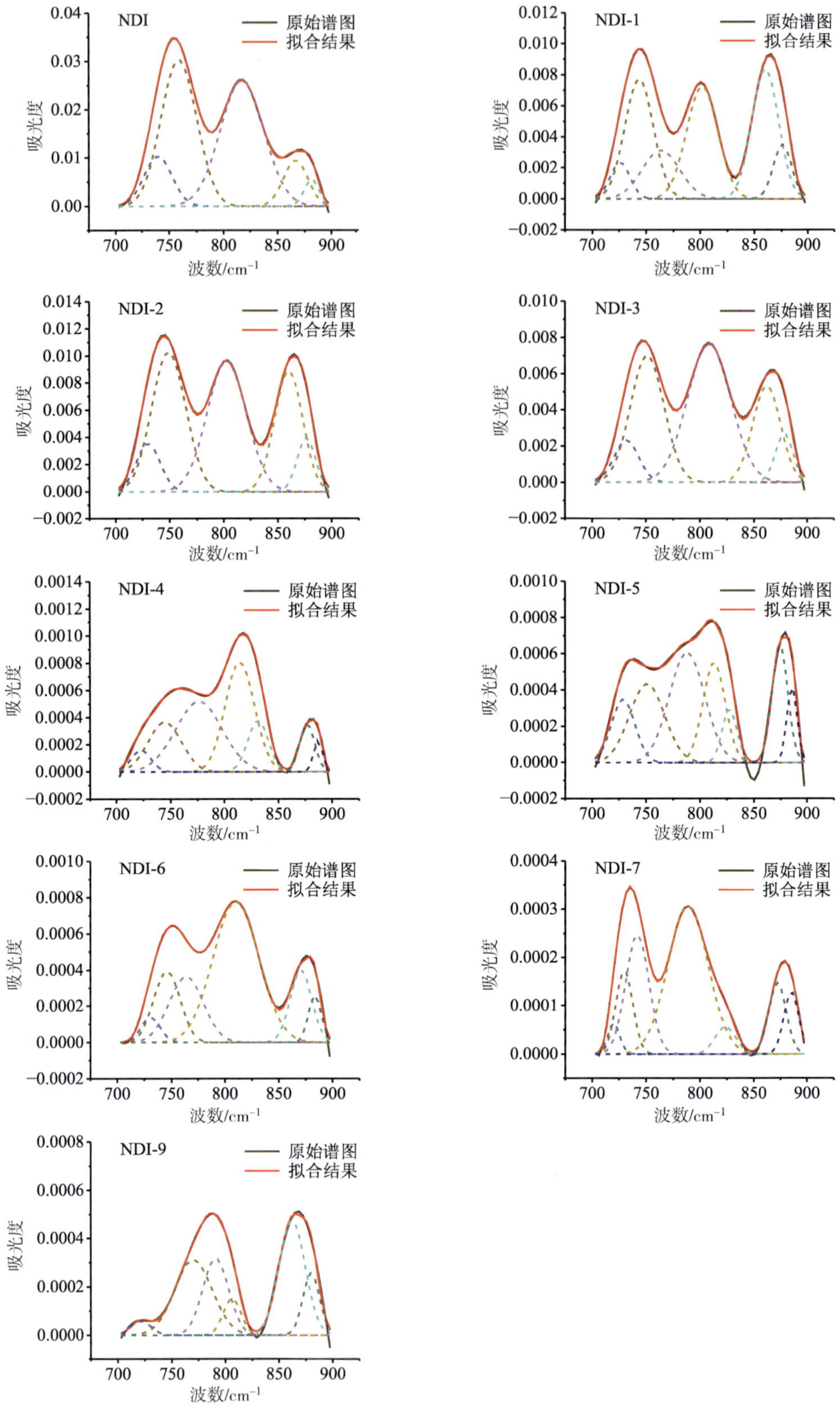

图 4-5　宁东地区样品高温高压实验前后镜质组与惰质组芳香结构红外光谱图（续）

原煤样镜质组比高温高压后具有更多的烷烃侧环和苯环三取代基与较少的苯环二、四、五取代基。同温度下，压力升高，烷烃侧链与苯环二取代轻微减少，苯环三取代轻微增多，而苯环四取代和苯环五取代明显减少。同压力下，温度升高，烷烃侧链与苯环二取代大幅减小，苯环三取代有明显减少，苯环五取代有明显增多。说明，温度升高，镜质组的芳构化程度逐渐增大，压力会对镜质组的芳构化程度有轻微抑制作用，根据镜质组芳香结构各基团变化特征，推测压力对其的抑制方式主要为控制苯环三取代向苯环四取代和苯环五取代的取代反应。

原煤样惰质组比高温高压后有更多的烷烃侧链、苯环二取代和较少的苯环四取代和苯环五取代。600 ℃下压力增大，烷烃侧链与苯环二取代没有明显变化，苯环三取代有一定增多，苯环四取代与苯环五取代有所减少；900 ℃下压力增大，烷烃侧链与苯环二取代呈现出先增多后减少的趋势，苯环三取代、苯环四取代与苯环五取代不断减少。同压下，温度升高，惰质组的烷烃侧链与苯环二取代不断减少，苯环三取代、苯环四取代和苯环五取代的相对含量不断增多。说明，压力对惰质组的芳构化作用起抑制作用，但影响程度较小，温度是主要影响因素，其升高促进惰质组的芳构化作用。

d_{002}>0.365 nm 阶段：此区间仅出现在原煤样的镜质组及温度在600 ℃压力在2.0 GPa的镜质组。0.365 nm≥d_{002}>0.352 nm 阶段：此阶段厘定范围内主要为原煤样惰质组与600 ℃的各单显微组分。此阶段芳香结构变化基本不明显，主要为温度升高，镜质组与惰质组烷烃侧链与苯环二取代减少，致使高温高压后的煤样比原煤样的芳构化程度高。此阶段的压力会抑制苯环三取代向苯环四取代或苯环五取代转化，造成苯环四取代与苯环五取代含量有所减少，苯环三取代的含量有所增加，芳构化程度减弱。d_{002}≤0.352 nm 阶段：此阶段厘定范围内主要为大于600 ℃之后的镜质组与惰质组。此阶段烷烃侧链、苯环二取代含量逐渐减少，向苯环四取代，苯环五取代转化，主要反应包含芳香结构的取代与缩合反应。

（二）含氧官能团分析

波数1000~1800 cm^{-1}表征含氧官能团吸收带，此区段归属较为复杂。醚氧主要包括烷基醚与芳基醚两种：波数1039 cm^{-1}附近属于烷基醚 C—O—C 的伸缩振动，1100 cm^{-1}附近属于芳基醚的伸缩振动；1200~1340 cm^{-1}区段归属于酚羟基 Ar—OH 的伸缩振动，1360~1440 cm^{-1}附近特征峰对应于脂肪族 CH_2与 CH_3振动，1600 cm^{-1}附近属于芳环 C ═C 的伸缩振动，1700 cm^{-1}附近的特征峰峰值强度表征芳烃 C ═O 的伸缩振动（Ibarra et al.，1996；郑庆荣等，2011；韩峰等，2014；Wang et al.，2014；Zhao et al.，2020）。对高温高压实验前后的镜质组与惰质组的1000~1800 cm^{-1}含氧官能团区段进行分峰拟合，得到结果如图4-6所示。

原煤样镜质组的含氧官能团比600 ℃不同压力下的镜质组有较少的醚键 C—O—C、酚羟基 Ar—OH 和芳环 C ═C，较多的芳烃 C ═O，脂肪族 CH_2与 CH_3无明显变化；900 ℃不同压力下的镜质组的醚键与酚羟基有所增多，脂肪族 CH_2与 CH_3大幅减少，芳烃 C ═O 有所减少。同温下，压力增大，镜质组的醚键小幅度增多，芳香醚含量变化明显，酚羟基基本无明显变化，芳环 C ═C 有所减少，芳烃 C ═O 有所增多，脂肪族 CH_2与 CH_3有所增多。相同压力（1.5 GPa）下，温度升高，镜质组的醚键与酚羟基呈减少的趋势，脂肪族 CH_2 与 CH_3 呈先增多后减少的趋势，芳环 C═C 呈先减少后增多的趋势，芳烃 C═O 小幅减小。说明，压力对镜质组的含氧官能团有影响，但起控制性的影响因素是温度。压力增大对含氧官能团脱落有一定的抑制作用，芳环 C═C 解构，形成脂肪烃。温度的主控作用导致含氧官能团的脱落，产生小分子基团或游离基，脂肪烃有所增多。温度持续升高，小分子基团或游离基重新组合，形成气态烃或液态烃，镜质组分子结构中的脂肪烃逐渐减少。

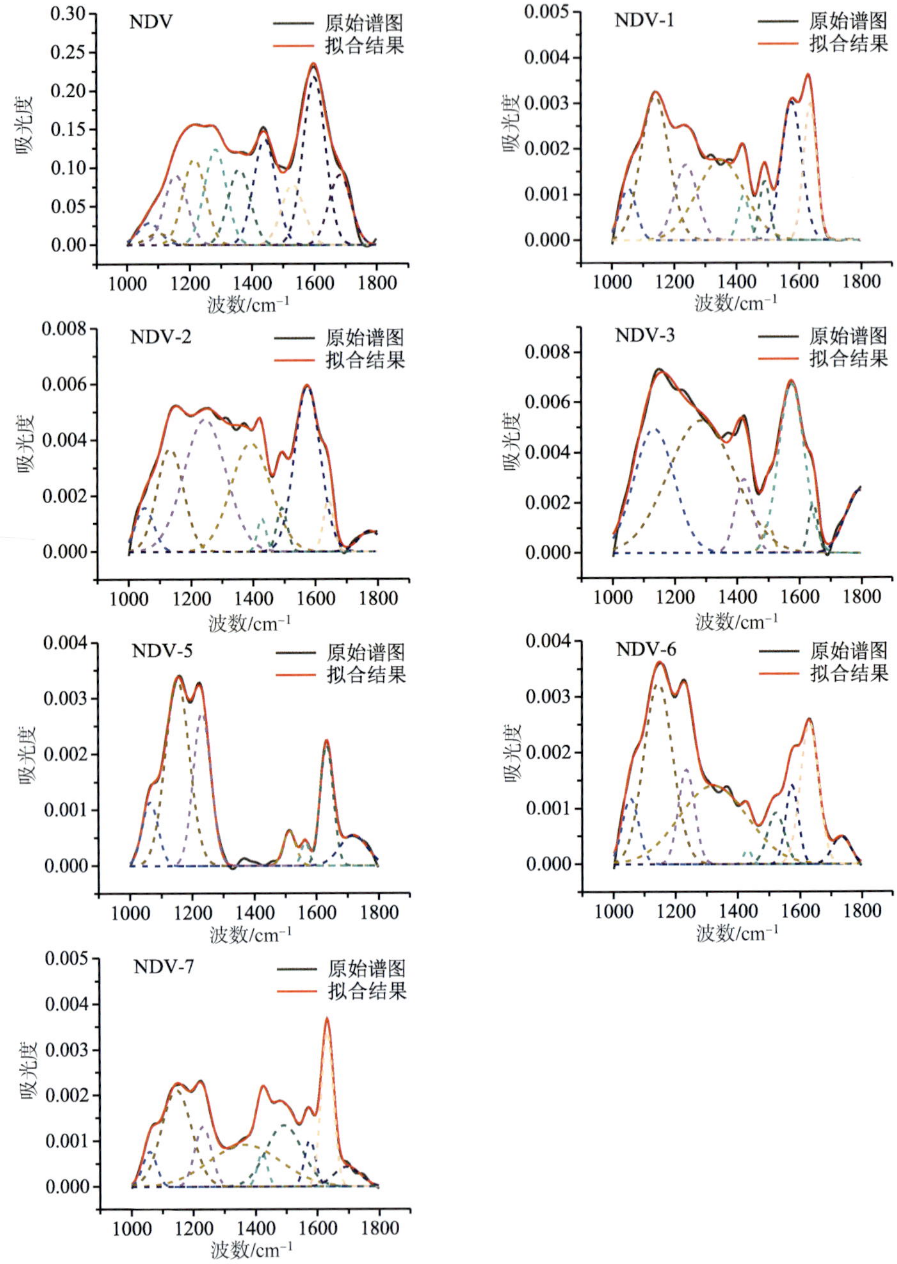

图 4-6　宁东地区样品高温高压实验前后镜质组和惰质组含氧官能团傅里叶变换红外光谱图

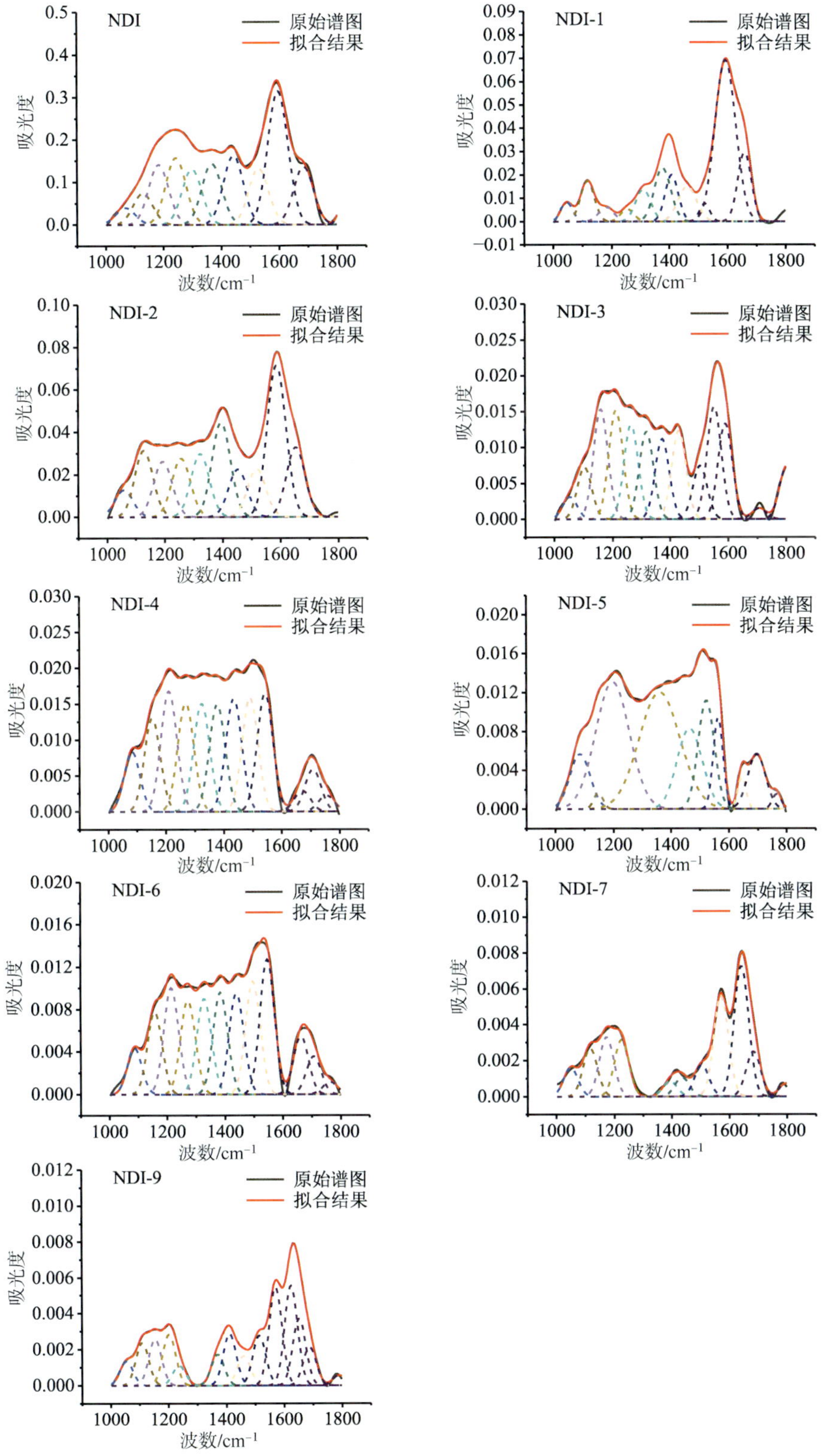

图 4-6　宁东地区样品高温高压实验前后镜质组和惰质组含氧官能团傅里叶变换红外光谱图（续）

与原煤样惰质组的含氧官能团相比，600 ℃下的惰质组的醚键与酚羟基较少，芳烃 C ═O 较多；900 ℃下的惰质组的醚键、酚羟基、脂肪族 CH_2 与 CH_3 增多，芳烃 C ═O 减少。600 ℃下，随着压力的不断增大，惰质组的芳环 C ═C 基本不变，醚键、酚羟基以及芳烃 C ═O 增多，脂肪族 CH_2 与 CH_3 有所减少；900 ℃下，压力增大，惰质组的醚键、酚羟基减小，芳环 C ═C 增多。同压下，温度升高，惰质组的醚键、酚羟基以及脂肪族 CH_2 与 CH_3 大幅减小，芳烃 C ═O 有所减小，芳环 C ═C 增多。说明，温度对惰质组的演化起主控作用，压力在不同的温度条件下所起的作用有所不同，较低温度下起到抑制作用，在较高温度下，起到一定的促进作用。

d_{002}>0. 365 nm 阶段：此区间煤样含有较多的含氧官能团。0. 365 nm≥d_{002}>0. 352 nm 阶段：此阶段芳烃 C ═O 含量逐渐减少，醚键与酚羟基的含量有所增加，此阶段主要发生含氧官能团的变化主要为部分芳烃 C ═O 转化为醚键或酚羟基，导致芳构化程度减小，压力增大促进了该转化过程，从而表现出对煤变质程度的抑制作用。d_{002}≤0. 352 nm 阶段：此阶段含氧官能团脱落，游离的含氧基团与其他基团重新结合，导致醚键与酚羟基含量逐渐减少，芳烃 C ═O 含量逐渐增大，此阶段中含氧官能团的脱落与芳香取代、缩合反应均为主要反应。

（三）脂肪结构分析

波段 3000~2800 cm^{-1} 表征脂肪结构吸收带，属于脂肪烃的 C—H 伸缩振动。在 2850 cm^{-1} 和 2920 cm^{-1} 附近有明显的峰，分别归属于对称的 CH_2 与不对称的 CH_2 的伸缩振动；2870 cm^{-1} 和 2950 cm^{-1} 附近的特征峰分别对应于对称的 CH_3 与不对称的 CH_3 的伸缩振动（刘琬玥等，2018；Wang et al.，2020）。

对高温高压实验前后的镜质组与惰质组的脂肪结构区段的傅里叶变换红外光谱进行分峰拟合，得到结果如图 4-7 所示。

原煤样镜质组比高温高压实验后含较多对称的 CH_2 与不对称的 CH_2，较少的对称的 CH_3 与不对称的 CH_3。同温下，压力增大，镜质组的 CH_2 增多，CH_3 减少；同压下，温度升高，镜质组的 CH_2 减少，CH_3 增多。说明压力对镜质组脂肪侧链的脱落有一定的抑制作用，而温度升高，镜质组支链化程度逐渐减弱，温度促进镜质组的煤化作用进程。

原煤样惰质组比高温高压实验后有更多的脂肪结构基团，CH_2 与 CH_3 含量均较多。600 ℃下，压力增大，惰质组的 CH_2 增多，CH_3 减少；900℃下，惰质组的 CH_2 与 CH_3 无明显变化。同压下，惰质组的 CH_2 与 CH_3 减少，CH_2 减小幅度远大于 CH_3。说明不同温度条件下，压力对惰质组脂肪侧链脱落的影响程度不同。在较低温度下，压力对惰质组支链化程度的减小起到一定的抑制作用；在较高温度下，压力对其无明显影响。温度促进惰质组脂肪侧链及其支链的脱落，促进其煤化作用进程。

d_{002}>0. 365 nm 阶段：此区间煤样的脂肪结构含量较多。0. 365 nm≥d_{002}>0. 352 nm 阶段：此阶段 CH_2 的含量大幅减少，CH_3 的含量有所增加，此阶段主要发生脂肪侧链脱落，但压力的增大，抑制了 CH_2 的减少，从而抑制了煤化作用进程，此阶段脂肪侧链脱落是主要反应之一。d_{002}≤0. 352 nm 阶段：此阶段 CH_2 和 CH_3 的含量逐渐减少，脂肪结构的不断减少也促使了芳构化程度的增大。

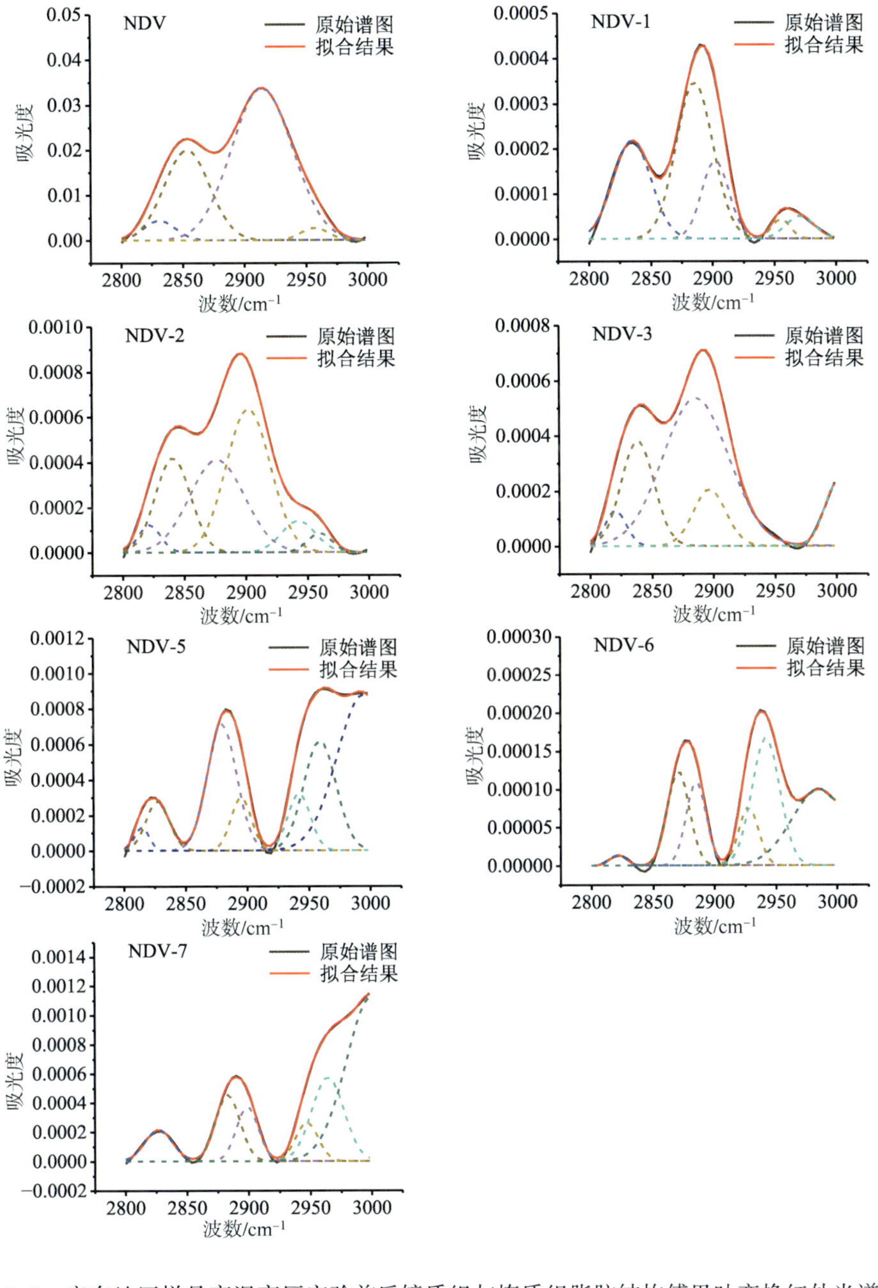

图 4-7　宁东地区样品高温高压实验前后镜质组与惰质组脂肪结构傅里叶变换红外光谱图

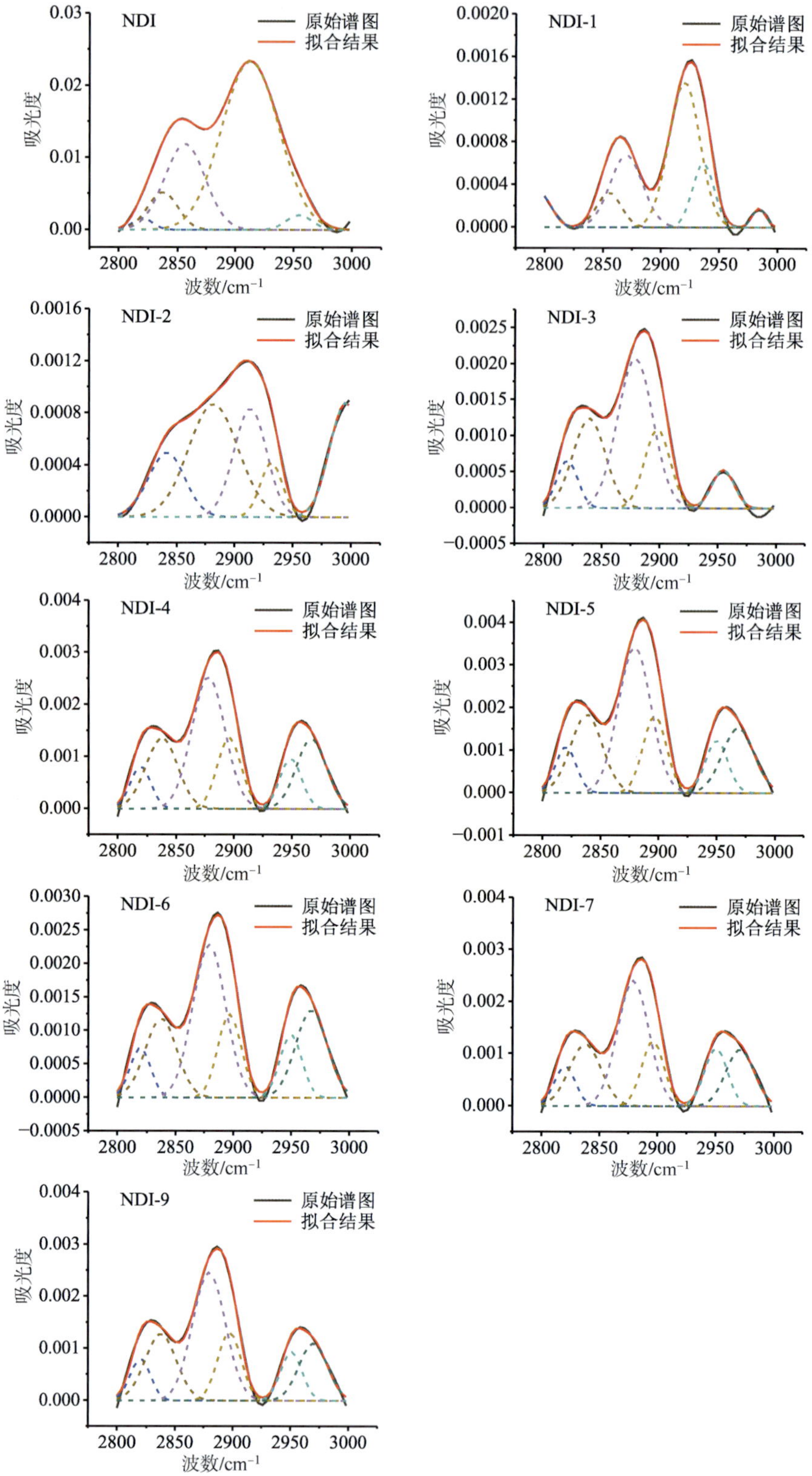

图 4-7 宁东地区样品高温高压实验前后镜质组与惰质组脂肪结构傅里叶变换红外光谱图（续）

（四）羟基结构分析

3200~3700 cm^{-1}区段表征羟基吸收带，在此区段有较强的—OH 吸收峰出现，主要包括 3 类：环氢基、OH—π—H 键和自由羟基。3300 cm^{-1}附近的特征峰表征羟基-醚氢键，3350~3400 cm^{-1}附近特征峰表征自缔合羟基氢键，3500 cm^{-1}附近表征与芳香环上 π 电子形成羟基 π 氢键，3600~3700 cm^{-1}区段归属于游离的—OH（Chen et al.，1998；Zhu et al.，2020；葛涛等，2021）。对高温高压实验前后的镜质组与惰质组傅里叶变换红外光谱的羟基结构区段进行分峰拟合，得到结果如图 4-8 所示。

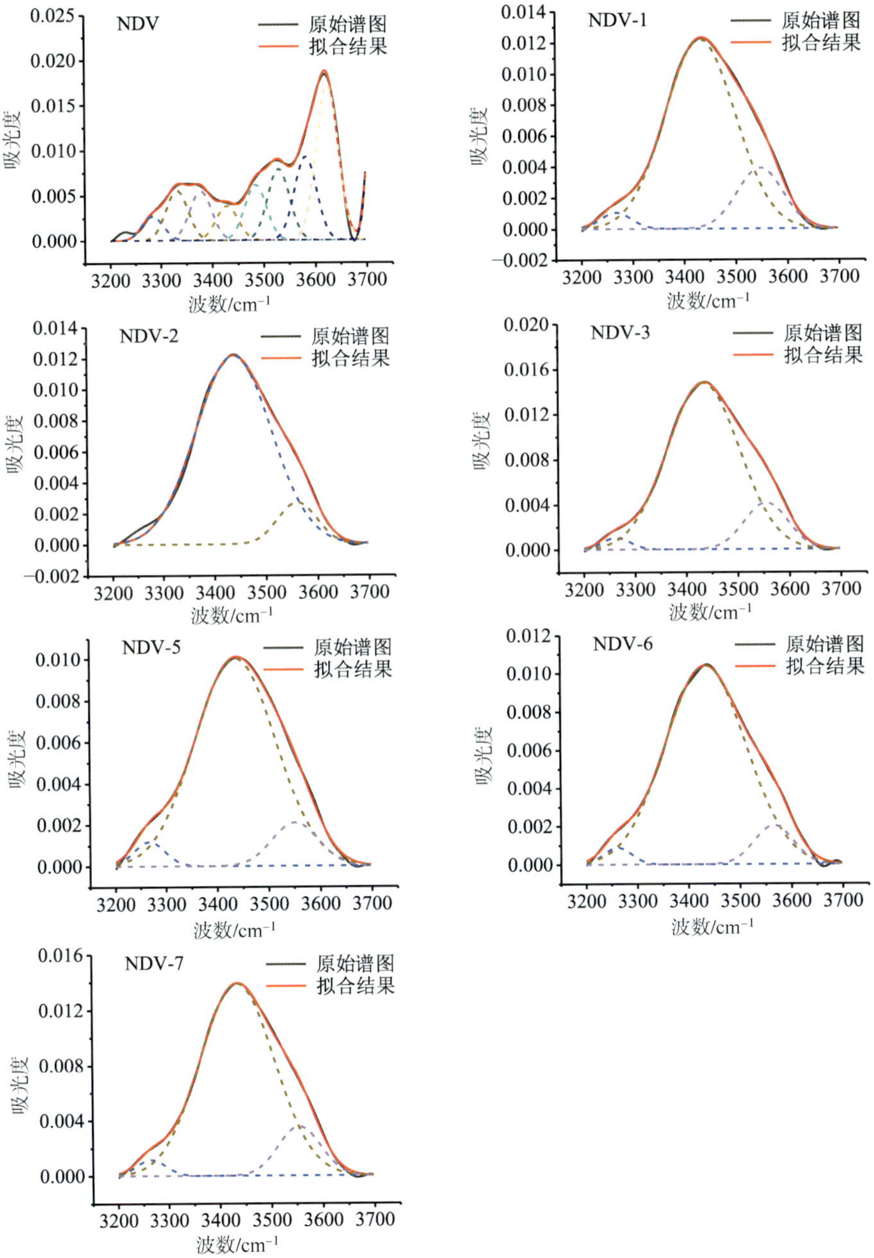

图 4-8　宁东地区样品高温高压实验前后镜质组与惰质组羟基结构傅里叶变换红外光谱图

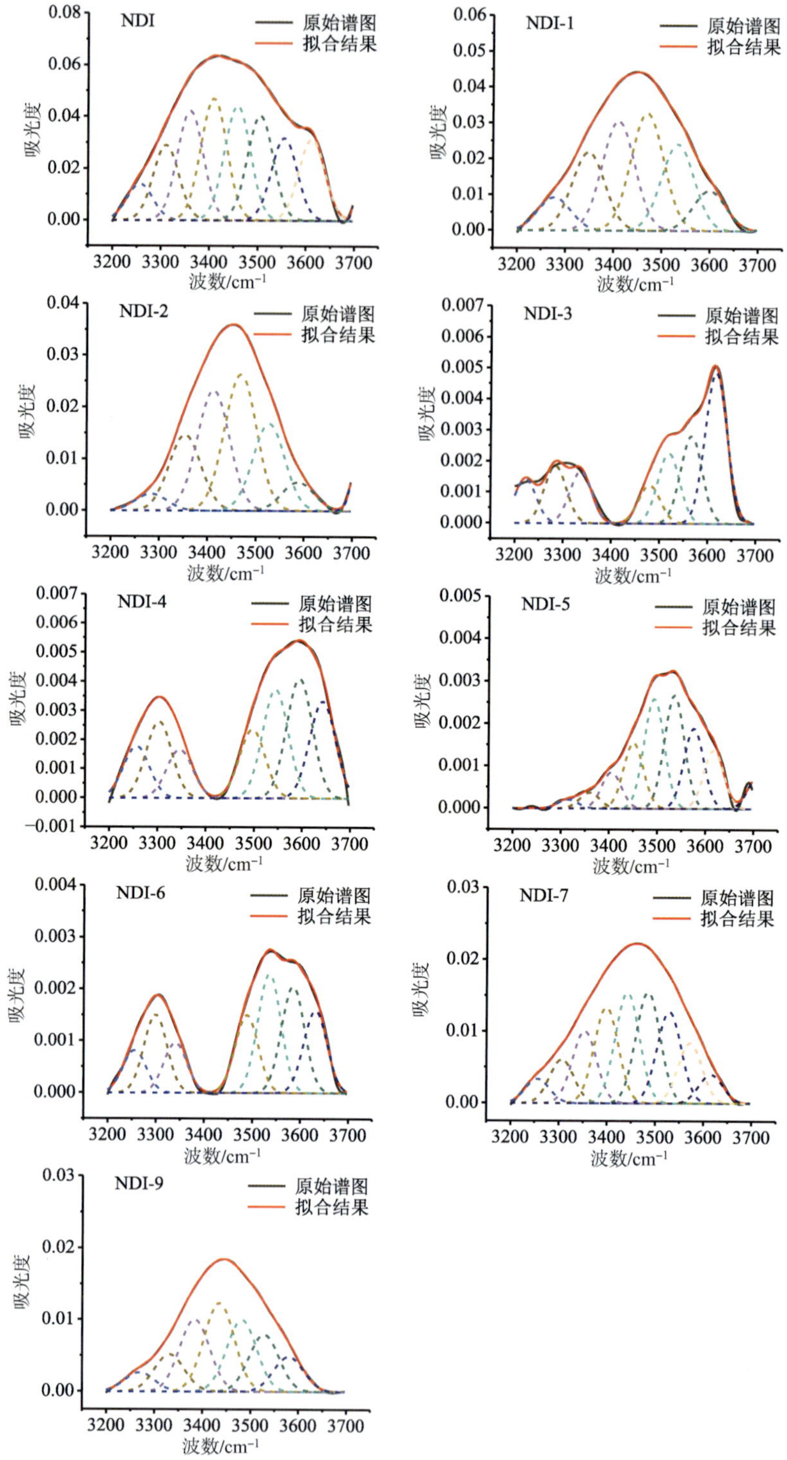

图 4-8　宁东地区样品高温高压实验前后镜质组与惰质组羟基结构傅里叶变换红外光谱图（续）

原煤样镜质组比高温高压实验后有较多的游离羟基，羟基醚氢键、自缔合羟基氢键以及羟基 π 氢键相对较少。同温下压力增大，以及同压下温度升高，镜质组的羟基结构各基团均无明显变化。说明羟基结构的变化主要发生在升温至 600 ℃的过程中，主要为游离羟基向羟基醚键、自缔合羟基氢键以及羟基 π 氢键的转化；600 ℃后，温度与压力条件对镜质组羟基结构基本无影响。

原煤样惰质组各基团的含量比高温高压实验后高。同温度下，压力增大，惰质组各基团含量有所减少，且自缔合羟基氢键逐渐减少向羟基醚氧氢键与游离羟基方向转化；同压下，温度升高，惰质组各基团含量相对稳定。说明，压力对惰质组的羟基结构影响较小。温度对惰质组羟基结构的影响主要体现在升温至 600 ℃的阶段，各基团均减少，其中羟基醚氧键与游离羟基减少幅度最大。较低温度下，压力会促使自缔合羟基氢键向游离羟基方向转化，较高温度下，压力无明显影响。

d_{002}>0. 365 nm 阶段：此区间煤样的羟基结构含量较多，结构较复杂。0. 365 nm≥d_{002}>0. 352 nm 阶段：此阶段游离羟基大幅减少，游离羟基向自缔合羟基键或羟基醚氧键转化，自缔合羟基键也会发生向羟基醚氧键的转化，羟基结构的变化在此阶段基本完成。d_{002}≤0. 352 nm 阶段：此阶段基本不发生羟基结构上的变化。

综合高温高压实验前后镜质组与惰质组的红外光谱特征及拟合结果，根据本书第二章第二节的相关公式计算 I、DOC、CH_2/CH_3、H_{ar}/H_{al} 等结构参数来表征分子结构，以此进一步分析温度、压力和显微组分 3 个影响因素在煤大分子结构中所产生的影响，相关结构参数的计算结果如表 4-3 所示。

表 4-3　宁东地区样品高温高压实验前后镜质组与惰质组的红外光谱结构参数表

样品编号	温度/℃	压力/GPa	CH_2/CH_3	I	DOC	H_{ar}/H_{al}
NDV	常温	常压	3. 249	0. 761	0. 352	2. 160
NDV-1	600	1. 0	0. 597	2. 390	2. 824	3. 008
NDV-2	600	1. 5	0. 774	1. 995	2. 338	2. 953
NDV-3	600	2. 0	0. 872	1. 519	2. 515	2. 944
NDV-5	900	1. 5	0. 161	3. 531	3. 281	4. 962
NDV-6	900	2. 0	0. 074	3. 778	3. 309	5. 135
NDV-7	1000	1. 5	0. 068	3. 824	3. 631	5. 141
NDI	常温	常压	2. 493	1. 471	0. 496	3. 967
NDI-1	600	1. 0	0. 982	2. 255	3. 094	4. 772
NDI-2	600	1. 5	1. 079	1. 988	2. 955	4. 447
NDI-3	600	2. 0	1. 085	1. 864	2. 914	4. 193
NDI-4	900	1. 0	0. 093	2. 955	3. 225	5. 077
NDI-5	900	1. 5	0. 057	3. 164	3. 387	5. 113
NDI-6	900	2. 0	0. 051	3. 359	3. 399	5. 116
NDI-7	1000	1. 5	0. 039	4. 139	3. 605	5. 577
NDI-9	1200	2. 0	0. 022	4. 198	3. 640	5. 609

与原煤样中镜质组相比，惰质组的 I、DOC 与 H_{ar}/H_{al} 值更大、CH_2/CH_3 值更小，表明原煤样中惰质组芳香性更大，惰质组的演化程度超前于镜质组。同压下，温度升高，镜质组与惰质组的 I、DOC 与 H_{ar}/H_{al} 值均表现出不断增大，CH_2/CH_3 不断减小的趋势，温度促进镜质组与惰质组煤化作用；同压下，600 ℃时，压力增大，镜质组与惰质组的 I、DOC 与 H_{ar}/H_{al} 值不断减小，CH_2/CH_3 不断增大；900 ℃以上（包括 900 ℃）时，压力增大，镜质组与惰质组各项结构参数表现出与 600 ℃时相反的变化趋势，说明 600 ℃时压力对煤化作用起抑制作用，当温度达到 900 ℃及其以上时，压力已表现出促进作用。因此推测存在某一临界温度（介于 600~900 ℃之间），压力对芳构化作用的影响机制由抑制效果转变为促进效果。

如图 4-9 所示，以 d_{002} 作为煤变质程度的厘定参数：

d_{002}>0. 365 nm 阶段：镜质组与惰质组的 I 较小，CH_2/CH_3 值较大。镜质组与惰质组的煤变质程度仍旧处于刚进入烟煤阶段。

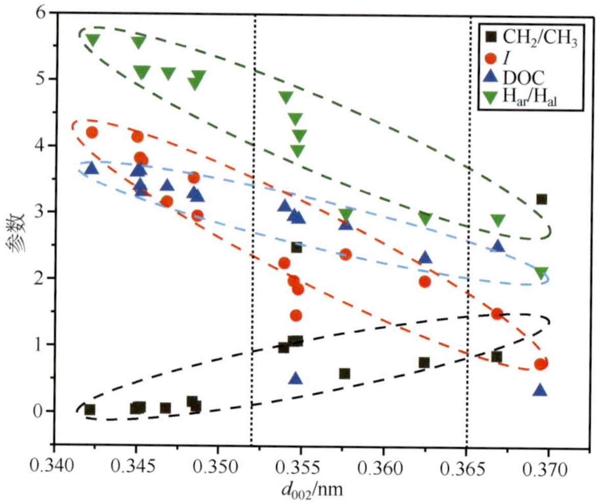

图 4-9　FTIR 结构参数与 d_{002} 关系图

0. 365 nm ≥ d_{002} > 0. 352 nm 阶段：镜质组与惰质组的 I、DOC、H_{ar}/H_{al} 均逐渐增大，CH_2/CH_3 值逐渐减小，镜质组与惰质组的芳香度、芳香环缩合程度以及芳香性不断升高，镜质组与惰质组的煤化程度不断升高。压力升高会抑制演化作用的进行。

d_{002} ≤0. 352 nm 阶段：此阶段镜质组与惰质组的 I、DOC、H_{ar}/H_{al} 仍持续增大，CH_2/CH_3 值持续减小，镜质组与惰质组的煤化程度不断提高。压力对煤化作用的影响机制转变为促进作用。

四、基于 XPS 的镜质组与惰质组分子结构演化差异

XPS 可以进行煤的表面分析，各元素的不同价态反映在官能团电子结合能峰的不同位置，同时借助各官能团含量百分比半定量分析该基团含量。除元素价态外无任何影响因素，干扰误差小。对镜质组与惰质组的 C、N、O、S 元素 XPS 谱图进行分峰拟合，拟合结果为表 4-4—表 4-7，拟合谱图以图 4-10 为例。

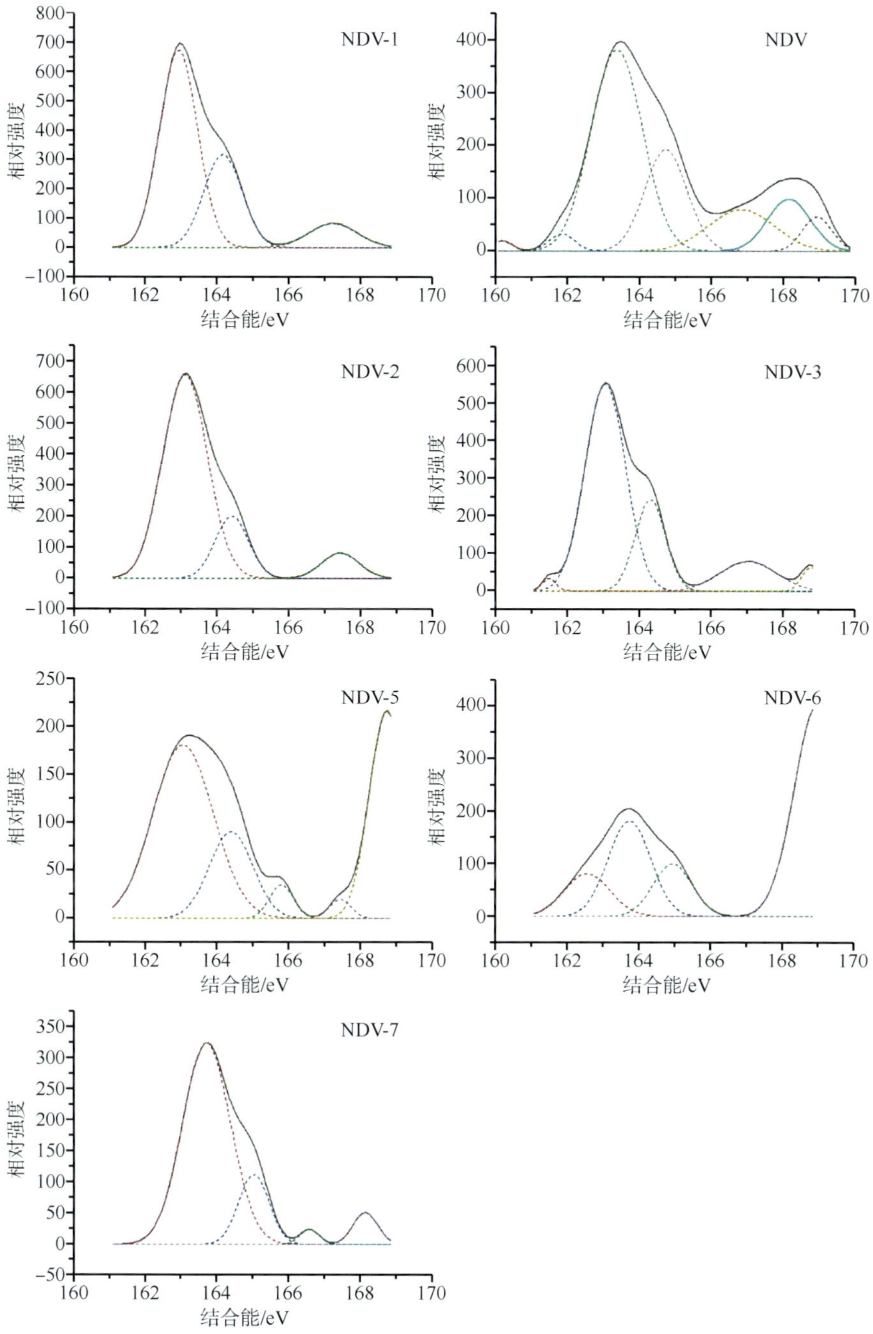

图 4-10　宁东地区样品高温高压实验前后镜质组 C 元素 XPS 分峰拟合结果图

（一）碳（C）元素赋存状态分析

煤结构中 C 元素存在的形式主要有 4 种：①煤中芳环结构中的 C—C（284.4 eV）和 C—H（285.0 eV）；②煤中酚、醚 C—O 中的碳（286.1 eV）；③煤中羰基 C ═O（287.20 eV）；④煤中羧基 COOH（289.60 eV）；（Li，2019；Liu et al.，2011）。对高温高压实验前后的镜质组与惰质组的 XPS 数据结果进行分峰拟合，得到表 4-4。

表 4-4　宁东地区样品高温高压实验前后镜质组与惰质组 C 元素赋存形式及含量

显微组分	样品编号	温度/℃	压力/GPa	峰位归属	结合能/eV	含量/%
镜质组	NDV	常温	常压	C—C	284. 2	72. 9
				C—H	285. 6	17. 8
				C—O	286. 8	6. 1
				C ═O	288. 3	3. 2
	NDV-1	600	1. 0	C—C	283. 7	77. 0
				C—H	284. 6	18. 0
				C—O	286. 7	5. 0
	NDV-2	600	1. 5	C—C	283. 7	75. 9
				C—H	284. 6	19. 4
				C—O	286. 9	4. 7
	NDV-3	600	2. 0	C—C	283. 8	73. 8
				C—H	284. 6	21. 1
				C—O	286. 5	5. 1
	NDV-5	900	1. 5	C—C	284. 1	57. 8
				C—H	284. 7	42. 2
	NDV-6	900	2. 0	C—C	284. 6	56. 9
				C—H	285. 1	43. 1
	NDV-7	1000	1. 5	C—C	284. 5	59. 1
				C—H	285. 1	40. 9
惰质组	NDI	常温	常压	C—C	282. 5	0. 7
				C—C	284. 3	74. 7
				C—H	284. 9	2. 1
				C—O	285. 8	13. 8
				C ═O	287. 3	8. 7
	NDI-1	600	1. 0	C—C	284. 1	81. 6
				C—H	285. 5	12. 6
				C—O	287. 0	3. 9
				C ═O	288. 4	1. 8
	NDI-2	600	1. 5	C—C	284. 3	84. 4
				C—H	285. 9	9. 7
				C—O	287. 2	4. 9
				C ═O	288. 8	1. 0
	NDI-3	600	2. 0	C—C	284. 2	77. 7
				C—H	285. 5	16. 2
				C—O	286. 8	4. 5
				C ═O	288. 5	1. 7

续表

显微组分	样品编号	温度/℃	压力/GPa	峰位归属	结合能/eV	含量/%
惰质组	NDI-4	900	1.0	C—C	284.1	77.9
				C—H	285.6	16.7
				C—O	287.2	3.5
				C═O	288.5	2.0
	NDI-5	900	1.5	C—C	284.0	80.4
				C—H	285.6	13.3
				C—O	287.0	4.6
				C═O	288.4	1.7
	NDI-6	900	2.0	C—C	284.5	76.7
				C—H	286.1	11.9
				C—O	287.4	9.0
				C═O	289.0	2.3
	NDI-7	1000	1.5	C—C	284.0	77.5
				C—H	285.5	16.7
				C—O	287.0	3.3
				C═O	288.3	2.5
	NDI-9	1200	2.0	C—C	284.7	74.5
				C—H	286.3	11.1
				C—O	287.6	12.3
				COOH	289.1	2.2

镜质组与惰质组C元素主要的存在形式均为芳环结构中的C—C键和C—H键，占比均在55%以上，原煤样与高温高压后镜质组与惰质组相比，羰基含量更高。温压力升高，镜质组的羰基和羧基逐渐减少甚至几乎没有，惰质组的羰基与羧基表现出先减少后增多的趋势。

同温下，压力增大，镜质组的C—C键含量从77.0%不断减少至73.8%，C—H键含量从18.0%不断增多至21.1%，C—O键含量表现出从4.99%先减少至4.66%后增多至5.10%的趋势；同压下，温度升高，镜质组C—C键呈先大量减少后小幅增多，C—H呈先增多后减少。说明，温度主要作用于镜质组的芳环结构，C—C键断裂，C—H键生成。压力主要作用体现在C—O键的断裂与重新生成，以及C—C键与C—H键的转化。

对于惰质组，同温下，压力升高，惰质组的C—C键呈先增多后减少的趋势，C—H键的趋势与C—C键相反，C—O键增多，C═O键先减少后增多；同压下，温度升高，惰质组C—C键和C—O键减少，C—H键和C═O键增多。说明，压力对惰质组的影响主要体现在C—O键的生成与C—H键、C—C键、C═O键的转化；温度升高，C—C键和C—O键不断断裂，C H键和C═O键逐渐生成，芳构化作用不断增强。与镜质组相比，惰质组的C—C键含量占比一直较高于镜质组。

综合分析，镜质组与惰质组 C 原子存在形式相近，均主要为 C—C 键和 C—H 键。d_{002}>0.365 nm 阶段：此区间仅出现在原煤样的镜质组以及温度在 600 ℃压力在 2.0 GPa 的镜质组 C 元素的存在形式主要为 C—C 键和 C—H 键。0.365 nm≥d_{002}>0.352 nm 阶段：此阶段厘定范围内主要为原煤样惰质组与 600 ℃的各单显微组分。此阶段 C—O 含量逐渐减少，C—C 键与C ═O 键逐渐断裂，羰基和羧基逐渐脱落，转化为 C—H 键，说明此阶段主要进行含氧官能团的脱落。d_{002}≤0.352 nm 阶段：此阶段厘定范围内主要为大于 600 ℃之后的镜质组与惰质组。此阶段 C—C 键与 C—H 键含量相对稳定，主要进行芳香取代和缩合反应。

（二）氮（N）元素赋存状态分析

煤中 N 元素主要来源于成煤植物，并且几乎全部以有机物的形式存在，其赋存形式主要有吡啶型氮（N-6，398.8 eV）、吡咯型氮（N-5，400.2 eV）、质子化氮（N-Q，401.4 eV）和氮氧化物（N-X，402.9 eV）4 种形式（Ping et al.，2020）。吡啶型氮与吡咯型氮由于较高的稳定性，成为煤中氮元素的主要存在形式。对高温高压实验前后镜质组与惰质组的 XPS 数据进行分峰拟合，得到表 4-5。

表 4-5 宁东地区煤样高温高压实验前后镜质组与惰质组 N 元素赋存形式及含量

显微组分	样品编号	温度/℃	压力/GPa	峰位归属	结合能/eV	含量/%
镜质组	NDV	常温	常压	N-6	396.0	2.6
					397.6	7.3
					399.1	42.1
				N-5	400.4	31.3
				N-Q	401.7	9.5
				N-X	403.4	7.2
	NDV-1	600	1.0	N-6	399.0	58.7
				N-5	400.2	41.3
	NDV-2	600	1.5	N-5	399.2	84.4
				N-Q	401.1	15.6
	NDV-3	600	2.0	N-6	398.8	9.1
				N-5	399.4	88.2
				N-X	402.1	2.8
	NDV-5	900	1.5	N-6	399.0	33.4
				N-5	399.6	28.0
				N-Q	401.4	23.2
				N-X	403.0	15.3
	NDV-6	900	2.0	N-6	398.7	13.5
				N-5	399.9	57.2
				N-Q	401.5	20.1
				N-X	402.9	9.3
	NDV-7	1000	1.5	N-6	398.2	1.8
				N-5	399.7	29.4
				N-Q	401.4	49.9
				N-X	403.2	19.0

续表

显微组分	样品编号	温度/℃	压力/GPa	峰位归属	结合能/eV	含量/%
惰质组	NDI	常温	常压	N-6	399.5	80.9
				N-5	399.8	8.6
				N-Q	401.5	3.8
				N-X	402.8	6.7
	NDI-1	600	1.0	N-6	398.1	38.0
				N-5	399.8	50.4
				N-X	402.2	5.7
					404.0	6.0
	NDI-2	600	1.5	N-6	395.6	5.0
					397.8	5.9
				N-5	399.5	79.2
				N-X	402.4	6.9
					404.3	3.1
	NDI-3	600	2.0	N-6	397.0	2.8
					398.1	4.1
				N-5	399.3	93.1
	NDI-4	900	1.0	N-6	396.5	4.8
					398.3	34.0
				N-5	399.6	30.6
				N-Q	401.2	30.6
	NDI-5	900	1.5	N-6	397.7	14.0
					398.9	43.1
				N-5	400.7	30.6
				N-Q	401.9	12.4
	NDI-6	900	2.0	N-6	397.7	4.0
				N-5	399.5	62.1
				N-Q	401.4	25.8
				N-X	403.1	8.1
	NDI-7	1000	1.5	N-6	397.1	7.1
					398.6	46.6
				N-5	400.1	25.6
				N-Q	401.5	20.7
	NDI-9	1200	2.0	N-6	397.1	3.8
					399.0	34.5
				N-5	400.5	46.6
				N-Q	402.0	11.2
				N-X	403.6	3.8

与原煤样镜质组相比，高温高压后镜质组的 C—O 键增多，C ═O 键减少；高温高压后的惰质组与原煤样相比，也表现出 C ═O 键含量占比的减小。说明，温度升高，醚氧基含量有所增加，羰基与羧基含量逐渐减少。同压下，镜质组与惰质组的 C—O 键减少，C ═O 键增多，说明压力会抑制 C ═O 键的受热断裂分解。

镜质组与惰质组中 C—O 键相对含量均明显较高，说明在镜质组与惰质组中，酚羟基与醚氧键为碳氧有机官能团的主要存在形式。与镜质组相比，惰质组羰基的含量占比更高，说明在升温升压过程中，惰质组基团含量变化不如镜质组明显。

综合分析，镜质组与惰质组 O 原子均主要以有机氧的形式存在。d_{002}>0. 365 nm 阶段：此区间 O 元素的存在形式主要为 C—O 键和 C ═O 键。0. 365 nm≥d_{002}>0. 352 nm 阶段：此阶段表现为 C ═O 键的不断分解，形成 C—O 键，C—O 键含量不断增多。压力升高会抑制 C ═O 键的分解。d_{002}≤0. 352 nm 阶段：此阶段不稳定的 C ═O 键持续分解，形成较为稳定的 C—O 键，同时缩合反应进行，生成羧基或羰基。

（四）硫（S）元素赋存状态分析

煤中 S 元素的形态大致分为 4 类：①醇硫、醚硫类（162. 2~164 eV）；②噻吩类（164~164. 4 eV）；③砜和亚砜类（165~168 eV）；④无机硫类（169~171 eV）（Ping et al.，2020）。对高温高压实验前后镜质组与惰质组 XPS 结果进行分峰拟合，得到表 4-7。

表 4-7　宁东样品高温高压实验前后镜质组与惰质组 S 元素赋存形式与含量

显微组分	样品编号	温度/℃	压力/GPa	峰位归属	结合能/eV	含量/%
镜质组	NDV	常温	常压	醇硫、醚硫	160. 2	1. 0
				醇硫、醚硫	161. 9	2. 0
				醇硫、醚硫	163. 4	48. 3
				噻吩	164. 8	20. 2
				砜型和亚砜型	166. 9	12. 9
				砜型和亚砜型	168. 2	10. 7
				无机硫	169. 0	4. 8
	NDV-1	600	1. 0	醇硫、醚硫	163. 0	61. 0
				噻吩	164. 2	29. 2
				砜型和亚砜型	167. 3	9. 9
	NDV-2	600	1. 5	醇硫、醚硫	163. 1	74. 8
				噻吩	164. 4	17. 2
				砜型和亚砜型	167. 5	8. 0
	NDV-3	600	2. 0	醇硫、醚硫	161. 5	1. 3
				醇硫、醚硫	163. 1	62. 0
				噻吩	164. 3	20. 7
				砜型和亚砜型	167. 1	12. 6
				无机硫	168. 8	3. 4

续表

显微组分	样品编号	温度/℃	压力/GPa	峰位归属	结合能/eV	含量/%
镜质组	NDV-5	900	1.5	醇硫、醚硫	163.1	46.3
				噻吩	164.4	16.5
				砜型和亚砜型	165.8	3.6
				砜型和亚砜型	167.5	1.8
				无机硫	168.8	31.7
	NDV-6	900	2.0	醇硫、醚硫	162.6	11.0
				醇硫、醚硫	163.8	22.8
				砜型和亚砜型	165.0	11.6
				无机硫	169.0	54.6
	NDV-7	1000	1.5	醇硫、醚硫	163.7	75.0
				砜型和亚砜型	165.1	16.5
				砜型和亚砜型	166.6	2.3
				砜型和亚砜型	168.2	6.2
惰质组	NDI	常温	常压	醇硫、醚硫	160.1	2.8
				醇硫、醚硫	162.0	3.9
				醇硫、醚硫	163.3	31.8
				噻吩	164.5	40.4
				砜型和亚砜型	167.8	21.1
	NDI-1	600	1.0	醇硫、醚硫	161.5	3.6
				醇硫、醚硫	163.3	54.5
				噻吩	164.6	31.0
				砜型和亚砜型	166.6	4.8
				砜型和亚砜型	168.2	6.1
	NDI-2	600	1.5	醇硫、醚硫	161.7	2.7
				醇硫、醚硫	163.4	25.8
				噻吩	164.3	59.8
				砜型和亚砜型	167.7	6.8
				无机硫	169.1	4.8
	NDI-3	600	2.0	醇硫、醚硫	162.3	6.4
				醇硫、醚硫	163.5	58.3
				噻吩	165.0	23.7
				砜型和亚砜型	167.4	9.0
				无机硫	168.9	2.7
	NDI-4	900	1.0	醇硫、醚硫	163.3	41.3
				噻吩	164.7	32.3
				砜型和亚砜型	167.3	10.7
				砜型和亚砜型	168.4	15.7

续表

显微组分	样品编号	温度/℃	压力/GPa	峰位归属	结合能/eV	含量/%
惰质组	NDI-5	900	1.5	醇硫、醚硫	163.3	45.3
				噻吩	164.6	15.0
				砜型和亚砜型	166.0	3.1
				砜型和亚砜型	167.9	36.5
	NDI-6	900	2.0	醇硫、醚硫	163.8	57.7
				砜型和亚砜型	165.1	9.9
				砜型和亚砜型	168.3	30.4
				无机硫	169.3	2.0
	NDI-7	1000	1.5	醇硫、醚硫	163.2	41.8
				噻吩	164.4	11.0
				砜型和亚砜型	165.8	4.9
				砜型和亚砜型	167.6	33.4
				无机硫	168.9	8.9
	NDI-9	1200	2.0	醇硫、醚硫	163.9	48.0
				砜型和亚砜型	165.1	17.8
				砜型和亚砜型	167.8	20.7
				无机硫	169.1	13.6

煤中有机硫主要来自成煤植物和微生物。高温高压实验前后镜质组与惰质组中S元素均主要以硫醇、硫醚、噻吩以及砜或亚砜等有机形式赋存。温度升高，镜质组与惰质组中，硫醇、硫醚类以及砜和亚砜减少，噻吩增多，说明热力作用会使其发生脱落或芳构化形成噻吩类硫，而噻吩具有较稳定的芳香性共轭体系。同温下，压力增大，镜质组与惰质组噻吩减少，硫醇与硫醚含量相对稳定，砜和亚砜小幅增多，说明压力抑制侧链硫的脱落及其芳构化作用。与镜质组相比，惰质组中噻吩较多，硫醇、硫醚类较少，说明惰质组中结构模式更为稳定。

综合分析，镜质组与惰质组S原子趋向于以噻吩硫的稳定形式存在。d_{002}>0.365 nm阶段：此区间S元素的存在形式主要为硫醇、硫醚、噻吩以及砜或亚砜。0.365 nm≥d_{002}>0.352 nm阶段：此阶段表现为硫醇与硫醚的小幅增多，噻吩硫少量减少。压力的升高会促进该过程的进行。d_{002}≤0.352 nm阶段：此阶段硫醇与硫醚大幅减少，噻吩硫大幅增多，砜或亚砜型少量增多，不稳定的硫醇与硫醚脱落，稳定的噻吩硫留存于分子结构中。

五、基于^{13}C NMR的镜质组与惰质组分子结构演化差异

（一）镜质组^{13}C NMR谱图分析

原样与600 ℃下不同压力的镜质组的固态^{13}C核磁共振光谱实验结果如图4-11所示，其分峰拟合结果如图4-12和表4-8。

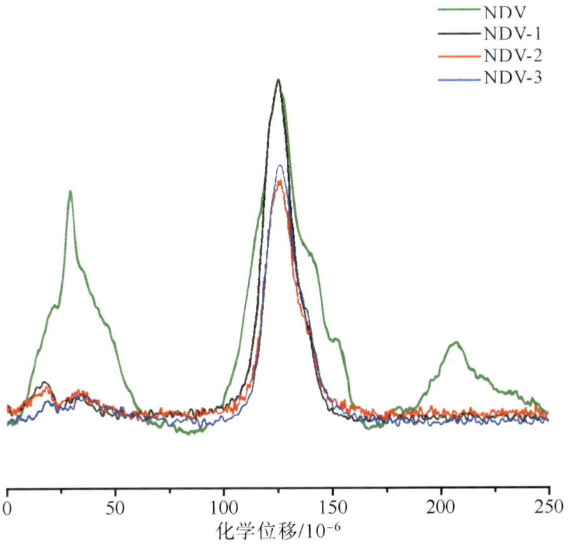

图 4-11　宁东地区原煤样与 600 ℃不同压力下镜质组的 ^{13}C NMR 原始谱图

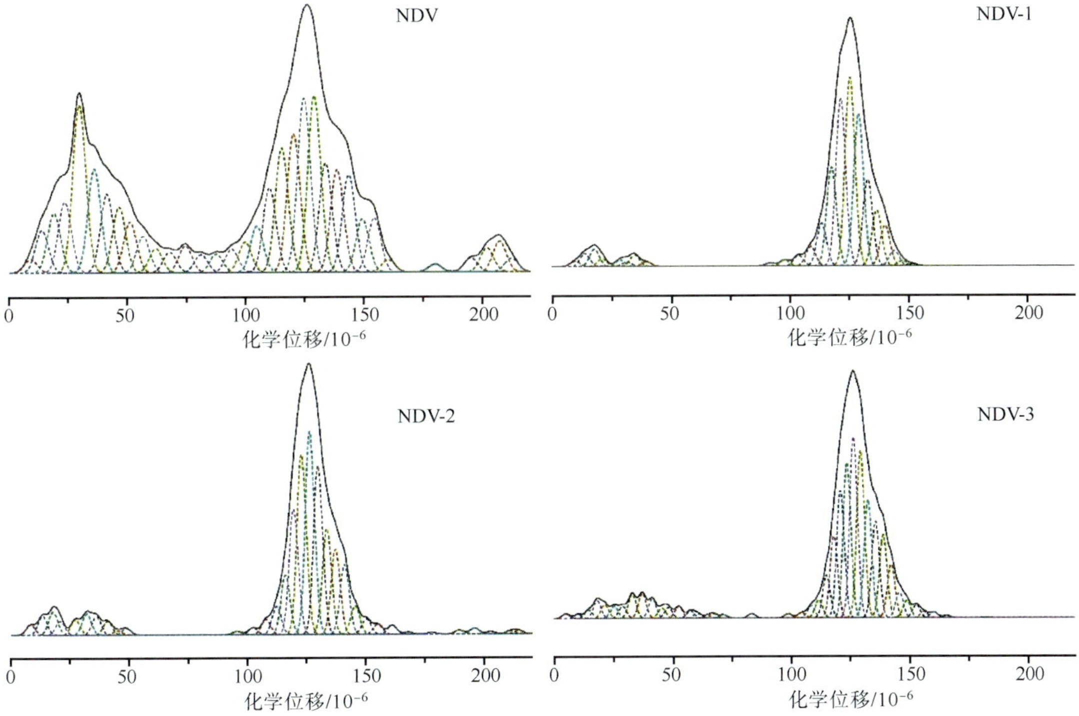

图 4-12　宁东地区原煤样与 600 ℃不同压力下镜质组 ^{13}C NMR 拟合结果

表 4-8　宁东地区原煤样与 600 ℃不同压力下镜质组 ^{13}C NMR 化学位移归属表

基团类型及其化学位移	样品编号			
	NDV	NDV-1	NDV-2	NDV-3
脂甲基碳（12×10^{-6}~16×10^{-6}）	2.025	1.380	1.478	1.761
芳香甲基碳（16×10^{-6}~22×10^{-6}）	2.8355	3.315	3.580	2.331

续表

基团类型及其化学位移	样品编号			
	NDV	NDV-1	NDV-2	NDV-3
与脂甲基相连的亚甲基碳（23×10^{-6}~32×10^{-6}）	11.273	1.552	1.803	1.868
亚甲基碳（32×10^{-6}~36×10^{-6}）	4.914	1.519	2.332	1.713
季碳，次甲基碳（36×10^{-6}~50×10^{-6}）	6.852	0.517	2.542	4.839
甲氧基及氧接亚甲基碳（50×10^{-6}~60×10^{-6}）	4.126	0.466	0	1.523
氧接次甲基碳（60×10^{-6}~70×10^{-6}）	2.100	0.633	0	1.508
环内氧接脂碳（75×10^{-6}~90×10^{-6}）	2.979	1.094	0.752	0.764
质子化芳碳（90×10^{-6}~129×10^{-6}）	29.377	66.721	60.602	42.491
桥接芳香碳（129×10^{-6}~137×10^{-6}）	13.499	10.842	11.343	25.371
侧支芳香碳（137×10^{-6}~148×10^{-6}）	9.462	9.378	8.955	10.949
氧取代芳香碳（酚羟基、醚类等）（148×10^{-6}~165×10^{-6}）	5.700	0.613	3.823	3.413
羧基碳（165×10^{-6}~190×10^{-6}）	0.370	0.917	1.531	0.793
羰基碳（190×10^{-6}~220×10^{-6}）	3.844	1.053	1.258	0.676

原煤样的镜质组明显比 600 ℃不同压力条件下的镜质组的脂肪结构与羟基、羰基结构特征峰高，芳香碳含量有所减少（图 4-11）。说明在升温至 600 ℃的阶段，镜质组主要发生脂肪侧链以及含氧官能团的脱落，同时伴随芳香碳的去质子化。同温下，压力升高，镜质组的芳香碳变化最为明显，在 1.0~1.5 GPa 的升压过程中，芳香碳大幅减少，脂肪碳与羟基、羰基结构相对稳定；在 1.5~2.0 GPa 升温过程中，各基团含量变化不明显，芳香碳有小幅增多，脂肪碳小幅减少（图 4-12）。说明：1.0~1.5 GPa，压力的抑制作用只作用于脂肪结构和含氧官能团；1.5~2.0 GPa，压力主要抑制芳香碳的去质子化。

（二）惰质组^{13}C-NMR 谱图分析

原煤样与 600 ℃下不同压力的惰质组的固态^{13}C 核磁共振光谱实验结果如图 4-13，对该结果进行分峰拟合得到图 4-14，对拟合后的谱图进行化学位移的归属得到表 4-9 所示。

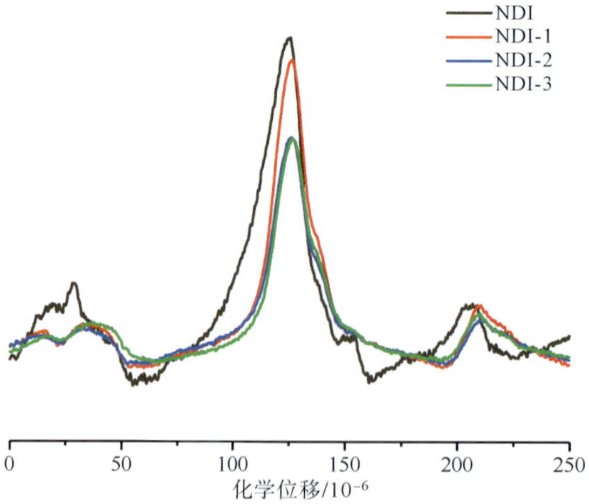

图 4-13　宁东地区原煤样与 600 ℃不同压力下惰质组的^{13}C NMR 原始谱图

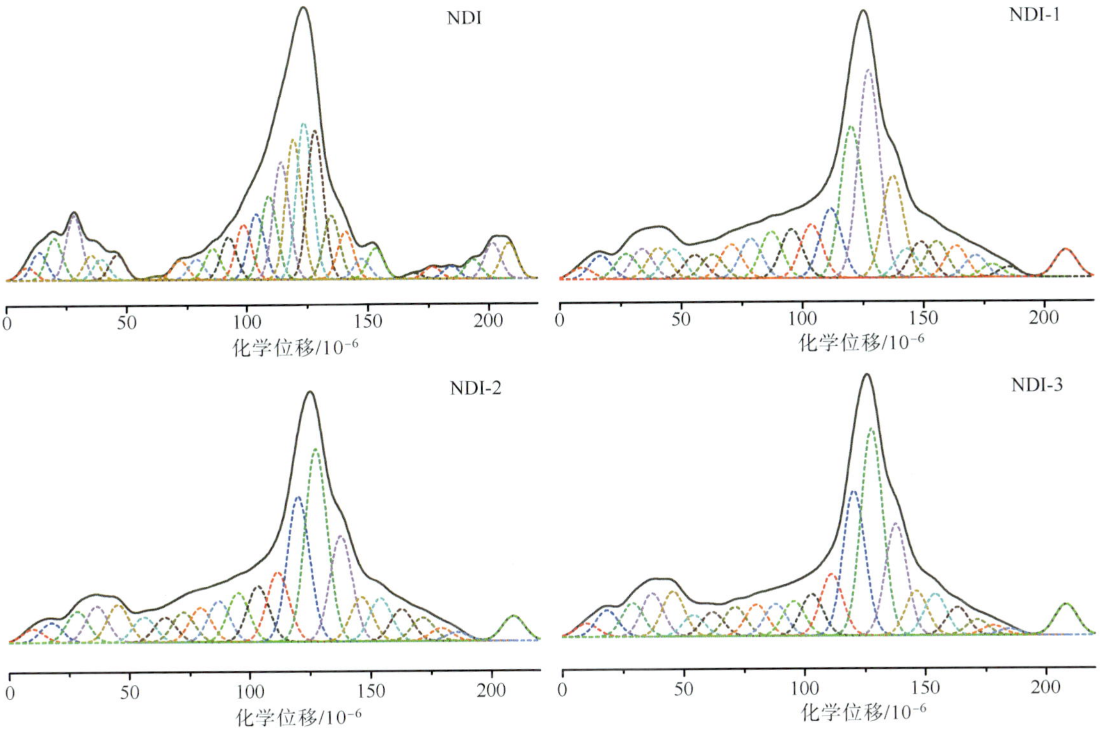

图 4-14　宁东地区原煤样与 600 ℃不同压力下惰质组[13]C NMR 拟合结果

表 4-9　宁东地区原煤样与 600 ℃不同压力下惰质组[13]C NMR 化学位移归属表

基团类型及其化学位移	样品编号			
	NDI	NDI-1	NDI-2	NDI-3
脂甲基碳（$12\times10^{-6}\sim16\times10^{-6}$）	2. 948	1. 006	1. 223	1. 247
芳香甲基碳（$16\times10^{-6}\sim22\times10^{-6}$）	3. 029	2. 032	1. 801	2. 455
与脂甲基相连的亚甲基碳（$23\times10^{-6}\sim32\times10^{-6}$）	4. 639	2. 181	2. 828	3. 121
亚甲基碳（$32\times10^{-6}\sim36\times10^{-6}$）	1. 787	2. 592	3. 284	4. 013
季碳，次甲基碳（$36\times10^{-6}\sim50\times10^{-6}$）	3. 333	5. 221	3. 409	4. 176
甲氧基及氧接亚甲基碳（$50\times10^{-6}\sim60\times10^{-6}$）	0	2. 046	2. 284	1. 965
氧接次甲基碳（$60\times10^{-6}\sim70\times10^{-6}$）	1. 636	5. 001	4. 954	4. 934
环内氧接脂碳（$75\times10^{-6}\sim90\times10^{-6}$）	3. 717	7. 458	6. 828	5. 892
质子化芳碳（$90\times10^{-6}\sim129\times10^{-6}$）	58. 513	45. 793	46. 599	45. 465
桥接芳香碳（$129\times10^{-6}\sim137\times10^{-6}$）	4. 592	8. 783	9. 611	10. 379
侧支芳香碳（$137\times10^{-6}\sim148\times10^{-6}$）	4. 896	2. 514	4. 030	4. 138
氧取代芳香碳（酚羟基、醚类等）（$148\times10^{-6}\sim165\times10^{-6}$）	2. 211	8. 975	6. 837	6. 443
羧基碳（$165\times10^{-6}\sim190\times10^{-6}$）	2. 165	4. 001	4. 078	2. 913
羰基碳（$190\times10^{-6}\sim220\times10^{-6}$）	6. 534	2. 397	2. 234	2. 858

与原煤样相比，600 ℃下惰质组的脂肪碳含量明显减少，芳香碳含量减小。其中 150×10^{-6}附近表征的氧取代芳香碳与（100~129）×10^{-6}所表征的质子化芳香碳减少（图4-13；表4-10），说明在升温至600 ℃的过程中，主要发生脂肪侧链及其支链的脱落、与芳香碳相连的酚羟基或醚键C—O键的断裂，以及芳香碳的去质子化。同温下，压力增大，脂肪碳相对稳定，芳香碳变化明显，1.0~1.5 GPa过程中，芳香碳减少且主要集中在质子化芳香碳的减少；在1.5~2.0 GPa过程中，含量相对稳定。说明，压力主要作用在芳香碳，且作用压力存在阈值，压力过高，则无明显作用效果。

不难发现，压力增大，镜质组与惰质组的 X_{BP} 呈减小趋势，但镜质组的减小幅度较大，相比镜质组，惰质组表现出稳定态势下的小幅减小。说明600 ℃条件下，惰质组相比镜质组更稳定，受压力影响更小。

该过程对标 $d_{002}\geqslant 0.352$ nm区间，此阶段主要进行脂肪长度支链化程度的减小，脂肪侧链与含氧官能团的脱落，同时伴有小范围的芳香碳去质子化。伴随压力的持续性增大，其抑制作用逐渐从抑制脂肪侧链分解脱落及其支链化程度的减小和含氧官能团的脱落逐渐转变为抑制芳香碳取代、缩合反应促使的芳香碳去质子化。

表4-10　宁东地区原煤样与600 ℃条件下镜质组与惰质组^{13}C NMR结构参数

	化学位移/10^{-6}	碳类型	NDV	NDV-1	NDV-2	NDV-3	NDI	NDI-1	NDI-2	NDI-3
芳香烃碳	f_a（100~220）	总碳	62.252	89.524	87.512	83.693	78.911	72.464	73.388	72.197
	f'_a（100~165）	芳环碳	58.038	87.554	84.723	82.223	70.212	66.065	67.076	66.426
	f_a^C(165~220)	羧基或羰基碳	4.214	1.970	2.789	1.470	8.699	6.398	6.312	5.771
	f_a^H(100~129)	质子化芳碳	29.377	66.721	60.602	42.491	58.513	45.793	46.599	45.465
	f_a^N(129~165)	非质子化芳碳	28.661	20.833	24.121	39.732	11.699	20.272	20.477	20.960
	f_a^P(150~165)	与醚键或羟基相连的碳	5.700	0.613	3.823	3.413	2.211	8.975	6.837	6.443
	f_a^S(137~150)	烷基取代碳	9.462	9.378	8.955	10.949	4.896	2.514	4.030	4.138
	f_a^B(129~137)	芳香桥碳	13.499	10.842	11.343	25.371	4.592	8.783	9.611	10.379
脂肪烃碳	f_{al}（0~90）	总碳	37.103	10.476	12.488	16.307	21.089	27.536	26.612	27.803
	f_{al}^H(0~36)	脂甲基、亚甲基碳	21.047	7.766	9.194	7.673	12.403	7.810	9.136	10.836
	f_{al}^*(36~50)	次甲基碳、季碳	6.852	0.517	2.542	4.839	3.333	5.221	3.409	4.176
	f_{al}^O(50~90)	氧连碳	9.204	2.193	0.752	3.795	5.353	14.505	14.066	12.792
X_{BP}			0.033	0.141	0.135	0.105	0.070	0.153	0.147	0.125

第二节　分子结构模型构建与结构优化

一、分子模型构建的基本参数

（一）芳香碳结构

根据第四章第一节计算得到的芳香桥碳与周碳之比 X_{BP} 来确定的分子模型的芳香结

构。芳香桥碳与周碳之比见表 4-11。苯、萘、三苯环聚合而成的蒽及其同分异构体菲、四苯环聚合而成的芘及其同分异构体的桥碳与周碳之比分别为 0、0.25、0.4 和 0.5。可以发现，各煤样的芳香桥碳与周碳之比介于 0~0.25 之间，由此可知，600 ℃不同压力下的镜质组与惰质组的分子结构模型以萘环和苯环为主。

表 4-11　宁东地区煤样 600 ℃不同压力下镜质组与惰质组的芳香桥碳与周碳之比结果

样品编号	X_{BP}
NDV-1	0.141
NDV-2	0.135
NDV-3	0.105
NDI-1	0.153
NDI-2	0.147
NDI-3	0.125

通过调整结构模型中苯环、萘环和蒽环、萘环的数学组合，使模型 X_{BP} 接近表 4-11 中各煤样的 X_{BP} 值，最终确定结构模型中的芳香骨架组合，见表 4-12。

表 4-12　宁东地区煤样 600 ℃不同压力下镜质组与惰质组分子结构模型中芳香环类型及个数

单位：个

芳香环类型	NDV-1	NDV-2	NDV-3	NDI-1	NDI-2	NDI-3
	9	6	4	7	6	5
	8	7	5	1	1	2
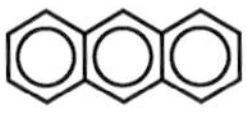	1	1	1	1	1	1
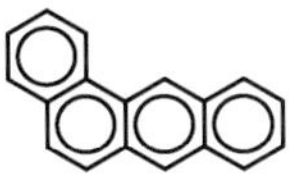	0	0	0	1	1	1
	1	2	2	1	2	2
	1	0	0	1	0	0

（二）脂肪结构与杂原子结构

煤中最常见的脂肪结构是由碳和氢原子组成的烷烃和环烷烃，在低变质煤样中，这些饱和脂肪碳含量较高，随煤变质程度的增加，分子结构中的脂肪碳含量逐渐降低（魏帅等，2018）。煤中杂原子是指除去 C 原子之外的其他原子。根据元素分析与 XPS 实验结果，分别计算出 600 ℃不同压力下，镜质组与惰质组脂肪碳以及 O 原子、N 原子、S 原子和 H 原子的个数。

煤中 N 元素主要有吡啶和吡咯两种存在形式，根据 XPS 能谱数据，在 600 ℃和 1.0 GPa 下，由于镜质组与惰质组中吡啶和吡咯含量比为 1∶1，因此在相应的煤样分子结构模型中添加一个吡啶环和一个吡咯环；在 600 ℃和 1.5G Pa、600 ℃和 2.0 GPa 下，镜质组与惰质组主要为吡咯形式，所以在对应的分子结构模型中加入两个吡咯环。

镜质组与惰质组的 O 元素主要以醚键、羧基、羰基、甲氧基和羟基为主，根据元素分析中各元素的相对含量，确定各煤样中 O 元素的个数。利用 ^{13}C NMR 实验数据，计算芳香碳个数、芳环碳个数以及羧基与羰基碳个数，结合 XPS 实验数据，确定 O 元素的存在形式及其个数。

根据 XPS 数据分析，煤中 S 元素主要以硫醇或硫醚的形式存在，根据元素分析中 S 的相对含量，确定镜质组分子结构模型中有 2 个硫醇或硫醚，惰质组分子结构模型中有 1 个硫醇或硫醚。

二、二维平面模型的构建

根据本书第三章第二节的二维平面分子模型的构建方法，得到 600 ℃不同压力下镜质组与惰质组的二维平面分子结构模型，见表 4-13、图 4-15、图 4-16。

表 4-13　预期构建宁东地区煤样 600 ℃不同压力下镜质组与惰质组分子式

样品编号	分子式	相对分子质量
NDV-1	$C_{180}H_{138}N_2O_8S_2$	2518
NDV-2	$C_{151}H_{120}N_2O_8S_2$	2152
NDV-3	$C_{142}H_{116}N_2O_8S_2$	2040
NDI-1	$C_{145}H_{120}N_2O_9S$	2064
NDI-2	$C_{132}H_{114}N_2O_9S$	1902
NDI-3	$C_{132}H_{112}N_2O_9S$	1900

三、三维立体模型的构建

根据本书第三章第二节，得到 600 ℃不同压力下镜质组与惰质组的最低能量构型如图 4-17 至图 4-20 所示，镜质组与惰质组分子模拟前后能量对比见表 4-14。

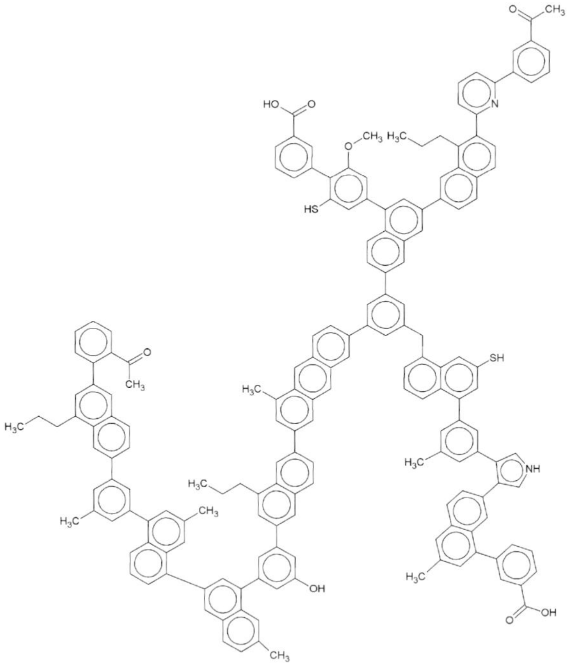

(a)NDV-1

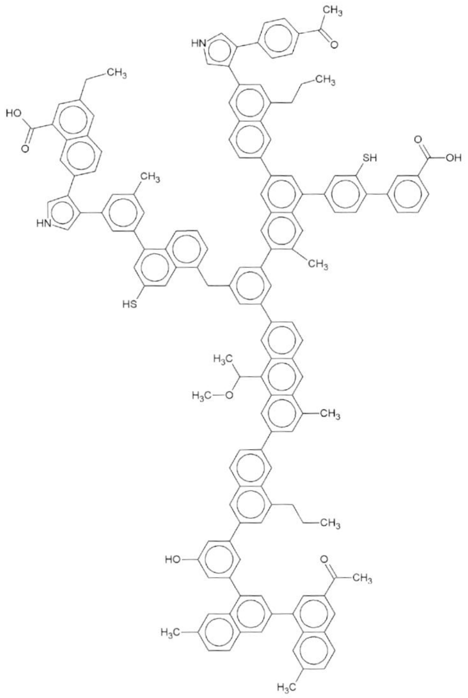

(b)NDV-2

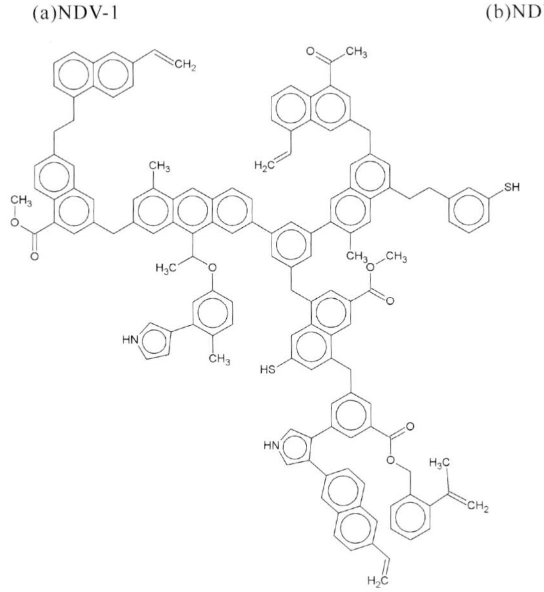

(c)NDV-3

图 4-15　宁东地区煤样 600 ℃不同压力下镜质组平面分子结构模型

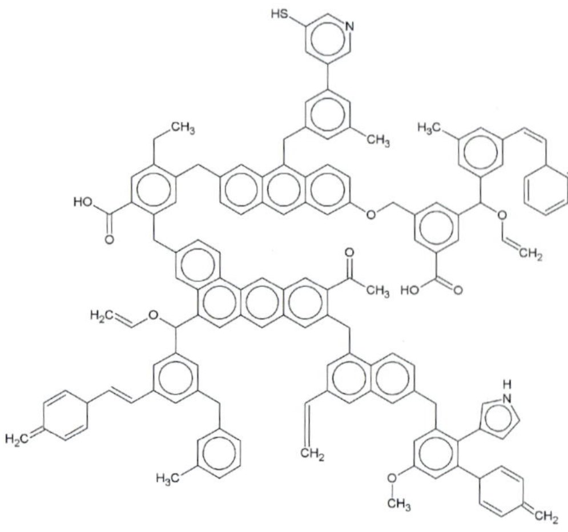

(a)NDI-1

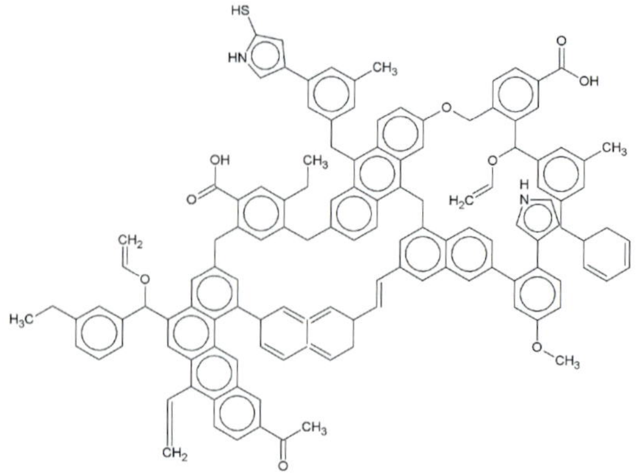

(b)NDI-2

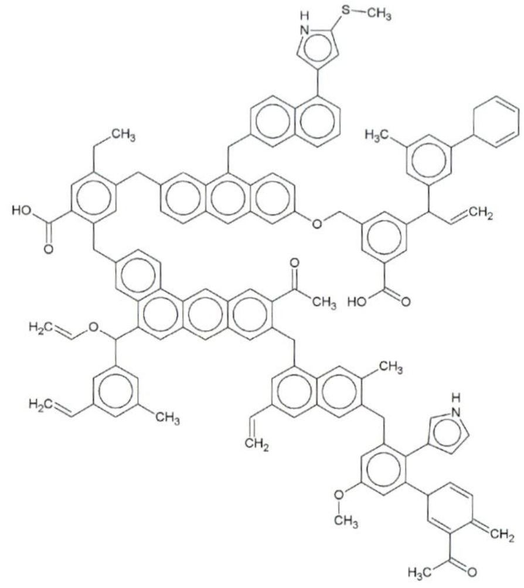

(c)NDI-3

图 4-16　宁东地区煤样 600 ℃不同压力下惰质组平面分子结构模型

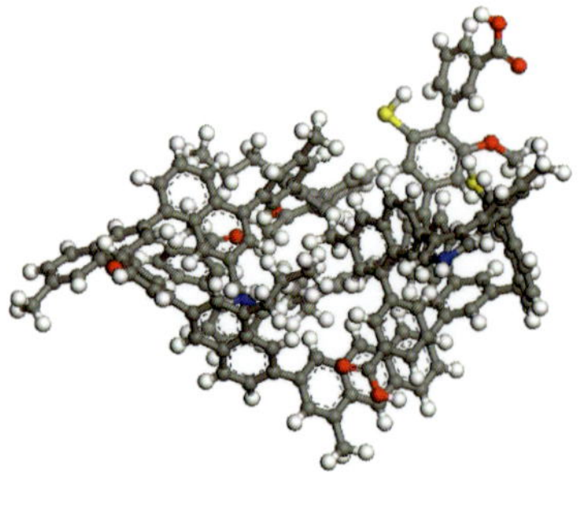

(a)NDV-1

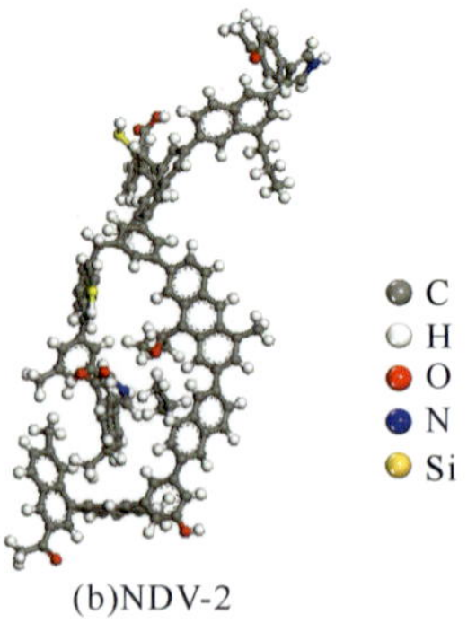

(b)NDV-2

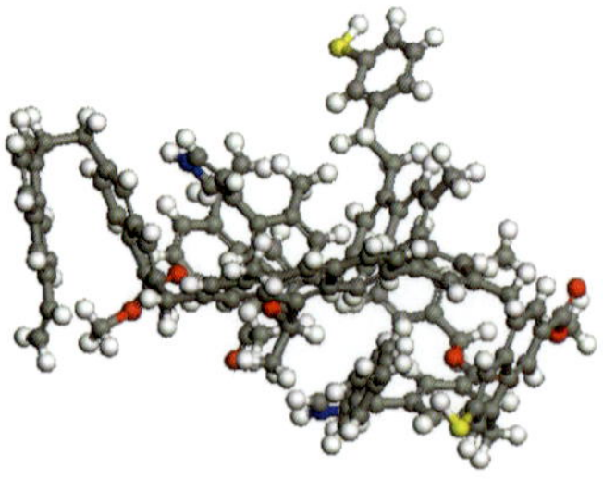

(c)NDV-3

图 4-17　600 ℃不同压力下宁东地区煤样镜质组最低能量构型主视图

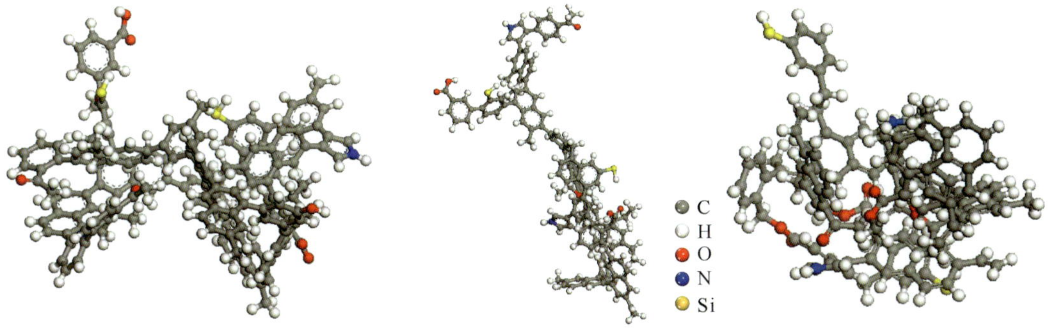

(a)NDV-1　　(b)NDV-2　　(c)NDV-3

图 4-18　600 ℃不同压力下宁东地区煤样镜质组最低能量构型侧视图

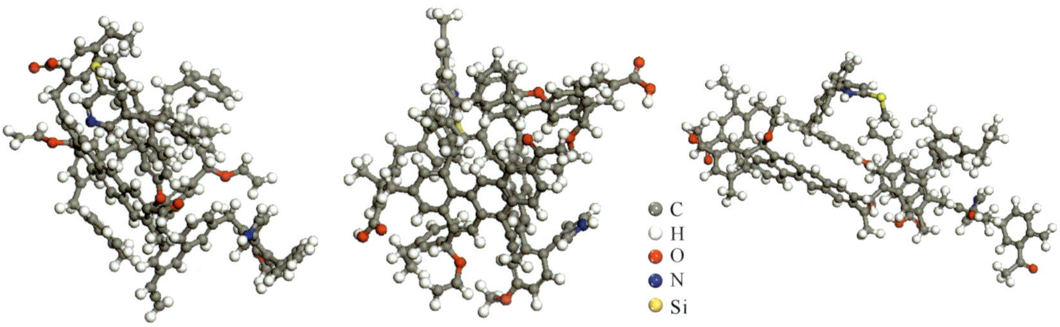

(a)NDI-1　　(b)NDI-2　　(c)NDI-3

图 4-19　600 ℃不同压力下宁东地区煤样惰质组最低能量构型主视图

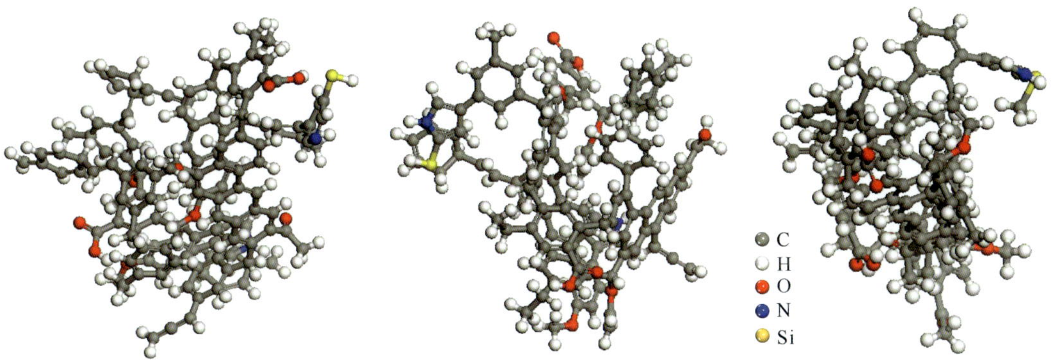

(a)NDI-1　　(b)NDI-2　　(c)NDI-3

图 4-20　600 ℃不同压力下宁东地区煤样惰质组最低能量构型侧视图

表 4-14　600 ℃不同压力下宁东地区煤样镜质组与惰质组分子模拟前后能量对比

单位：kcal/mol

样品	优化条件	总能量	价电子能				非成键能		
			E_B	E_A	E_T	E_I	E_H	E_{van}	E_E
NDV-1	初始条件	11319.58	3030.34	37.04	45.30	2.80	0.00	8214.76	-10.65
	分子力学	644.46	69.32	45.17	139.46	1.07	0.00	412.53	-23.09
	分析动力学	583.35	67.73	43.85	146.18	2.35	-2.57	355.49	-29.68
NDV-2	初始条件	8142.55	2517.64	51.96	42.26	2.78	0.00	5557.63	-29.72
	分子力学	547.82	59.88	59.61	107.80	0.47	0.00	344.65	-24.59
	分析动力学	519.04	56.11	58.08	123.20	0.63	0.00	308.56	-27.54
NDV-3	初始条件	5334.41	2362.75	56.15	67.03	1.63	0.00	2868.51	-21.65
	分子力学	480.71	55.11	64.74	73.93	0.49	0.00	301.13	-14.70
	分析动力学	436.72	54.23	66.14	81.38	0.81	0.00	241.34	-7.19
NDI-1	初始条件	5966.39	2372.93	40.63	71.84	1.98	0.00	3538.88	-59.86
	分子力学	391.03	55.15	56.33	54.61	1.05	0.00	279.47	-55.58
	分析动力学	353.43	54.01	54.28	52.82	0.98	-0.63	236.77	-44.79
NDI-2	初始条件	4564.98	2153.01	53.57	81.71	2.94	0.00	2306.34	-32.58
	分子力学	458.01	56.12	79.57	81.64	1.75	0.00	265.08	-26.14
	分析动力学	407.64	54.66	73.25	61.74	1.75	0.00	241.09	-24.84
NDI-3	初始条件	7680.64	2167.73	50.85	67.85	1.33	0.00	5437.78	-44.90
	分子力学	404.85	56.49	76.46	49.46	0.72	-2.72	274.89	-50.45
	分析动力学	375.44	54.75	76.08	49.47	0.58	-3.45	243.39	-45.38

大分子结构模型在总能量最低时空间分子结构最稳定。对比最低能量构型和所构建的二维平面模型，发现经过几何优化和退火后的镜质组与惰质组的分子结构模型均发生较大扭转变形，其中脂肪结构变形程度最大，芳香碳骨架变形程度相对较小，变形程度与苯环数目呈负相关关系，并四苯变形程度最小。

由表 4-14 可知，镜质组与惰质组分子经过分子力学与分子动力学优化后，总能量明显下降，下降幅度在 91%～95%之间，价电子能与非成键能均大幅降低，其中键伸缩能（E_B）和范德华能（E_{van}）下降最为明显，前者下降幅度均高于 97%，后者下降幅度基本在 90%以上，非成键能能量比价电子能高，说明非成键能对分子结构的稳定性起决定性作用，范德华能是主要构成因素。键反转能（E_I）均逐渐下降，幅度在 20%～70%之间；键角能（E_A）逐渐升高，增长幅度在 10%～50%之间，是因为平面分子模型转变三维立体结构时，连接芳香结构单元的桥键发生较大弯曲，结构趋于稳定造成。镜质组的扭转角能（E_T）有所增加，惰质组的扭转角能（E_T）有所减少，幅度均在 20%左右。开始加氢饱和的分子结构不稳定，经过分子力学也与分子动力学优化后相似，分子结构逐步稳定，形成能量最低构型。主要是脂肪烃、芳香层片以及桥键的扭转变形，使得键角增大，键角能升高，分子间作用力不断变小，分子结构趋于稳定。氢键变化不明显，表明氢键作用不大，结构变化主要存在于分子间。

第三节　高温高压条件下镜质组和惰质组的分子结构演化差异

基于所构建的600 ℃不同压力下镜质组与惰质组分子结构模型，不难发现，相比镜质组而言惰质组的分子结构中含有更为复杂的芳香结构单元：三苯环聚合而成的蒽及其同分异构体菲，其脂肪结构含量占比更小，且支链更少，说明惰质组的煤化程度较镜质组高。

随着压力的增加，镜质组与惰质组的相对分子质量逐渐减少，但其 X_{BP} 逐渐增加，同时其芳香结构复杂程度逐渐减小，镜质组的分子总能减小幅度从95%逐渐减小至92%，而惰质组的分子总能减小幅度从94%下降至90%，说明压力在600 ℃下对镜质组与惰质组的热演化过程起抑制作用。

分子结构优化过程中镜质组的分子总能下降94.8%，而惰质组的分子总能降低94.1%（表4-15），镜质组与惰质组的键伸缩能（E_B）下降幅度均达到97%~98%，键角能（E_A）和扭转角能（E_T）均大幅增加，说明在优化过程中镜质组的扭转变形程度比惰质组大，镜质组的芳香骨架和脂肪碳等变形程度更大，分子结构紧密程度更大。主要原因在于惰质组有更为复杂稳定的芳香碳骨架，更不容易破坏。

表4-15　600 ℃不同压力下镜质组与惰质组能量变化占比表　　单位：%

样品编号	总能量	价电子能				非成键能	
		E_B	E_A	E_T	E_I	E_{van}	E_E
NDV-1	95	98	-18	-223	16	96	-179
NDV-2	94	98	-12	-192	77	94	7
NDV-3	92	98	-18	-21	50	92	67
NDI-1	94	98	-34	26	51	93	25
NDI-2	91	97	-37	24	40	90	24
NDI-3	90	97	-50	27	57	96	-1

对比高温热模拟实验与高温高压实验，不难发现，随煤化作用不断进行，镜质组与惰质组分子结构均表现出芳香性不断增强的趋势，同时存在于某一范围，由于脂环化作用，镜质组与惰质组的芳香性有所减小。

构建出的镜质组与惰质组大分子结构模型反映出惰质组三苯环聚合而成的蒽及其同分异构体菲的脂肪结构含量占比小，支链少，说明相同条件下的惰质组的煤化程度较镜质组高。分子结构优化过程中，镜质组的扭转变形程度比惰质组大，镜质组的芳香骨架和脂肪碳等变形程度更大，分子结构紧密程度变化更大。压力升高，镜质组与惰质组分子结构模型中芳香碳含量不断减少，一定程度上说明压力在600 ℃下对镜质组与惰质组的热演化过程起抑制作用。

第五章　镜质组和惰质组的孔隙结构特征及演化差异

煤的结构不仅包括化学结构（分子结构），还包括物理结构，即分子间的堆垛结构和孔隙结构（陈昌国等，1998）。孔隙结构作为煤层气主要的储存空间和运移通道，其分布特征对煤层气吸附、解吸、扩散、渗流和排采至关重要。孔隙结构的发育既受化学结构的控制，又受煤的成煤物质、成分、沉积环境、煤阶及显微组分等的影响。此次研究以B. B. 霍多特（1966）的十进制分类方法为依据，将孔隙结构分为微孔（<10 nm）、小孔（10~100 nm）、中孔（100~1000 nm）和大孔（1000~10000 nm）进行研究。压汞、液氮和 CO_2 吸附法是研究孔隙结构特征最常用的测试方法，其中压汞法公认为是表征中、大孔的有效方法，低温液氮吸附法则常用来表征2~50 nm孔径范围内的孔隙结构特征，CO_2 由于其分子直径更小，用来表征小于2 nm孔径范围内的孔隙结构。因此，本章基于 CO_2 吸附实验、N_2 吸附实验和高压压汞实验来联合测试并定量表征热模拟过程中显微组分的孔隙结构演化特征。此外，以本书第三章的分子建模为基础，采用分子模拟的方法对镜质组和惰质组的微孔分布特征进行模拟，以期探讨显微组分的孔隙演化机制，为后续镜质组和惰质组中 CH_4 吸附能力的差异性演化机制的研究提供依据。

第一节　基于 CO_2 吸附实验的微孔（<2 nm）孔隙结构特征

一、CO_2 吸附曲线特征

根据 CO_2 吸附测试数据，得到两组样品的等温吸附曲线，如图5-1所示。随着相对压力的增大，各样品的吸附量逐渐增大。根据国际纯粹与应用化学联合会（IUPAC）对等温吸附曲线的分类（Donohue et al.，1998）可知，本次 CO_2 吸附曲线符合I类吸附等温线，是典型的朗缪尔等温线。吸附等温线弯向P-P0轴，在低压区吸附量迅速增大，其后的曲线呈水平或近水平状缓慢上升，吸附量接近一个极限值，说明对于小于2 nm的微孔而言，其 CO_2 吸附机理符合单分子层吸附理论。在热模拟过程中，随着成熟度的增大，镜质组的 CO_2 吸附量先减小后增大，其中样品YN-V-04（$R_{o,ran}$=0.90%）的吸附量在各个相对压力下均最小。随着成熟度的增大，惰质组样品的 CO_2 吸附量也是先减小后增大，但样品YN-I-03（$R_{o,ran}$=0.75%）吸附量最低。镜质组样品YN-V-12（$R_{o,ran}$=3.67%）在各个相对压力下的吸附量最大，惰质组样品中在各个相对压力下吸附量最大的则为样品YN-I-11（$R_{o,ran}$=3.40%）。通过对镜质组和惰质组样品的 CO_2 吸附曲线的对比（图5-1），可以看出成熟度越低，CO_2 吸附量达到水平或者近水平变化的相对压力越低。当 $R_{o,ran}$≤0.90%（样品YN-V/I-01至样品 YN-V/I-04）时，镜质组的吸附量在各个压力下均小于惰质组。且惰质组在低压区的吸附量增幅与镜质组相差较大，其增长速度大于镜质组。当 $R_{o,ran}$ = 1.20%（样品 YN-V/I-05）时，两个组分的吸附曲线几乎重合。当 $R_{o,ran}$ 在1.74%~3.03%阶段内（样品 YN-V/I-06 至样品 YN-V/I-10），除了 $R_{o,ran}$ = 3.40%和 $R_{o,ran}$ = 4.20%处，其余样品在同一成熟度处各个相对压力下惰质组的吸附量均与镜质组相当，略小于镜质组（图 5-2）。

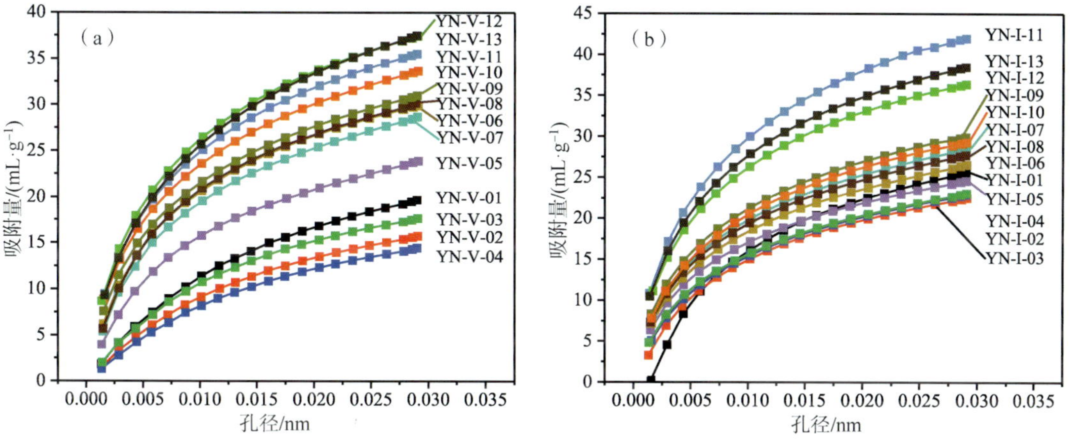

图 5-1 热模拟系列样品微孔 CO_2 吸附曲线

（a）镜质组样品微孔（<2 nm）吸附曲线（CO_2吸附）；（b）惰质组样品微孔（<2 nm）吸附曲线（CO_2吸附）

二、基于 CO_2吸附实验的孔隙结构演化特征

采用 DFT 模型对低温 CO_2吸附数据进行分析，得到微孔的孔容、比表面积及孔径分布等情况。镜质组的微孔比表面积在热模拟过程中为 150.413~390.712 m^2/g，微孔孔容为 0.048~0.111 cm^3/g。镜质组的微孔比表面积和孔容随着 $R_{o,ran}$ 的增大呈现出先减小后增大的变化趋势。在 $R_{o,ran}$ = 0.35%~ 0.90%阶段内，镜质组样品随着成熟度的增大，孔容和比表面积均减小；在 $R_{o,ran}$ = 1.20%~ 2.67%阶段内，镜质组微孔的比表面积和孔容增大的变化较为快速，在 $R_{o,ran}$ = 3.03%~ 4.20%阶段内则增长较为缓慢（图 5-3）。

图 5-4 和图 5-5 显示了镜质组样品的不同孔径段孔隙分布情况，可以看出基于 CO_2吸附实验及 DFT 模型所获得的镜质组样品的孔隙孔容和比表面积主要是由小于 0.9 nm 的孔隙所贡献，贡献占比为 93.21%~96.10%，其中又以 0.46~0.60 nm 范围内的孔隙贡献为主，占比为 51.41%~79.38%；0.31~0.44 nm 孔径范围内的孔隙贡献次之，占比为 3.46%~36.59%。随着成熟度的增大，0.31~0.44 nm 孔径范围内分布的孔隙在 $R_{o,ran}$ = 0.35%~2.67%阶段内逐渐增多，而后在 $R_{o,ran}$ = 3.03%~4.20%阶段内略微减少。0.46~0.60 nm 和 0.63~0.90 nm 孔径范围内的孔隙分布则在 $R_{o,ran}$ = 0.35%~2.67%阶段内逐渐减少，在第二阶段（$R_{o,ran}$ = 3.03%~4.20%）内略微有所增大。0.9~1.48 nm 孔径范围内的孔隙分布整体变化小，但在 $R_{o,ran}$ = 0.35%~0.90%阶段内增大，在 $R_{o,ran}$ = 1.20%~4.18%阶段内非常缓慢地减少。

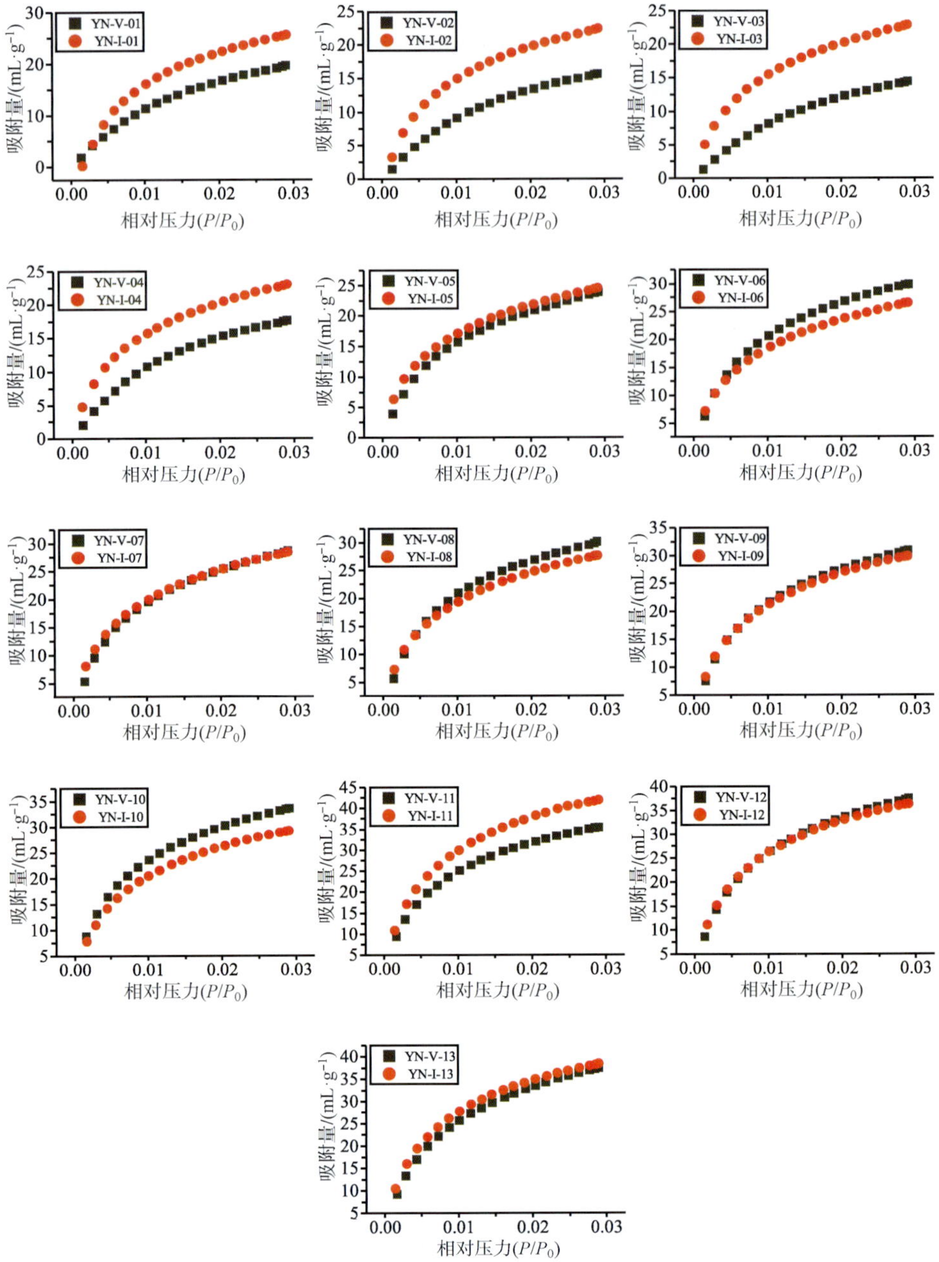

图 5-2　镜质组和惰质组样品 CO_2 吸附曲线对比图

惰质组的微孔比表面积随 $R_{o,ran}$ 的变化比表面积为 235.792~399.139 m^2/g，微孔孔容为 0.068~0.108 cm^3/g。在 $R_{o,ran}$=0.35%~0.75%阶段内，惰质组的微孔比表面积和孔容变化很小，其中孔容略微增大，比表面积则略微减小；随后在 $R_{o,ran}$=0.90%~2.07%和 $R_{o,ran}$=2.67%~4.20%阶段内整体呈现增大的变化趋势，阶段性演化速率一直增大（图 5-3）。

图 5-6 和图 5-7 显示了惰质组样品的孔径分布情况，可以看出，惰质组的微孔孔容和比表面积也主要是由小于 0.9 nm 的孔隙所贡献，贡献占比为 94.97%~100%。0.46~

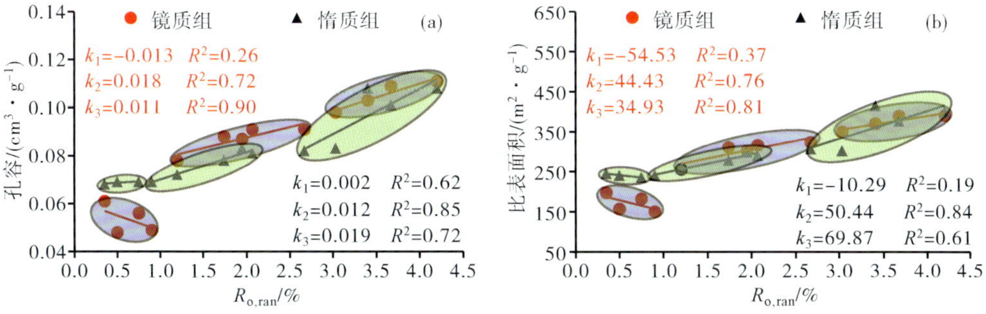

图 5-3 热模拟系列样品中微孔（<2m）体积、比表面积与 $R_{o,ran}$ 关系

（a）镜质组和惰质组样品中微孔（<2 nm）体积与 $R_{o,ran}$ 关系（CO_2 吸附实验）；

（b）镜质组和惰质组样品中微孔（<2 nm）比表面积与 $R_{o,ran}$ 关系

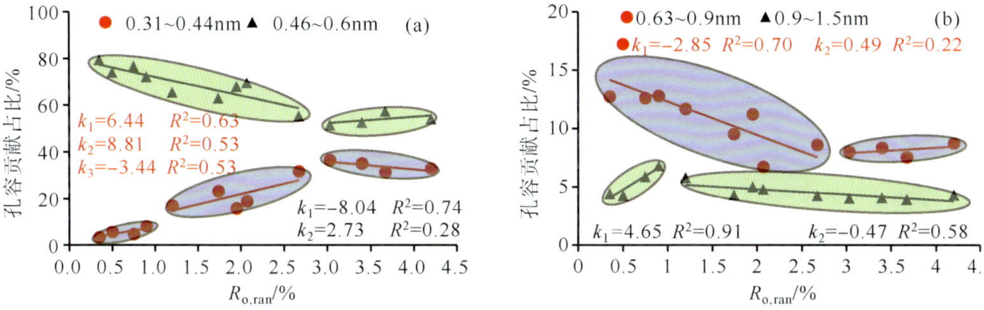

图 5-4 镜质组样品中不同孔径段孔容贡献占比与 $R_{o,ran}$ 的关系（CO_2 吸附）

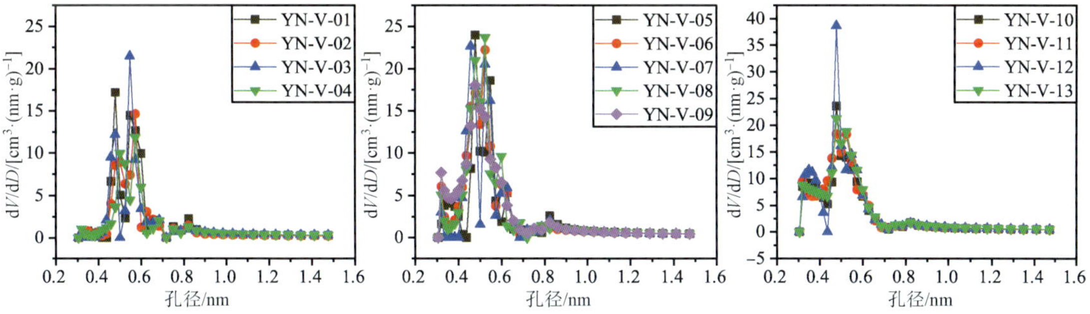

图 5-5 镜质组样品的微孔（<2 nm）孔径分布（CO_2 吸附）

0. 60 nm 范围内的孔隙贡献为主，占比为 48. 42%~86. 12%，0. 31~0. 44 nm 孔径范围内的孔隙贡献次之，占比为 0~41. 54%。随着成熟度的增大，0. 31~0. 44 nm 孔径范围内分布的孔隙占比在 $R_{o,ran}$=0. 35%~0. 90%阶段内大致由 0 逐渐增大到 38%左右，而后在 $R_{o,ran}$=1. 20%~4. 20%阶段内随着成熟度的增大缓慢增大，基本保持不变。0. 46~0. 60 nm 孔径范围内的孔隙分布则在 $R_{o,ran}$=0. 35%~0. 90%阶段内逐渐减少，占比分别由 86. 12%大致减少到 50%左右，在第二阶段（$R_{o,ran}$=1. 20%~4. 20%）内随着成熟度的增大略微有所增大，基本保持不变。0. 63~0. 90 nm 孔径范围内的孔隙分布在 $R_{o,ran}$=0. 35%~0. 75%和 $R_{o,ran}$=0. 90%~4. 20%两个阶段内均逐渐减少，第二阶段的减少速率有所变缓。0. 9~

1.48 nm 孔径范围内的孔隙分布整体变化小，但在 $R_{o,ran}$ = 0.35% ~ 0.75% 阶段内增大，在 $R_{o,ran}$ = 0.90% ~ 4.20% 阶段内非常缓慢地减少。

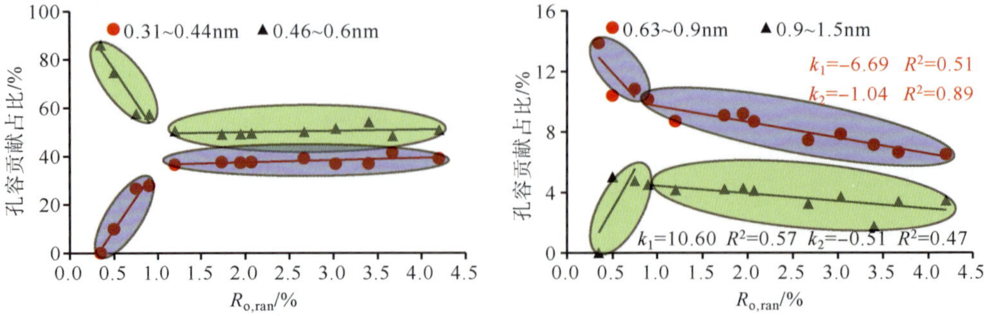

图 5-6 惰质组样品中不同孔径段孔容贡献占比与 $R_{o,ran}$ 的关系（CO_2 吸附）

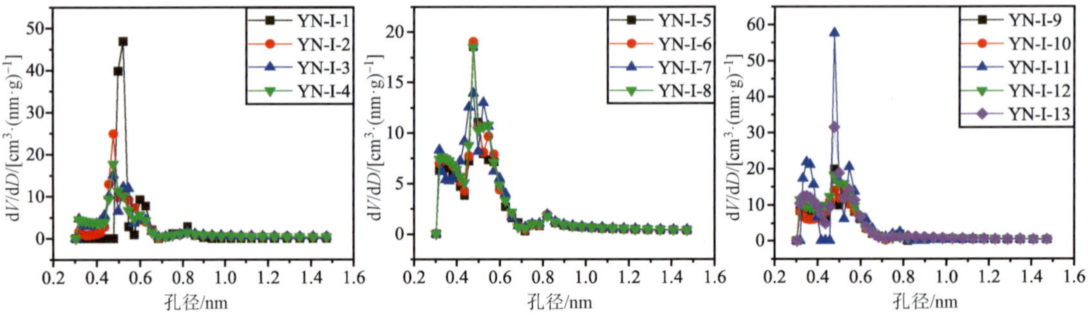

图 5-7 惰质组样品的微孔（<2 nm）孔径分布（CO_2 吸附）

第二节 基于 N_2 吸附实验微-小孔（2~100 nm）孔隙结构特征

一、N_2 吸附曲线特征

低温液氮吸附法主要用来表征微孔和小孔（2~100 nm）的孔隙结构特征。富镜质组和富惰质组氮气等温吸附/解吸曲线如图 5-8—图 5-11 所示。从图中可以看出，所有样品的等温吸附曲线类似，呈现倒“S”形，根据 IUPAC 分类，所有样品的等温吸附线属于Ⅱ型。反映了发生在煤样表面上自由的单一多层可逆吸附过程，且样品具有一个完整、连续的孔隙结构系统（孔径范围为纳米级到宏观无限大；Xu et al.，2010）。此外，氮气吸附过程分可为两个阶段，第一个阶段相对压力为 $0<P/P_0<0.5$，对应单分子层吸附过程，该阶段氮气分子逐渐吸附于样品孔隙表面，吸附曲线缓慢上升，呈现“凸”形，该阶段不会发生毛细管冷凝，因此不会产生吸附滞回线；第二阶段相对压力为 $0.5<P/P_0<0.95$，该阶段逐渐从单分子层吸附转变为多分子层吸附，吸附曲线逐渐上升，氮气分子逐渐被吸附填充到孔隙内部空间中，在后期（相对压力为 $0.95<P/P_0<1.0$），该阶段曲线陡然上升，说明了样品中存在一定数量的中-大孔（Tang et al.，2016），且该阶段孔隙吸附量的增加是由毛细管凝聚所引起的（Cai et al.，2013）。

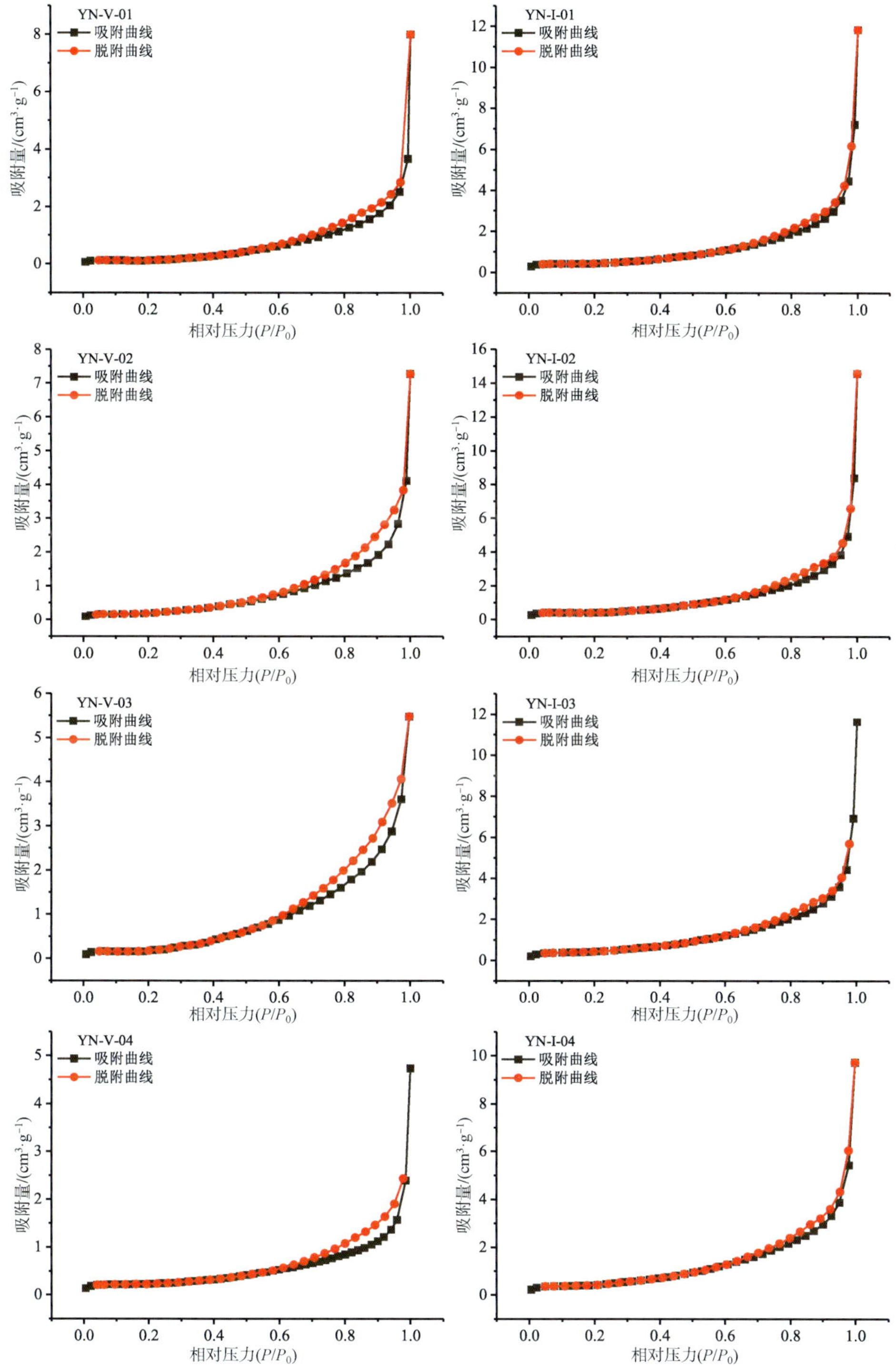

图 5-8　样品 YN-V-01 至样品 YN-V-04 与样品 YN-I-01 至样品 YN-I-04 的吸脱附曲线

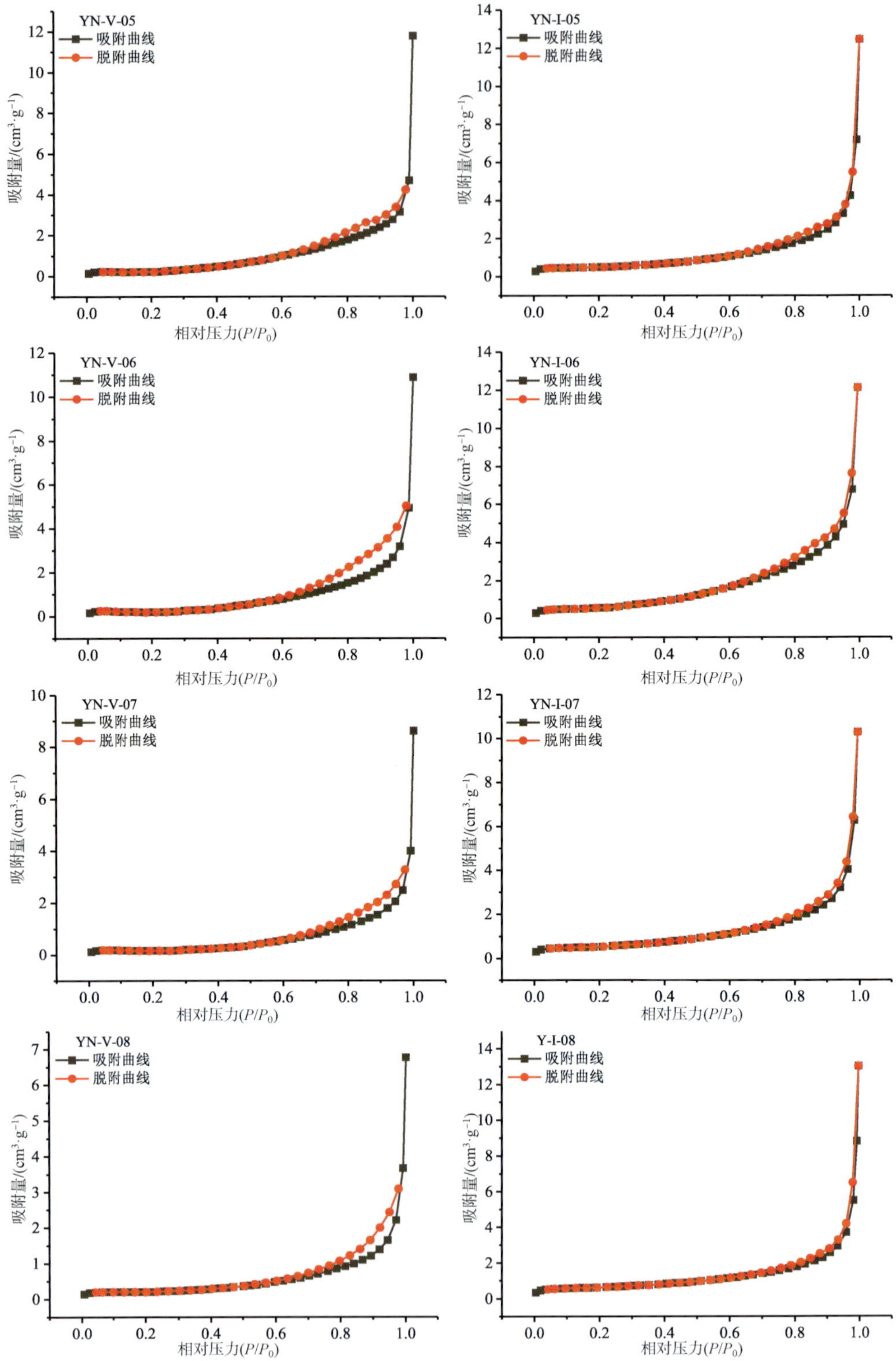

图 5-9　样品 YN-V-05 至样品 YN-V-08 与样品 YN-I-05 至样品 YN-I-08 的吸脱附曲线

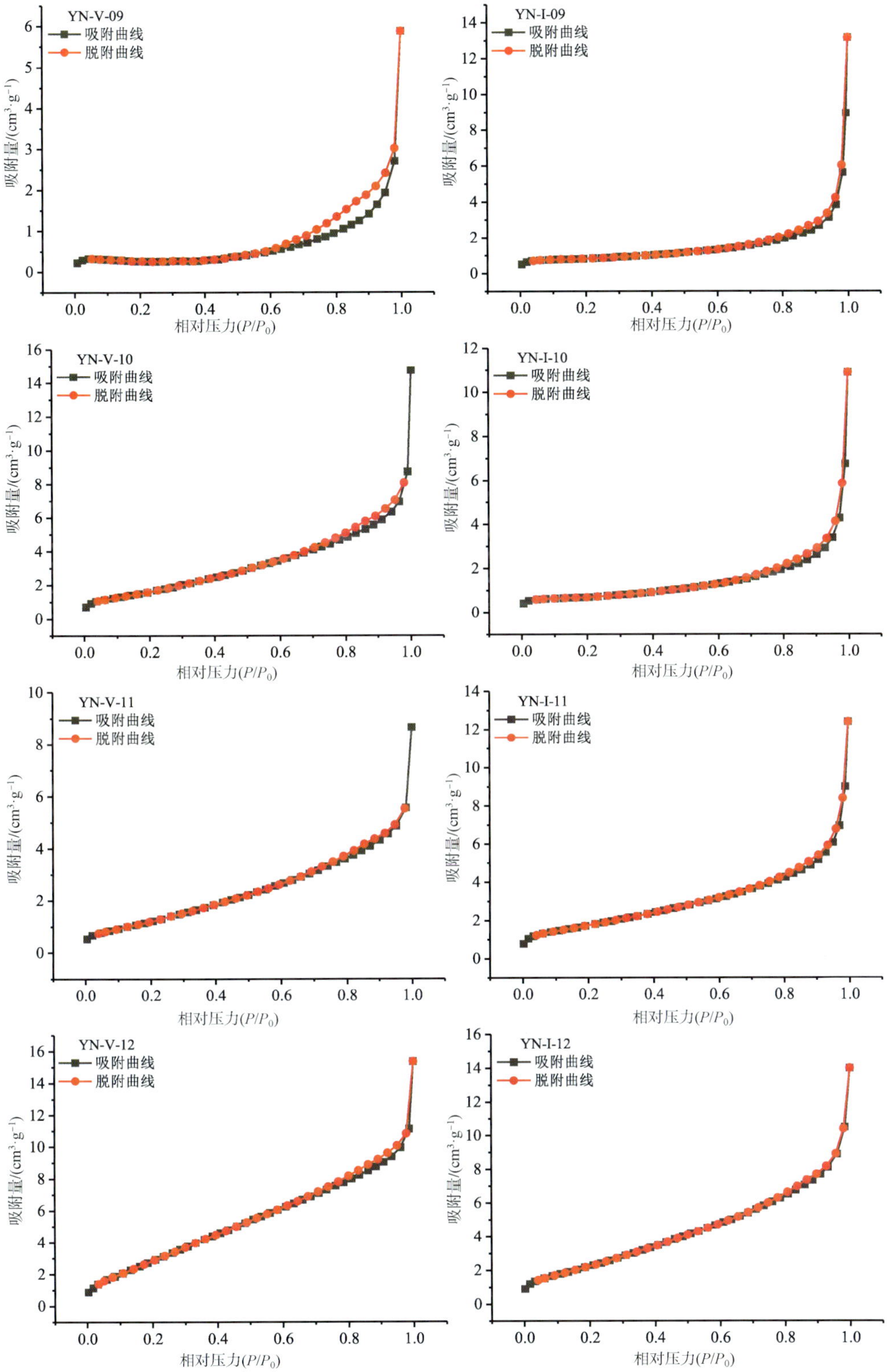

图 5-10　样品 YN-V-09 至样品 YN-V-12 与样品 YN-I-09 至样品 YN-I-12 的吸脱附曲线

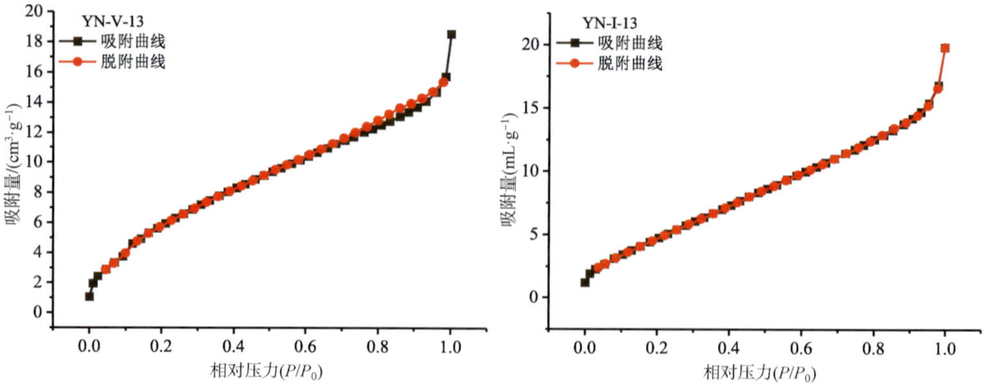

图 5-11　样品 YN-V-13 与 YN-I-13 的吸脱附曲线

根据等温吸附回线还可判断孔隙的形状类型。煤中孔隙形状的类型分为开放性孔和死孔，其中开放性孔又可分为通过孔、连通孔和一端封闭的孔。开放性孔中两端开口圆筒形孔和四边开放的平行板孔能产生吸-脱附回线；一端封闭的不透气性孔，包括一端封闭的圆筒形孔、一端封闭的平行板状、一端封闭的楔形孔、一端封闭的锥形孔以及一端封闭的狭缝孔则不产生吸-脱附回线（陈萍等，2001）。由图 5-8—图 5-11 可知，镜质组和惰质组样品在相对压力较小（0~0.5）范围内，吸附和解吸曲线基本重合。根据毛细管凝聚理论 Kelvin 公式，相对压力为 0.5 时，对应孔直径约为 4 nm，说明在较小孔径范围内（<4 nm）孔的形态以一端封闭的不透气性孔为主。相对压力在 0.5~1.0 范围内，产生回线，说明对应的中-大孔隙中，肯定存在着开放性的两端开口圆筒形孔和四边开放的平行板孔，同时也可能存在不产生回线的一端封闭孔（圆筒形、平行板状、楔形以及锥形）。其中镜质组样品的吸附回线较大，说明这些样品中封闭和半封闭孔隙品相比较少，且具有较多的开放性的两端开口圆筒形孔和四边开放的平行板孔，连通性较好。惰质组样品的吸附回线则较小，说明这些样品中存在着较多封闭或半封闭的楔状、圆柱状和裂隙状孔隙，两端开口形孔则较少，连通性较差。随着成熟度的增大，镜质组的孔隙类型变化较大。惰质组样品的吸附回线则随着成熟度的增大而逐渐减小，说明半封闭孔隙类型逐渐增多、两端开放性孔则逐渐减少。直至高变质阶段，镜质组和惰质组的吸脱附曲线均完全重合，表明在高煤阶显微组分中孔隙类型基本上为一端封闭的孔。

二、基于 N_2 吸附实验的孔隙结构演化特征

根据等温吸附-解吸曲线除了可获得孔隙形状外，还可以采用 Brumauer-Emmett-Teller（1938）提出的多层吸附模型（即 BET 方程）计算比表面积，根据 Barrett-Joyne-Halenda（BJH）方程计算孔容，并采用经典的毛细管凝聚理论 Kelvin 方程计算孔径。如表 5-1 和表 5-2 所示，为 N_2 吸附实验得到的镜质组和惰质组样品的孔隙的比表面积、孔容及孔径分布特征。本次 N_2 吸附实验测得的孔径范围上限为几百纳米，考虑到不能准确地反应部分中孔和大孔的结构信息，只对 2~100 nm 范围内的孔隙进行了分析。

由测试结果可知，镜质组样品的 BJH 总孔容为 0.0073~0.0287 cm^3/g，惰质组样品的 BJH 总孔容为 0.009~0.027 cm^3/g。由图 5-12（a）可知，随着成熟度的增大，镜质组的 BJH 总孔容演化以 $R_{o,ran}$ = 0.90% 和 $R_{o,ran}$ = 2.67% 为拐点划分为 3 个阶段，且呈现出跃变式

表 5-1　镜质组样品的 N_2 吸附测试比表面积、孔容及各孔径段孔容占比

样品编号	BET 比表面积 / $m^2 \cdot g^{-1}$	BJH 总孔容 / $cm^3 \cdot g^{-1}$	各孔径段孔容/($cm^3 \cdot g^{-1}$)			各孔径段占比/%		最可几孔径段/nm	主要孔径段孔容增量占比/%	最可几孔径 / nm
			2~100 nm	2~10 nm	10~100 nm	<10 nm	10~100 nm			
YN-V-01	0. 573	0. 0124	0. 0051	0. 0024	0. 0027	19. 72	21. 81	3. 77~8. 47	73. 01	4. 057
YN-V-02	0. 834	0. 0113	0. 0067	0. 0023	0. 0044	20. 14	39. 03	3. 26~8. 73	75. 77	4. 069
YN-V-03	0. 783	0. 0085	0. 0073	0. 0034	0. 0039	39. 53	45. 99	3. 06~8. 55	84. 31	5. 638
YN-V-04	0. 885	0. 0073	0. 0069	0. 0026	0. 0043	35. 81	59. 38	3. 50~9. 96	84. 39	5. 655
YN-V-05	1. 073	0. 0182	0. 0094	0. 0036	0. 0058	19. 78	31. 87	3. 15~9. 65	90. 56	6. 681
YN-V-06	1. 206	0. 0168	0. 0089	0. 0032	0. 0057	19. 09	33. 93	4. 18~10. 15	72. 63	6. 374
YN-V-07	0. 923	0. 0133	0. 0057	0. 0020	0. 0037	14. 81	28. 12	3. 91~10. 05	85. 06	5. 323
YN-V-08	0. 909	0. 0105	0. 0051	0. 0014	0. 0037	13. 50	35. 37	4. 25~11. 46	74. 28	4. 25
YN-V-09	1. 447	0. 0091	0. 0051	0. 0021	0. 0031	22. 95	33. 69	3. 82~11. 63	88. 91	5. 716
YN-V-10	6. 545	0. 0228	0. 0118	0. 0062	0. 0055	27. 38	24. 19	3. 02~7. 65	86. 81	3. 022
YN-V-11	5. 209	0. 0211	0. 0125	0. 0071	0. 0054	33. 43	25. 64	3. 08~7. 30	86. 61	3. 075
YN-V-12	13. 603	0. 0238	0. 0143	0. 0092	0. 0050	38. 89	21. 09	3. 08~5. 68	78. 72	3. 082
YN-V-13	24. 108	0. 0287	0. 0171	0. 0123	0. 0049	42. 71	16. 96	3. 03~5. 62	80. 56	3. 032

表 5-2　惰质组样品的 N_2 吸附测试比表面积、孔容及各孔径段孔容占比

样品编号	BET 比表面积 $m^2 \cdot g^{-1}$	BJH 总孔容 $cm^3 \cdot g^{-1}$	各孔径段孔容/($cm^3 \cdot g^{-1}$)			各孔径段占比/%		最可几孔径段/nm	主要孔径段孔容增量占比/%	最可几孔径 nm
			2~100 nm	2~10 nm	10~100 nm	<10 nm	10~100 nm			
YN-I-01	1.722	0.019	0.0068	0.0026	0.0042	13.68	21.98	3.07~9.02	83.34	5.794
YN-I-02	1.814	0.023	0.0074	0.0033	0.0041	14.21	18.01	3.18~9.10	84.87	6.495
YN-I-03	1.598	0.0093	0.0093	0.0030	0.0063	33.21	70.55	3.71~8.10	69.44	3.985
YN-I-04	1.437	0.016	0.0099	0.0034	0.0065	21.23	40.44	3.17~8.56	83.3	6.101
YN-I-05	2.053	0.020	0.0088	0.0025	0.0063	12.30	31.61	3.92~9.05	70.96	5.877
YN-I-06	2.033	0.020	0.0115	0.0047	0.0068	23.32	34.00	3.75~8.68	72.23	4.049
YN-I-07	2.013	0.016	0.0065	0.0020	0.0045	12.28	28.40	3.21~8.95	78.33	4.038
YN-I-08	2.35	0.020	0.006	0.0018	0.0042	9.00	20.78	3.22~9.41	76.04	5.508
YN-I-09	3.051	0.020	0.0057	0.0017	0.0039	8.72	19.74	3.69~10.85	75.56	3.971
YN-I-10	2.558	0.017	0.0059	0.0021	0.0038	12.12	22.35	3.08~7.96	76.73	3.304
YN-I-11	6.550	0.018	0.0086	0.0040	0.0047	22.12	25.84	3.08~7.30	86.61	3.192
YN-I-12	9.561	0.020	0.0118	0.0068	0.0050	33.92	24.91	3.16~6.43	80.64	3.391
YN-I-13	21.489	0.027	0.0215	0.0137	0.0078	50.81	28.93	3.03~5.31	76.28	3.026

的阶段变化，在第一、二演化阶段内均呈现减小的变化趋势，且演化速率基本一致；在第三阶段内，与 $R_{o,ran}$ 呈线性正相关性。惰质组的总孔容演化则以 $R_{o,ran}=0.75\%$ 和 $R_{o,ran}=2.07\%$ 为拐点划分为 3 个阶段，在 $R_{o,ran}=0.35\%\sim0.75\%$ 阶段内随着成熟度增大而减小；而后在 $R_{o,ran}=0.90\%\sim4.20\%$ 阶段内，惰质组的总孔容随着成熟度增大而增大，以 $R_{o,ran}=2.07\%$ 为分界点，演化速率呈现阶段性大幅度增加。

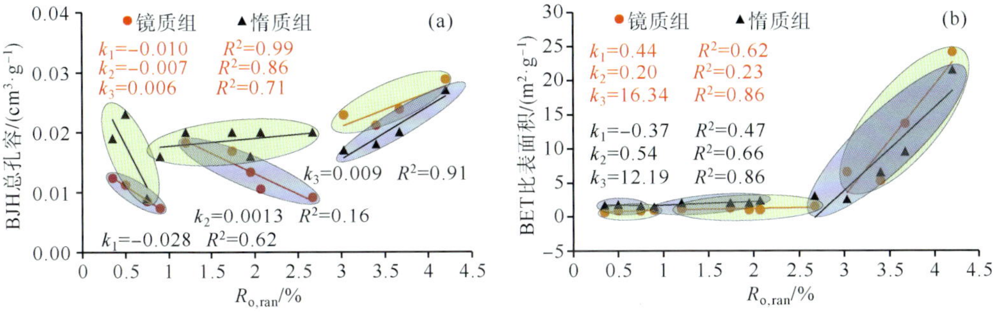

图 5-12 热模拟系列样品 N_2 吸附总孔容、比表面积与 $R_{o,ran}$ 的关系

（a）镜质组和惰质组样品中 N_2 吸附总孔容与 $R_{o,ran}$ 的关系；（b）镜质组和惰质组样品中 N_2 吸附比表面积与 $R_{o,ran}$ 的关系

两个显微组分的总孔容演化不同的是，在第二阶段内随着成熟度的增大，镜质组的总孔容减小，惰质组的孔容则增大。镜质组样品在 2～100 nm 孔径范围内的孔容为 0.0051～0.0171 cm^3/g，惰质组样品的为 0.0057～0.0215 cm^3/g。两个显微组分的 2～100 nm 孔径范围内的孔容在热模拟过程中的演化趋势一致，均随着成熟度增大而先增大后减小再增大；除了在第二阶段内惰质组样品的微-小孔（2～100 nm）孔容与 $R_{o,ran}$ 的相关性较差，其他阶段内的微-小孔（2～100 nm）孔容与 $R_{o,ran}$ 的相关性均较强（图 5-13）。

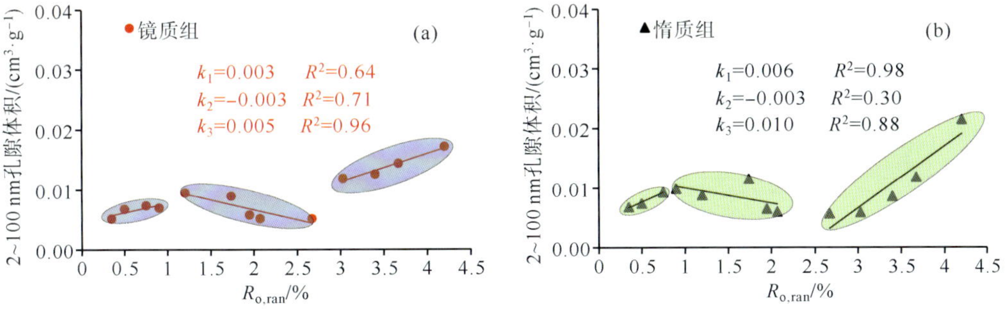

图 5-13 热模拟系列样品中 2～100 nm 孔隙比表面积与 $R_{o,ran}$ 关系

（a）镜质组和惰质组样品中 2～100 nm 孔隙体积与 $R_{o,ran}$ 关系；

（b）镜质组和惰质组样品中 2～100 nm 孔隙比表面积与 $R_{o,ran}$ 关系（N_2 吸附）

由测试结果可知，镜质组样品的 BET 比表面积为 0.573～24.108 m^2/g，惰质组样品的 BET 比表面积为 1.437～21.489 m^2/g，相比镜质组变化较小。镜质组的 BET 比表面积以 $R_{o,ran}=0.90\%$ 和 $R_{o,ran}=2.67\%$ 为拐点划分为 3 个演化阶段，惰质组的 BET 比表面积演化拐点则为 $R_{o,ran}=0.75\%$ 和 $R_{o,ran}=2.07\%$ ［图 5-12（b）］。两个组分的 BET 比表面积整体上在第一、二阶段均平缓变化，其中镜质组的 BET 比表面积在 $R_{o,ran}=0.35\%\sim2.67\%$ 阶段内随着成熟度的增大，缓慢由 0.573 m^2/g 增加到 1.447 m^2/g，整体变化较小，基本保持在 1.0 m^2/g 左右；惰质组的比表面积在 $R_{o,ran}$ = 0.35%～0.75%阶段内随着成熟度的增大，缓慢由 1.722 m^2/g 减少到 1.598 m^2/g，而后在 $R_{o,ran}$ = 0.90%～2.07%阶段内缓慢增大，基本保持在 2 m^2/g 左右；而后在第三阶段（$R_{o,ran}$ = 3.03%～4.20%）内，镜质组样品的比表面积随着成熟度的增大而迅速增加到 24.108 m^2/g，惰质组样品则在第三阶段内（$R_{o,ran}$ = 2.67%～4.20%），比表面积随着成熟度的增大而迅速增加到 21.489 m^2/g［图 5-12（b）］。

图 5-14 和图 5-15 为热模拟镜质组样品的孔径分布图，可以看出，基于 N_2 吸附实验及 BJH 模型所获得的孔隙孔容主要是由微孔（3～12 nm）所贡献。镜质组样品在 3～12 nm 孔径范围内的孔隙占比为 72.63%～90.56%，其中样品 YN-V-01 至样品 YN-V-04 的孔隙主要集中在 3.06～9.96 nm 范围内，样品 YN-V-05 至样品 YN-V-09 的孔隙主要集中在 3.15～11.63 nm 范围内，样品 YN-V-10 至样品 YN-V-13 的孔隙则主要集中在 3.02～7.65 nm 范围内（表 5-1）。可以看出，随着成熟度的增大，最可几孔径范围先是逐渐增大，然后又缩小。镜质组样品的最可几孔径为 3.022～6.681 nm，该参数也呈现阶段性演化特征。在 $R_{o,ran}$ = 0.35%～0.90% 阶段内，随着成熟度增大由 4.057 nm 增大到 5.655 nm，而后在第二阶段（$R_{o,ran}$ = 1.20%～2.67%）内逐渐减小至 3 nm 左右，在 $R_{o,ran}$ = 3.03%～4.20%阶段内基本保持不变［图 5-16（a）］。

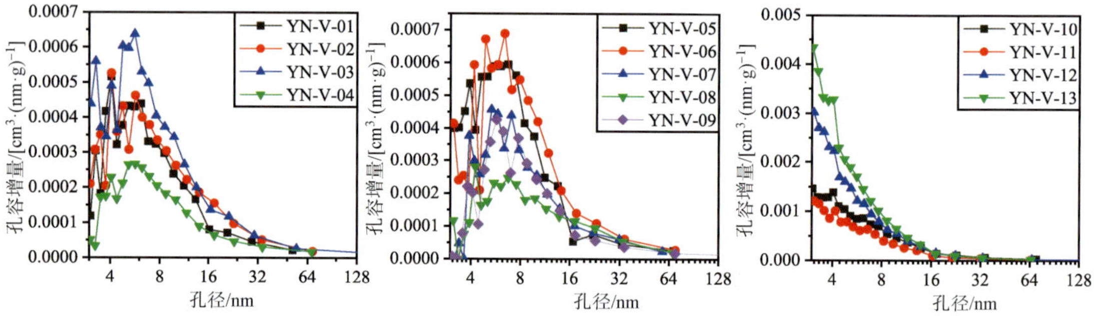

图 5-14　镜质组样品的孔径分布特征（N_2 吸附）

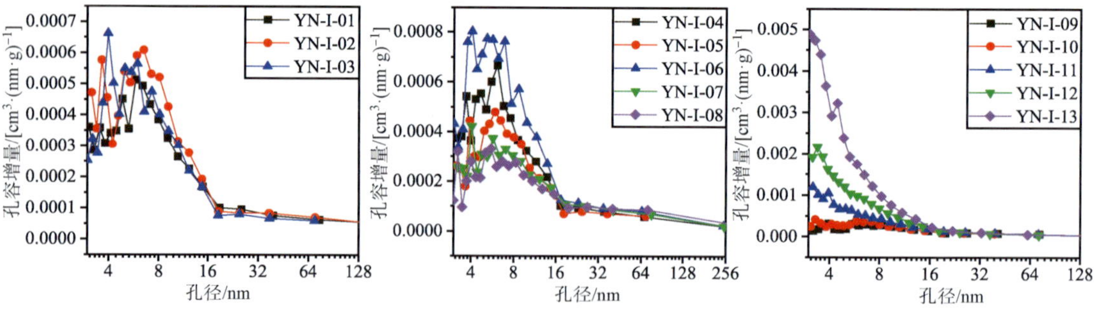

图 5-15　惰质组样品的孔径分布特征（N_2 吸附）

惰质组样品在 3～12 nm 孔径范围内的孔隙占比为 69.44%～86.61%，样品 YN-I-01 至样品 YN-I-03 的最可几孔径段为 3.07～9.10 nm，在这个阶段内孔隙最可几孔径范围随着成熟度的增大而逐渐缩小；样品 YN-I-04 至样品 YN-I-08 的最可几孔径段为 3.17～9.41 nm，在该阶段内最可几孔径范围随着成熟度增大而逐渐增大；样品 YN-I-10 至样品

YN-I-13 的最可几孔径段为 3. 03~10. 85 nm，随着成熟度的增大孔径范围逐渐缩小至 3. 03~5. 31 nm 范围内，因此随着成熟度的增大，惰质组样品的最可几孔径段整体呈现先减小再增大最后又减小的变化趋势。惰质组样品的最可几孔径为 3. 026~6. 495 nm，随着成熟度的增大，整体减小。以 $R_{o,ran}$ = 0. 75%和 $R_{o,ran}$ = 2. 07%为分界拐点，将最可几孔径的演化划分为 3 个阶段，其减小速率随着成熟度的增大而递减［图 5-16（b）］。

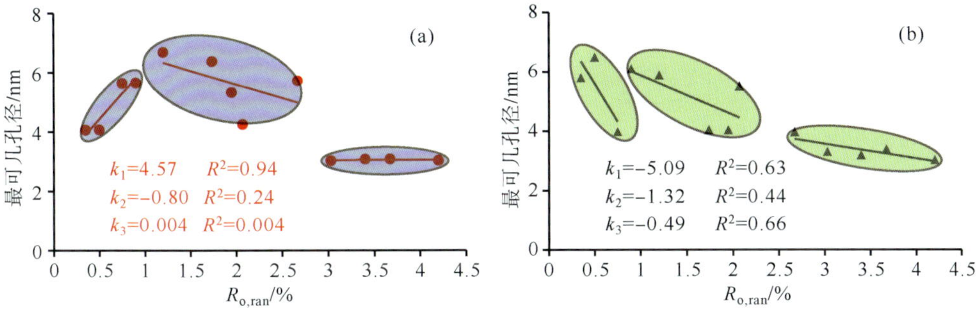

图 5-16 热模拟系列样品最可几孔径与 $R_{o,ran}$ 关系

（a）镜质组样品最可几孔径与 $R_{o,ran}$ 的关系；（b）惰质组样品最可几孔径与 $R_{o,ran}$ 的关系（N_2 吸附）

此外，按照本次选用的孔隙分类方案，统计了小于 10 nm 和 10~100 nm 孔径段的孔隙分布情况。从图 5-17（a）可以看出，镜质组样品与惰质组样品在小于 10 nm 和 10~100 nm 孔径段的孔隙分布情况随着成熟度的增大也呈现出阶段式的演化特征，镜质组样品的分界拐点为 $R_{o,ran}$ = 0. 90%与 $R_{o,ran}$ = 2. 67%，惰质组样品的分界拐点为 $R_{o,ran}$ = 0. 75%与 $R_{o,ran}$ = 2. 07%。镜质组样品小于 10 nm 和 10~100 nm 的孔隙占比在第一阶段内均随着成熟度增大而增大，其中后者的演化速率更大；在第二阶段内，二者则呈现出相反的变化趋势，小于 10 nm 的孔隙占比减小，10~100 nm 的孔隙占比则增大；第三阶段内，小于 10 nm 的孔隙占比增大，10~100 nm 的孔隙占比则减小。惰质组样品在第一阶段内，小于 10 nm 和 10~100 nm的孔隙占比均与镜质组保持相似的演化趋势；在第二阶段内，则随着成熟度的增大而减小；在第三阶段内，随着成熟度的增大而增大，但小于 10 nm 的孔隙占比的演化速率明显更大［图 5-17（b）］。

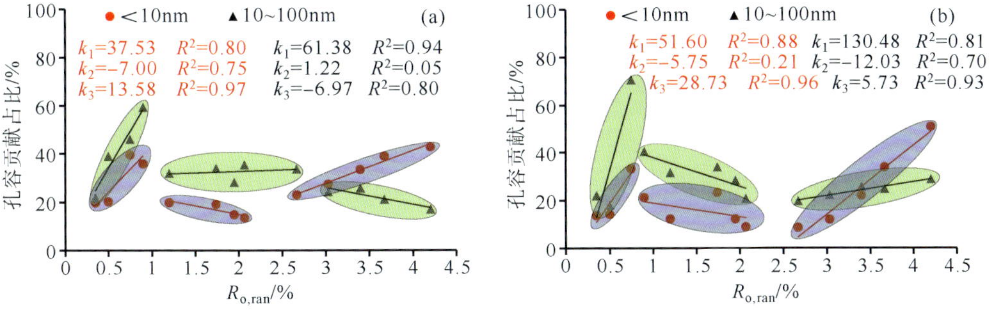

图 5-17 热模拟系列样品中不同孔径段孔容占比与 $R_{o,ran}$ 的关系

（a）镜质组样品中不同孔径段孔容贡献占比与 $R_{o,ran}$ 的关系；

（b）惰质组样品中不同孔径段孔容贡献占比与 $R_{o,ran}$ 的关系（N_2 吸附）

第三节 基于压汞实验（7~10000 nm）的孔隙结构特征

一、压汞曲线特征

通过高压压汞实验，可以获取到>7 nm孔隙结构的信息，但大于10 um可能是由于样品制样造成的裂隙，不具有太大的参考意义，因此本次研究主要探讨7~10 um孔径范围内的孔隙结构。煤中有效孔隙包括开放孔和半封闭孔两种类型，根据压汞-退汞曲线的孔隙滞后环特征可以对孔隙形状及连通性作出基本评价，即进汞、退汞体积差（压力差）越大，滞后环越宽大，开孔越多，孔隙连通性越好（傅雪海等，2007）。按照曲线形态特征，将本次26个镜质组和惰质组样品的压汞-退汞曲线分为3种类型（图5-18至图5-21）。Ⅰ型：以样品YN-I-01、YN-V-01为典型代表，当孔径小于某一值的时候，进汞和退汞曲线之间的汞含量差异随着压力逐渐减小而越来越大，表明开孔数量逐渐增加，当孔径大于该值的时候，进汞和退汞曲线趋于平行，表明开孔数量不再增加。Ⅱ型：以样品YN-V-02、YN-V-04和YN-V-05为代表，当孔径小于100 nm和孔径在1000~2000 nm的时候，进汞和退汞曲线之间的汞含量差异随着压力逐渐减小而越来越大，表明这两段孔径范围内开孔数量逐渐增加；当孔径在100~1000 nm及>2 000 nm时，进汞和退汞曲线趋于平行，表明在这两段孔径范围内开孔数量不增加。Ⅲ型：以样品YN-I-02~YN-I-13及样品YN-V-06~YN-V-13为代表，该类型进汞-退汞曲线以滞后回线在全孔径范围内一直增大为特征，即开孔比例一直在增大。此外滞后回线较大，说明孔隙的连通性较好，且随着孔径的增大（压力减小），连通性一直在增大。Ⅳ型：以样品YN-V-06至样品YN-V-13为代表，该类型进汞-退汞曲线以滞后回线较小，局部孔径范围内二者接近重合为特征，表明孔隙以半封闭孔为主，连通性较差。且随着孔径的增大，进汞和退汞曲线一直未重合，即滞后回线一直在发生变化，说明开孔比例随着孔径的增大一直在变化。

镜质组样品的压汞-退汞曲线形态以Ⅰ型和Ⅲ型为主，Ⅱ型次之。惰质组样品压汞-退汞曲线形态以Ⅲ型为主，Ⅰ型次之。随着成熟度的增大，镜质组样品的滞后回线先减小，表明开孔比例逐渐减小，连通性逐渐变差。当$R_{o,ran}$>2.67%（样品YN-V-09）时，滞后回线随着成熟度的增大而有所增大，说明在高变质阶段镜质组样品的开孔比例又逐渐增大，连通性有所改善。惰质组样品的压汞-退汞曲线形态基本上为Ⅱ型，滞后回线变化不大。但样品YN-I-01在孔径>1000 nm后，进汞和退汞曲线之间的汞含量差异随着孔径的增大（压力减小）不再发生变化，相比其余惰质组样品在全孔径范围内滞后回线一直在增大，可以得出样品YN-I-01的开孔比例较小。因此在低变质阶段（$R_{o,ran}$≤0.75%），惰质组样品的开孔比例迅速增大，而后在中-高变质阶段滞后回线整体变化不大，孔隙连通性较为稳定。

二、基于压汞实验的孔隙结构演化特征

根据压汞实验得到的孔隙结构参数（表5-3），如孔隙度、进汞饱和度、退汞效率和排驱压力等可以对孔隙结构的分布特征进行分析。镜质组样品的孔隙度为7.861%~

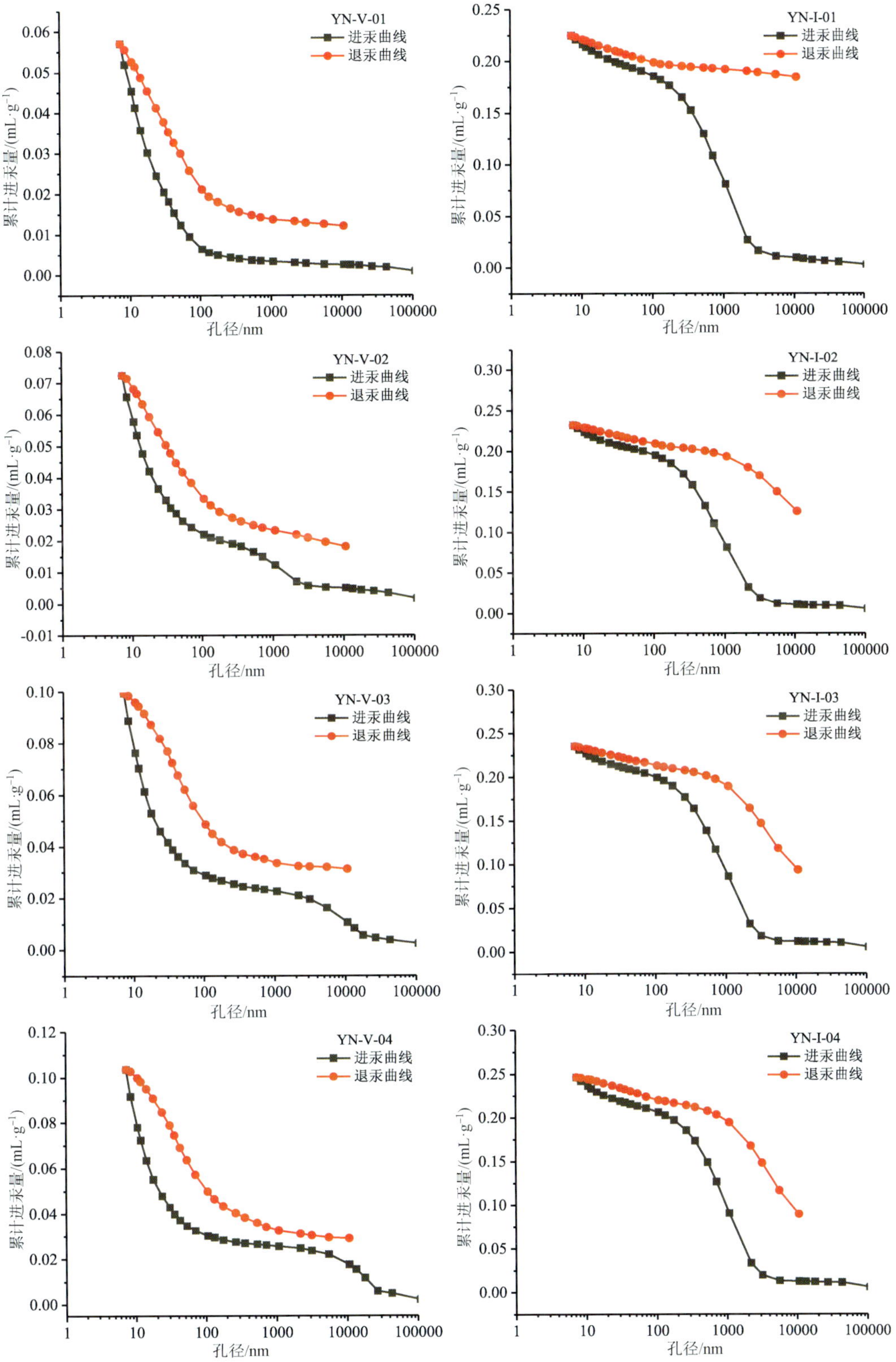

图 5-18　样品 YN-V-01 至样品 YN-V-04 和样品 YN-I-01 至样品 YN-I-04 的压汞-退汞曲线

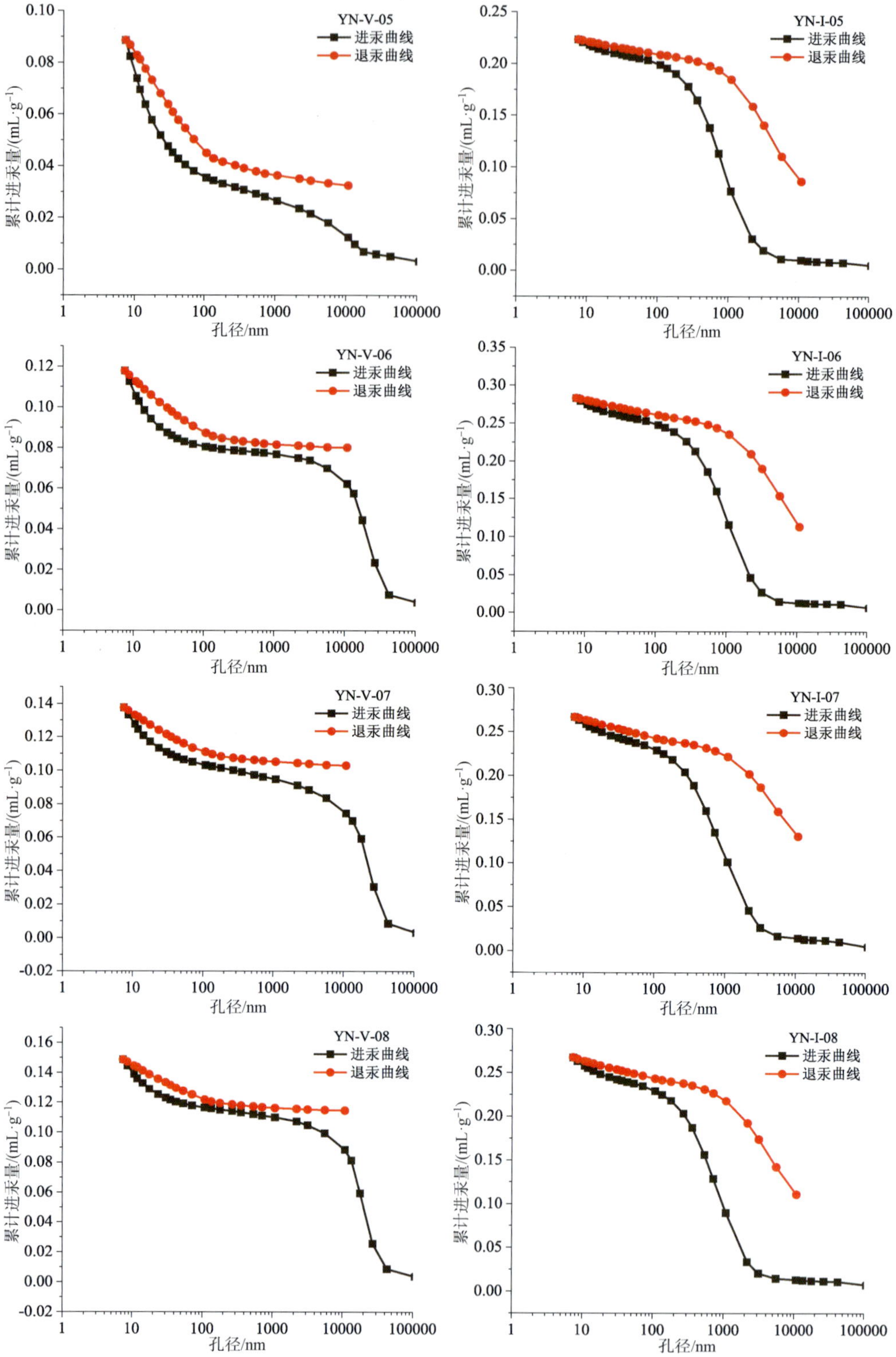

图 5-19　样品 YN-V-05 至样品 YN-V-08 和样品 YN-I-05 至样品 YN-I-08 的压汞-退汞曲线

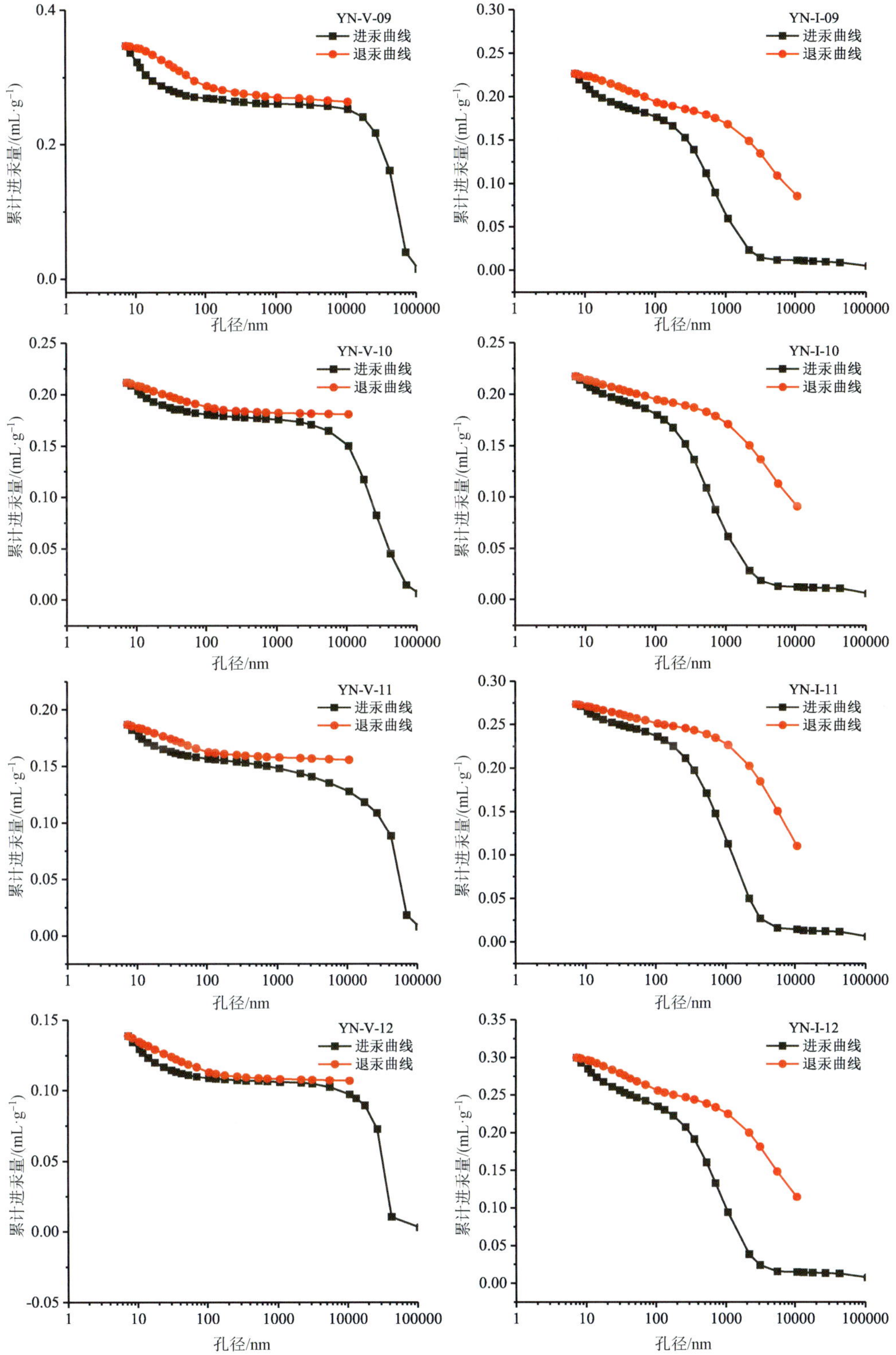

图 5-20　样品 YN-V-09 至样品 YN-V-12 和样品 YN-I-09 至样品 YN-I-12 的压汞-退汞曲线

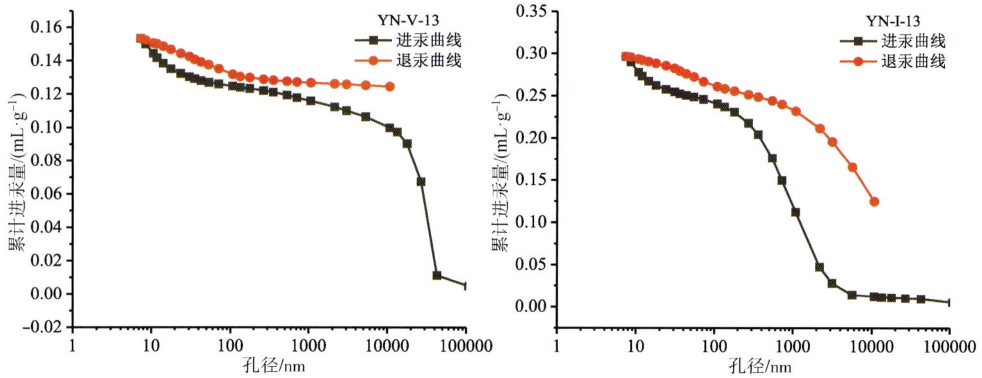

图 5-21　样品 YN-V-13 和样品 YN-I-13 的压汞-退汞曲线

25.943%，平均值为 15.40%，也具有阶段性演化特征。镜质组的孔隙度呈现先增大后减小的变化趋势，在 $R_{o,ran}$ = 0.35%～2.67%阶段内随着成熟度的增大，以 $R_{o,ran}$ = 0.90%为分界点，两个阶段的孔隙度演化速率递增；在 $R_{o,ran}$ = 3.03%～4.20%阶段内，孔隙度随着成熟度增大而减小。惰质组样品的孔隙度为 22.664%～32.841%，平均值为 26.68%，随着成熟度的增大，孔隙度先减小后增大，在 $R_{o,ran}$ = 0.35%～0.75%阶段内随着成熟度的增大，孔隙度减小；在 $R_{o,ran}$ = 0.90%～4.20%阶段内孔隙度随着成熟度的增大而增大，以 $R_{o,ran}$ = 2.07%为分界点，孔隙度的演化速率在两个阶段内递增［图 5-22（a）］。

表 5-3　热模拟镜质组和惰质组样品的压汞测试结果

样品编号	孔隙度/%	孔喉半径均值/nm	进汞饱和度/%	退汞效率/%	样品编号	孔隙度/%	孔喉半径均值/nm	进汞饱和度/%	退汞效率/%
YN-V-01	7.86	9	89.83	78.62	YN-I-01	27.29	336	97.23	17.81
YN-V-02	9.53	10	87.49	74.81	YN-I-02	22.66	324	96.06	45.88
YN-V-03	9.62	10	95.76	68.53	YN-I-03	23.61	354	97.59	60.13
YN-V-04	10.51	10	95.48	71.85	YN-I-04	25.30	364	97.23	63.72
YN-V-05	12.15	15	91.28	63.36	YN-I-05	24.95	349	94.77	61.38
YN-V-06	13.34	4813	92.62	31.96	YN-I-06	27.89	427	97.64	59.85
YN-V-07	16.55	6267	96.39	25.21	YN-I-07	27.62	351	95.45	51.00
YN-V-08	17.46	7077	97.19	22.95	YN-I-08	28.54	334	96.61	58.39
YN-V-09	25.94	18239	96.87	24.13	YN-I-09	25.28	385	94.45	62.20
YN-V-10	22.00	9703	95.17	14.53	YN-I-10	23.24	235	91.64	58.33
YN-V-11	20.89	17389	96.94	16.67	YN-I-11	25.28	370	93.13	59.78
YN-V-12	16.22	11889	94.09	23.02	YN-I-12	32.76	294	97.36	61.77
YN-V-13	18.18	10925	97.41	18.73	YN-I-13	32.84	354	96.52	57.83

镜质组样品的退汞效率演化趋势与孔隙度相反，在 $R_{o,ran}$ = 0.35%～2.67%阶段内随着成熟度的增大，退汞效率减小，在 $R_{o,ran}$ = 3.03%～4.20%阶段内则随着成熟度的增大而增大［图 5-22（b）］，说明镜质组的开孔比例和连通性先减小后增大，这也与压汞-退汞曲

线的滞后回线变化一致。惰质组样品的退汞效率在 $R_{o,ran}$ = 0.35% ~ 0.90%阶段内迅速由 17.81%增加到 63.72%，在 $R_{o,ran}$ = 1.20% ~ 4.20%阶段内则基本稳定在 60%左右，变化较小，与惰质组样品的滞后回线变化一致［图 5-22（b）］。

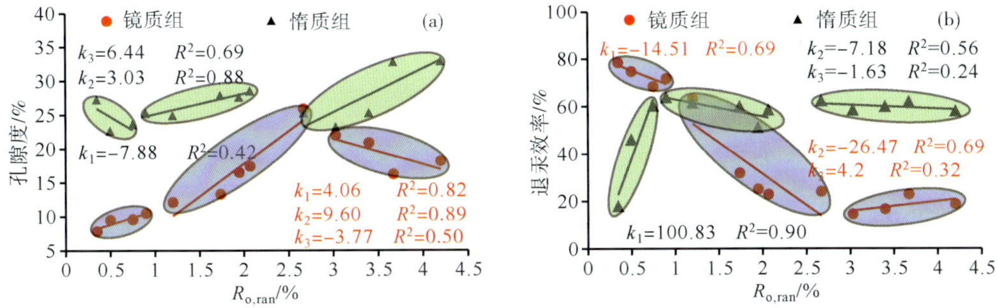

图 5-22 热模拟系列样品的孔隙度、退汞效率与 $R_{o,ran}$ 的关系

（a）镜质组和惰质组样品的孔隙度与 $R_{o,ran}$ 的关系；（b）镜质组和惰质组样品的退汞效率与 $R_{o,ran}$ 的关系

表 5-4 和表 5-5 为热模拟镜质组和惰质组样品的孔容及其分布情况，由于煤的可压缩性，当进汞压力>10 MPa 时，即孔径<140 nm 左右时，会导致煤基质压缩变形和孔隙结构的破坏，产生一定的误差，因此微-小孔（<100 nm）的压汞测试数据仅作为参考进行分析。

表 5-4 镜质组样品的压汞实验孔容及各孔径段孔容占比

样品编号	孔容/($cm^3 \cdot g^{-1}$)					孔容占比/%			
	V_t	V_1	V_2	V_3	V_4	V_1	V_2	V_3	V_4
YN-V-01	0.0571	0.0117	0.0389	0.0031	0.0034	20.48	68.21	5.38	5.93
YN-V-02	0.0726	0.0147	0.0358	0.0097	0.0124	20.25	49.28	13.43	17.05
YN-V-03	0.0996	0.0232	0.0474	0.0062	0.0227	23.33	47.66	6.21	22.80
YN-V-04	0.1037	0.0256	0.0478	0.0046	0.0256	24.69	46.10	4.48	24.73
YN-V-05	0.0886	0.0147	0.0385	0.0090	0.0264	16.58	43.48	10.15	29.80
YN-V-06	0.1178	0.0124	0.0249	0.0036	0.0769	10.54	21.14	3.07	65.24
YN-V-07	0.1376	0.0101	0.0244	0.0084	0.0947	7.36	17.71	6.08	68.85
YN-V-08	0.1486	0.0097	0.0226	0.0064	0.1099	6.54	15.18	4.31	73.96
YN-V-09	0.3466	0.0241	0.0541	0.0085	0.2600	6.95	15.61	2.44	75.00
YN-V-10	0.2115	0.0083	0.0228	0.0048	0.1756	3.91	10.78	2.28	83.03
YN-V-11	0.1867	0.0102	0.0200	0.0086	0.1479	5.47	10.72	4.59	79.21
YN-V-12	0.1386	0.0092	0.0208	0.0028	0.1058	6.62	15.03	2.02	76.33
YN-V-13	0.1535	0.0089	0.0197	0.0089	0.1160	5.82	12.82	5.79	75.57

注：V_t 表示总孔容；V_1 表示微孔（<10 nm）孔容；V_2 表示小孔（10 ~ 100 nm）孔容；V_3 表示中孔（100 ~ 1000 nm）孔容；V_4 表示大孔（>1000 nm）孔容。

表 5-5　惰质组样品的压汞实验孔容及各孔径段孔容占比

样品编号	孔容/($cm^3 \cdot g^{-1}$)					孔容占比/%			
	V_t	V_1	V_2	V_3	V_4	V_1	V_2	V_3	V_4
YN-I-01	0. 2251	0. 0084	0. 0310	0. 1045	0. 0811	3. 75	13. 77	46. 43	36. 05
YN-I-02	0. 2326	0. 0091	0. 0286	0. 1137	0. 0813	3. 90	12. 27	48. 86	34. 96
YN-I-03	0. 2356	0. 0083	0. 0275	0. 1133	0. 0865	3. 51	11. 67	48. 09	36. 73
YN-I-04	0. 2467	0. 0102	0. 0306	0. 1155	0. 0904	4. 12	12. 40	46. 83	36. 65
YN-I-05	0. 2235	0. 0052	0. 0194	0. 1222	0. 0767	2. 32	8. 67	54. 67	34. 34
YN-I-06	0. 2830	0. 0085	0. 0268	0. 1317	0. 1160	2. 99	9. 47	46. 54	41. 00
YN-I-07	0. 2669	0. 0086	0. 0297	0. 1273	0. 1012	3. 24	11. 11	47. 71	37. 94
YN-I-08	0. 2672	0. 0094	0. 0287	0. 1391	0. 0900	3. 54	10. 74	52. 04	33. 68
YN-I-09	0. 2265	0. 0139	0. 0367	0. 1164	0. 0594	6. 14	16. 22	51. 40	26. 24
YN-I-10	0. 2173	0. 0082	0. 0294	0. 1185	0. 0612	3. 78	13. 51	54. 53	28. 18
YN-I-11	0. 2734	0. 0086	0. 0291	0. 1234	0. 1123	3. 16	10. 63	45. 14	41. 07
YN-I-12	0. 2994	0. 0148	0. 0502	0. 1408	0. 0936	4. 96	16. 77	47. 02	31. 26
YN-I-13	0. 2968	0. 0187	0. 0373	0. 1284	0. 1124	6. 30	12. 56	43. 25	37. 88

注：V_t表示总孔容；V_1表示微孔（<10 nm）孔容；V_2表示小孔（10～100 nm）孔容；V_3表示中孔（100～1000 nm）孔容；V_4表示大孔（>1000 nm）孔容。

镜质组的总孔容为 0. 0571～0. 3466 cm^3/g，惰质组的总孔容为 0. 2251～0. 2968 cm^3/g，镜质组的总孔容变化较大，惰质组则变化平缓。镜质组样品的微孔、小孔、中孔和大孔的体积分别为 0. 083～0. 0256 cm^3/g、0. 0197～0. 0541 cm^3/g、0. 0028～0. 0097 cm^3/g 和 0. 0034～0. 26 cm^3/g，平均值分别为 0. 0141 cm^3/g、0. 0321 cm^3/g、0. 0065 cm^3/g 和0. 0906 cm^3/g，孔容占比平均值分别为 12. 20%、28. 75%、5. 40%和 53. 65%。从图 5-23 可以看出，镜质组样品的中孔变化规律不明显，大孔孔容则随成熟度的增大而增大，规律性强［图 5-23（a）］。大孔孔容则在第一、二演化阶段内，与 $R_{o,ran}$ 呈现较强的正相关性，相关系数为 0. 91～0. 97，其在第一、二阶段内随着成熟度的增大而呈现阶段跃变式地增大趋势，阶段演化速率较为一致；在第三阶段内，则线性减小［图 5-23（b）］。

惰质组样品的微孔、小孔、中孔和大孔的体积分别为 0. 0052～0. 0187 cm^3/g、0. 0194～0. 0502 cm^3/g、0. 1045～0. 1408 cm^3/g 和 0. 0594～0. 1160 cm^3/g，平均值分别为0. 0102 cm^3/g、0. 0311 cm^3/g、0. 1227 cm^3/g 和 0. 0894 cm^3/g，孔容占比平均值分别为 3. 98%、12. 29%、48. 65%和 35. 08%。从图 5-24 可以看出，惰质组样品的中-大孔孔容随成熟度的变化规律性较好。其中中孔孔容随成熟度增大而整体增大，第二阶段到第三阶段发生跃变式变化，3 个阶段演化速率较为一致［图 5-24（a）］；大孔孔容在 $R_{o,ran}$ = 0. 35%～0. 75% 内增大，相关性较好；在 $R_{o,ran}$ = 1. 20%～2. 07% 阶段内，随成熟度增大呈现减小的趋

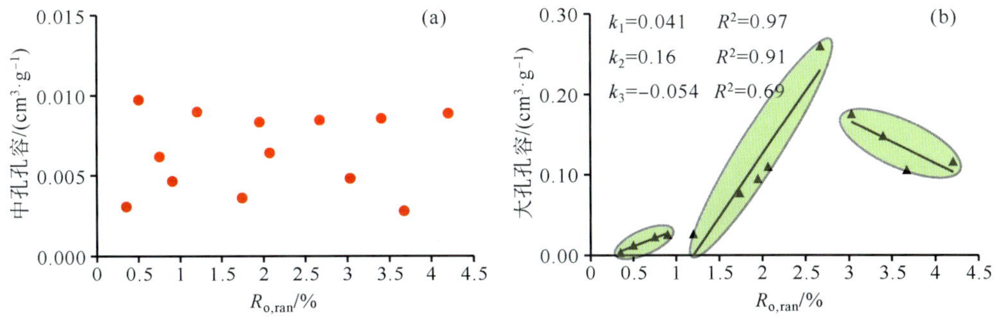

图 5-23 镜质组样品的中、大孔孔容与 $R_{o,ran}$ 的关系

（a）镜质组的中孔孔容与 $R_{o,ran}$ 的关系；（b）镜质组的大孔孔容与 $R_{o,ran}$ 的关系

势，但相关性差；在 $R_{o,ran}$ = 2.67%～4.20%阶段内，又随成熟度增大而增大，相关性又增强（图 5-24b）。

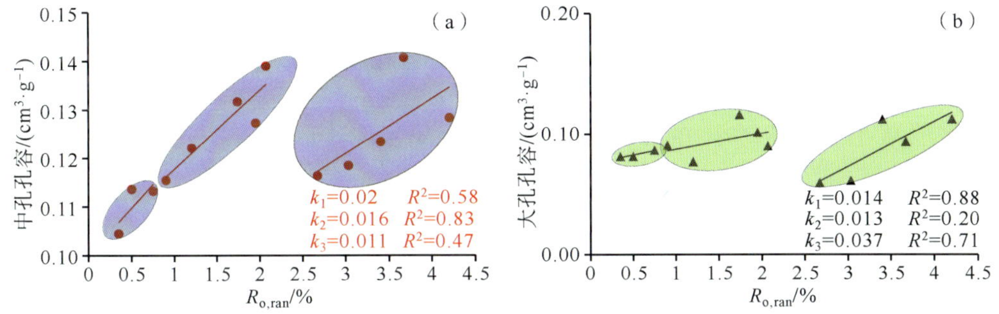

图 5-24 惰质组样品的中、大孔孔容与 $R_{o,ran}$ 的关系

（a）惰质组的中孔孔容与 $R_{o,ran}$ 的关系；（b）惰质组的大孔孔容与 $R_{o,ran}$ 的关系

综上所述，高压压汞测试结果显示，镜质组样品以大孔为主，小孔和微孔次之，中孔最少，惰质组样品则以中孔和大孔为主，小孔次之，微孔最少。

由图 5-25 可以看出，随着成熟度的增大，镜质组样品的微孔和小孔孔容占比呈现出阶段性演化的特征。在 $R_{o,ran}$ = 0.35%～0.90%阶段内，微孔孔容占比由 20.48%逐渐增大到 24.69%，在 $R_{o,ran}$ = 1.20%～2.67%阶段内，微孔孔容占比则逐渐由 16.58%减小到 6.95%，而后在 $R_{o,ran}$ = 3.03%～4.20%阶段内，随着成熟度的增大，微孔孔容占比又缓慢增大，基本保持在 5.0%左右；小孔孔容占比则在 $R_{o,ran}$ = 0.35%～2.67%阶段内，由 68.21%逐渐减小到 15.61%，而后在 $R_{o,ran}$ = 3.03%～4.20%阶段内，随着成熟度的增大，缓慢增大，但基本保持在 10%左右；中孔孔容占比变化则较小，整体先减小又增大，但规律性较弱，整体保持在 2.02%～13.43%，平均为 5.40%；大孔孔容及占比的变化趋势与小孔的恰好相反，在 $R_{o,ran}$ = 0.35%～2.67%阶段内，由 5.93%逐渐增大到 75%，而后在 $R_{o,ran}$ = 3.03%～4.20%阶段内，随着成熟度的增大，逐渐减小，基本保持在 80%左右。

由图 5-26 可以看出，随着成熟度的增大，惰质组样品的微孔、小孔、中孔及大孔孔容占比均呈现出阶段性演化特征。在 $R_{o,ran}$ = 0.35%～0.75%阶段内，微孔孔容占比由

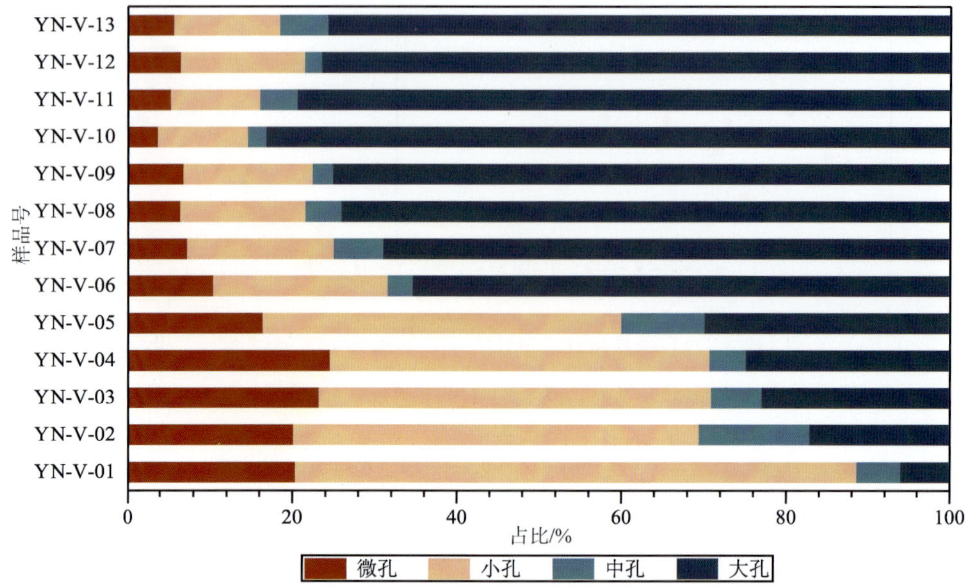

图 5-25 镜质组样品不同孔径段孔容分布

3.75%逐渐减小到 3.51%；在 $R_{o,ran}=0.90\%\sim4.20\%$ 阶段内，微孔孔容占比则逐渐由 2.32%增大到 3.54%；小孔孔容占比则在 $R_{o,ran}=0.35\%\sim0.90\%$ 阶段内，随着成熟度的增大，由 13.77%减小到 11.67%，而后在 $R_{o,ran}=1.20\%\sim2.07\%$ 阶段内，随着成熟度的增大，变化较小，基本稳定在 10%左右；随后在 $R_{o,ran}=2.67\%\sim4.20\%$ 阶段内，随着成熟度增大而整体减小；中孔和大孔孔容演化规律性较差，其中中孔孔容占比随着成熟度的增大整体呈现出先增大后减小的变化趋势，且相关性较差。

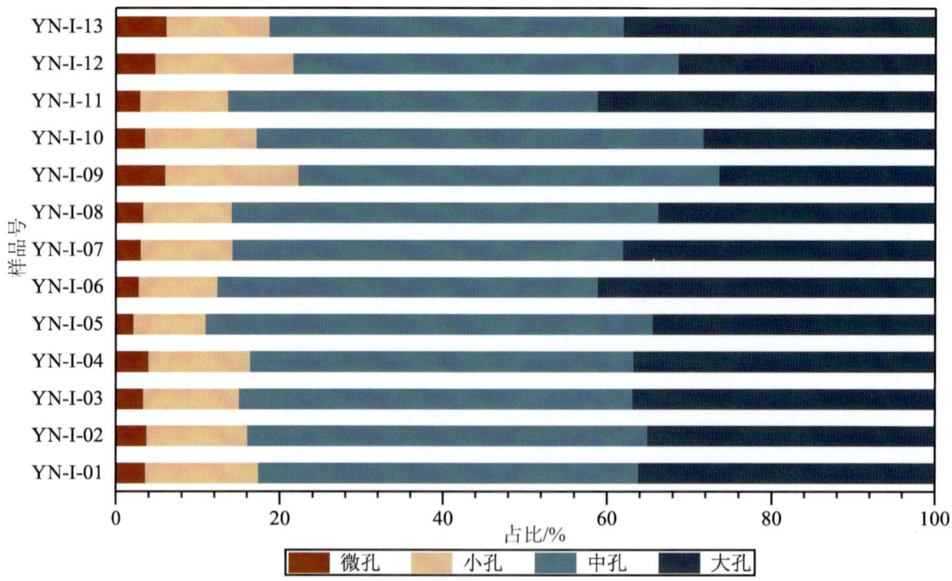

图 5-26 惰质组样品不同孔径段孔容分布

综上所述，随着成熟度的增大，镜质组样品的微孔占比先增大后减小最后再增大，小孔孔容占比则整体减小，大孔孔容占比逐渐增大，中孔变化不明显。惰质组样品的微孔孔容占比则先减小后增大，小孔孔容占比整体减小，中孔和大孔变化不明显。且在低变质阶段，镜质组的连通性大于惰质组，随着成熟度的增大，镜质组样品的连通性远小于惰质组。

第四节　孔隙分形特征

由本章第二节可知当相对压力较小（P/P_0<0.5）时，吸附曲线和脱附曲线重合，此时气体吸附主要发生在微孔，甲烷和煤样孔隙间的作用力为范德华力，而在相对压力较大（P/P_0>0.5）时，出现吸附滞后现象，此时气体分子的吸附行为主要是在毛细凝聚作用下发生。因此，液氮吸附脱附曲线在不同压力段反映了煤样的不同特性，也因此需要对液氮吸附曲线的数据进行分段考虑，分别计算相对压力 P/P_0<0.5 和 P/P_0>0.5 范围内的分形维数，来表征煤样不同孔径段孔隙的不同特性。

根据式（2-13）和式（2-14），作出低温氮气吸附体积与相对压力的双对数曲线，如图 5-27、图 5-28、图 5-30 和图 5-31 所示为根据低温液氮实验得到的吸附孔分形维数计算曲线。根据 Kelvin 方程计算可得，P/P_0为 0～0.5 阶段对应的孔径范围为 0.37～2.02 nm，其对应的分形维数为 D_1，因该阶段作用力主要为范德华力，吸附作用大小与煤的表面粗糙度有关，故 D_1代表的是表面分形维数；P/P_0为 0.5～1.0 阶段对应的孔径范围为 2.02～100 nm，其对应的分形维数为 D_2，此阶段内吸附作用大小受孔隙结构影响，因此 D_2代表孔隙结构分形维数。镜质组和惰质组样品的孔隙表面分形维数 D_1和 D_2如表 5-6 和表 5-7 所示。

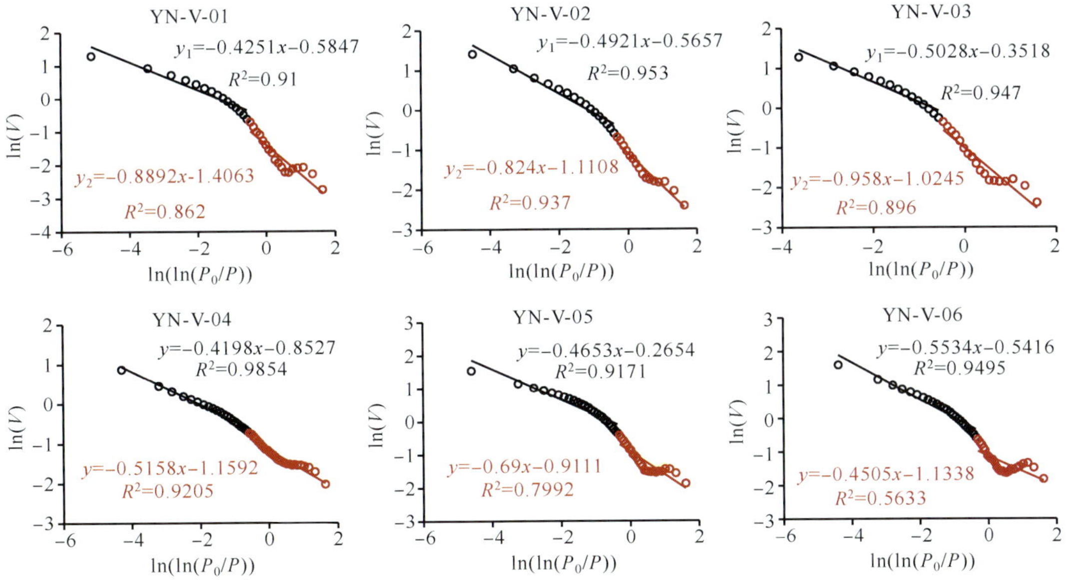

图 5-27　样品 YN-V-01 至样品 YN-V-06 的吸附量 V 与 P_0/P 的对数曲线图

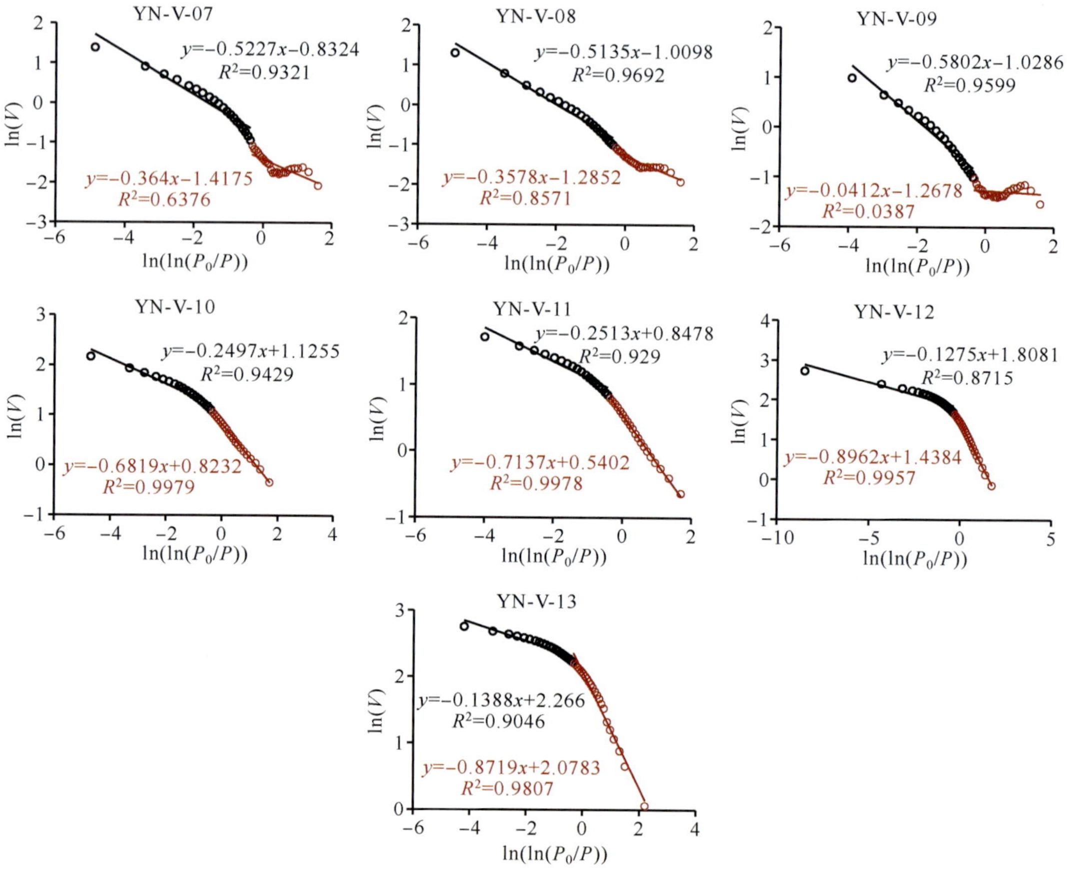

图 5-28 样品 YN-V-07 至样品 YN-V-13 的吸附量 V 与 P_0/P 的对数曲线图

表 5-6 镜质组样品全孔径段孔隙分形维数计算结果

样品编号	0~2.02 nm（低温液氮）			2.02~100 nm（低温液氮）			100~10000 nm（压汞）	
	A_1	R_1^2	$D_1=3+A_1$	A_2	R_2^2	$D_2=3+A_2$	$D_t=A$	R_2^2
YN-V-01	-0.8892	0.8622	2.111	-0.4251	0.919	2.575	2.836	0.996
YN-V-02	-0.824	0.9368	2.176	-0.4921	0.9525	2.508	2.880	0.997
YN-V-03	-0.958	0.8959	2.042	-0.5028	0.9471	2.497	2.723	0.999
YN-V-04	-0.5158	0.9205	2.484	-0.4198	0.9854	2.580	2.613	0.998
YN-V-05	-0.69	0.7992	2.310	-0.4653	0.9171	2.535	2.755	0.999
YN-V-06	-0.4505	0.5633	2.550	-0.5534	0.9495	2.447	2.434	0.998
YN-V-07	-0.364	0.6376	2.636	-0.5227	0.9321	2.477	2.549	0.998
YN-V-08	-0.3478	0.8571	2.652	-0.5135	0.9692	2.487	2.509	0.997
YN-V-09	-0.0412	0.0387	2.959	-0.5802	0.9599	2.420	2.392	0.997
YN-V-10	-0.2497	0.9429	2.750	-0.6819	0.9979	2.318	2.413	0.998
YN-V-11	-0.2513	0.929	2.749	-0.7137	0.9978	2.286	2.506	0.999

续表

样品编号	0~2.02 nm（低温液氮）			2.02~100 nm（低温液氮）			100~10000 nm（压汞）	
	A_1	R_1^2	$D_1=3+A_1$	A_2	R_2^2	$D_2=3+A_2$	$D_t=A$	R_2^2
YN-V-12	-0.1275	0.8715	2.873	-0.8962	0.9957	2.104	2.389	0.996
YN-V-13	-0.1388	0.9046	2.861	-0.8719	0.9807	2.128	2.689	0.969

注：D_t 表示渗流孔（>100 nm）的分形维数。

表 5-7　惰质组样品全孔径段孔隙分形维数计算结果

样品编号	0~2.02 nm（低温液氮）			2.02~100 nm（低温液氮）			100~210901 nm（压汞）	
	A_1	R_1^2	$D_1=3+A_1$	A_2	R_2^2	$D_2=3+A_2$	$D_{t2}=A$	R_2^2
YN-I-01	-0.4552	0.8901	2.545	-0.3215	0.8745	2.679	2.964	0.9968
YN-I-02	-0.4934	0.847	2.507	-0.4422	0.9614	2.558	2.961	0.9967
YN-I-03	-0.6523	0.9592	2.348	-0.465	0.9727	2.535	2.957	0.996
YN-I-04	-0.6626	0.9467	2.337	-0.44	0.9593	2.560	2.992	0.996
YN-I-05	-0.423	0.9214	2.577	-0.377	0.9411	2.623	2.956	0.9971
YN-I-06	-0.6309	0.944	2.369	-0.4469	0.9688	2.553	2.912	0.9976
YN-I-07	-0.4666	0.9652	2.533	-0.4824	0.9947	2.518	2.921	0.9979
YN-I-08	-0.4178	0.963	2.582	-0.4732	0.9984	2.527	2.959	0.9965
YN-I-09	-0.3413	0.9626	2.659	-0.4256	0.9987	2.574	2.963	0.9966
YN-I-10	-0.4118	0.9683	2.588	-0.423	0.9967	2.577	2.976	0.9965
YN-I-11	-0.5616	0.9974	2.438	-0.2839	0.9948	2.716	2.936	0.997
YN-I-12	-0.7009	0.9985	2.299	-0.1962	0.9217	2.804	2.963	0.9962
YN-I-13	-0.8433	0.9971	2.157	-0.1601	0.9031	2.840	3.042	0.9915

根据分形几何理论，多孔材料在欧氏空间中的分形维数（D）应在 2.0~3.0 之间。由表 5-6可知，镜质组样品 0.37~2.02 nm 范围内的分形维数 D_1 为 2.042~2.959，2.02~100 nm 孔径范围内的分形维数 D_2 为 2.104~2.580；由表 5-7 可知，对应的惰质组样品在 0.37~2.02 nm和 2.02~100 nm 孔径范围内的分形维数 D_1 和 D_2 分别为 2.157~2.659 和 2.518~2.840。随着成熟度的增大，镜质组样品的表面分形维数 D_1 增大，结构分形维数 D_2 则减小，说明镜质组的表面粗糙程度逐渐增大，但结构复杂程度则减小（图 5-29）；惰质组样品的表面分形维数和结构分形维数变化趋势与镜质组不同，D_1 先减小再增大最后减小，呈现“N”形变化趋势，说明惰质组的表面粗糙度先减小再增大最后又减小，D_2 则随着成熟度增大以先减小再增大的趋势发生变化，说明其结构复杂程度也相应发生着先减小再增大的变化（图 5-32）。而且，当 $R_{o,ran}$>1.20%时，镜质组样品的表面分形维数均大于惰质组，反之当 $R_{o,ran}$≤1.20%时，惰质组样品大于镜质组，表明在较低煤阶时，惰质组的表面与同一煤阶的镜质组相比更为粗糙，在中-高煤阶则反之；惰质组样品的结构分形维数则在煤阶变化时，

均一直大于镜质组样品的，表明对于惰质组而言，其孔隙结构与同一煤阶的镜质组相比较为复杂。

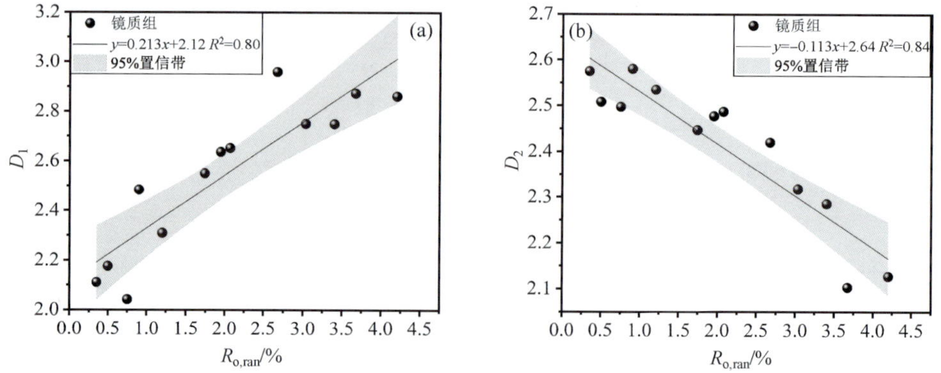

图 5-29 镜质组样品的分形维数与 $R_{o,ran}$ 的关系

（a）镜质组样品的表面分形维数 D_1 与 $R_{o,ran}$ 的关系；（b）镜质组样品的结构分形维数 D_2 与 $R_{o,ran}$ 的关系

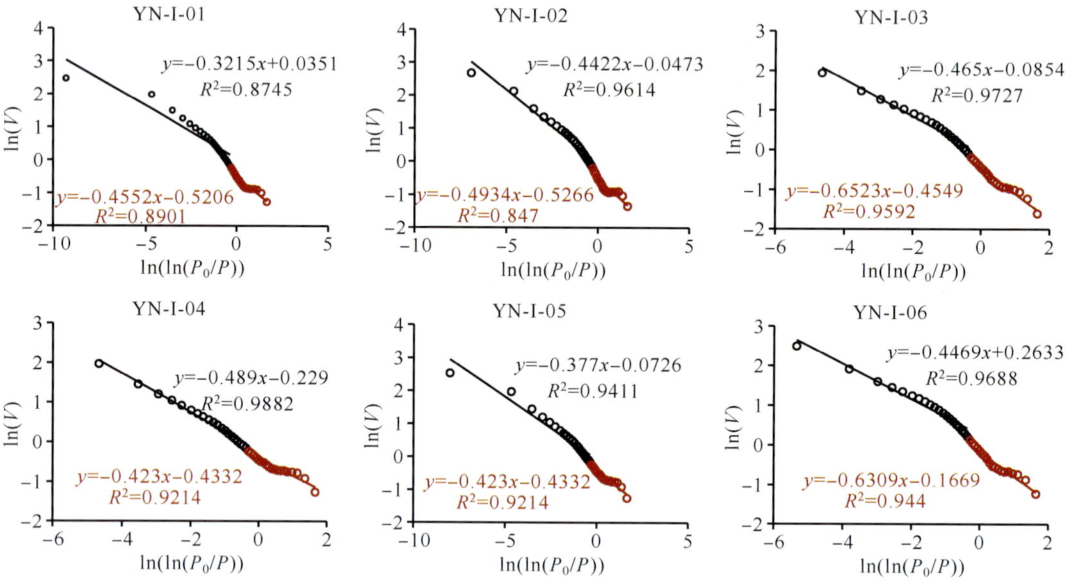

图 5-30 样品 YN-I-01 至样品 YN-I-06 的吸附量 V 与 P_0/P 的对数曲线图

如图 5-33、图 5-34、图 5-36 和图 5-38 所示为根据压汞实验数据及公式（2-15）—公式（2-19）所得的 $\ln(W_n/r_n^2)-\ln(V_n^{1/3}/r_n)$ 关系曲线，据此获得的分形维数及相关系数如表 5-6 和表 5-7 所示。可以看出，煤样的热力学曲线均显示出较好的相关性，相关系数均大于 0.96。镜质组样品的渗流孔的结构分形维数为 2.389~2.880，平均值为 2.592；惰质组样品渗流孔的结构分形维数为 2.912~3.042，平均值为 2.962。根据分形几何理论，多孔材料在欧氏空间中的分形维数（D）应在 2.0~3.0 之间。样品YN-I-13渗流孔的分形维数大于 3，说明该样品在该孔径段内的孔隙不具有分形特征。

随着成熟度的增大，两组热模拟序列的显微组分样品的结构分形维数 D_t 整体上均表现出先减小再增大的变化趋势，说明显微组分渗流孔的孔隙结构复杂程度随着成熟度增大

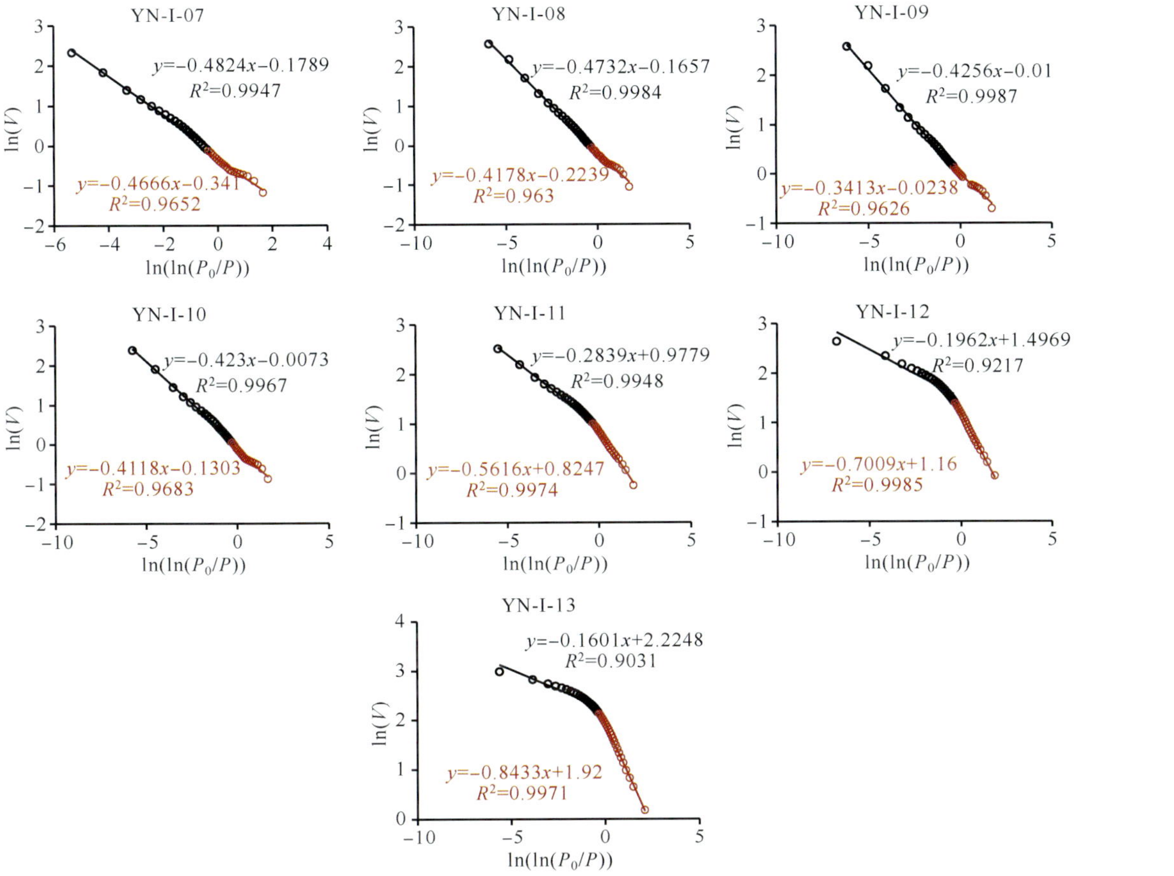

图 5-31　样品 YN-I-07 至样品 YN-I-13 的吸附量 V 与 P_0/P 的对数曲线图

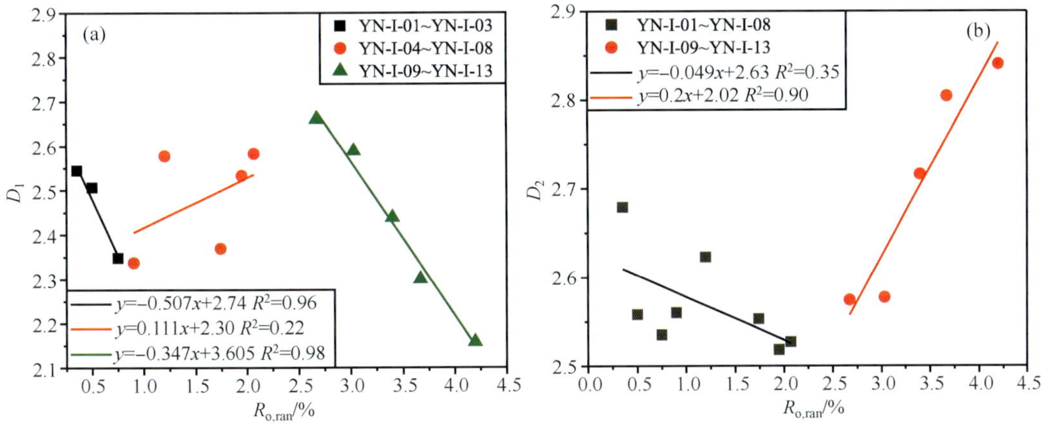

图 5-32　惰质组样品的分形维数与 $R_{o,ran}$ 的关系

（a）惰质组样品的表面分形维数 D_1 与 $R_{o,ran}$ 的关系；（b）惰质组样品的结构分形维数 D_2 与 $R_{o,ran}$ 的关系

先减小再增大（图 5-35，图 5-37）。此外，与同一煤阶的镜质组相比，惰质组样品的分形维数 D_t 更大，说明惰质组样品在 100~10000 nm 孔径段内的孔隙（中-大孔）的结构复杂程度大于镜质组样品。

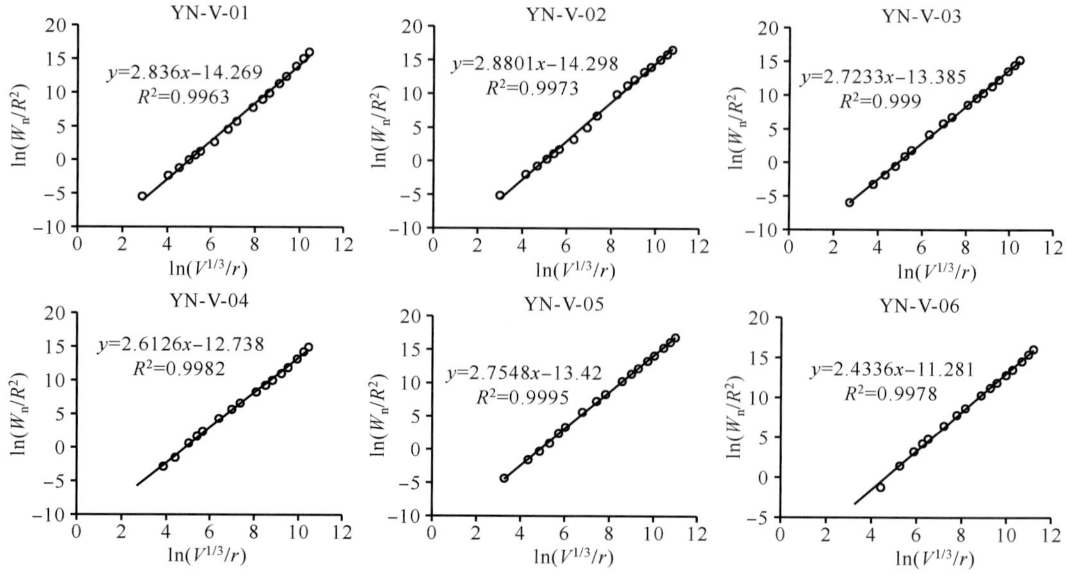

图 5-33　样品 YN-V-01 至样品 YN-V-06 的 ln(W_n/r^2) 与 ln($V_n^{1/3}/r$) 的关系图（压汞）

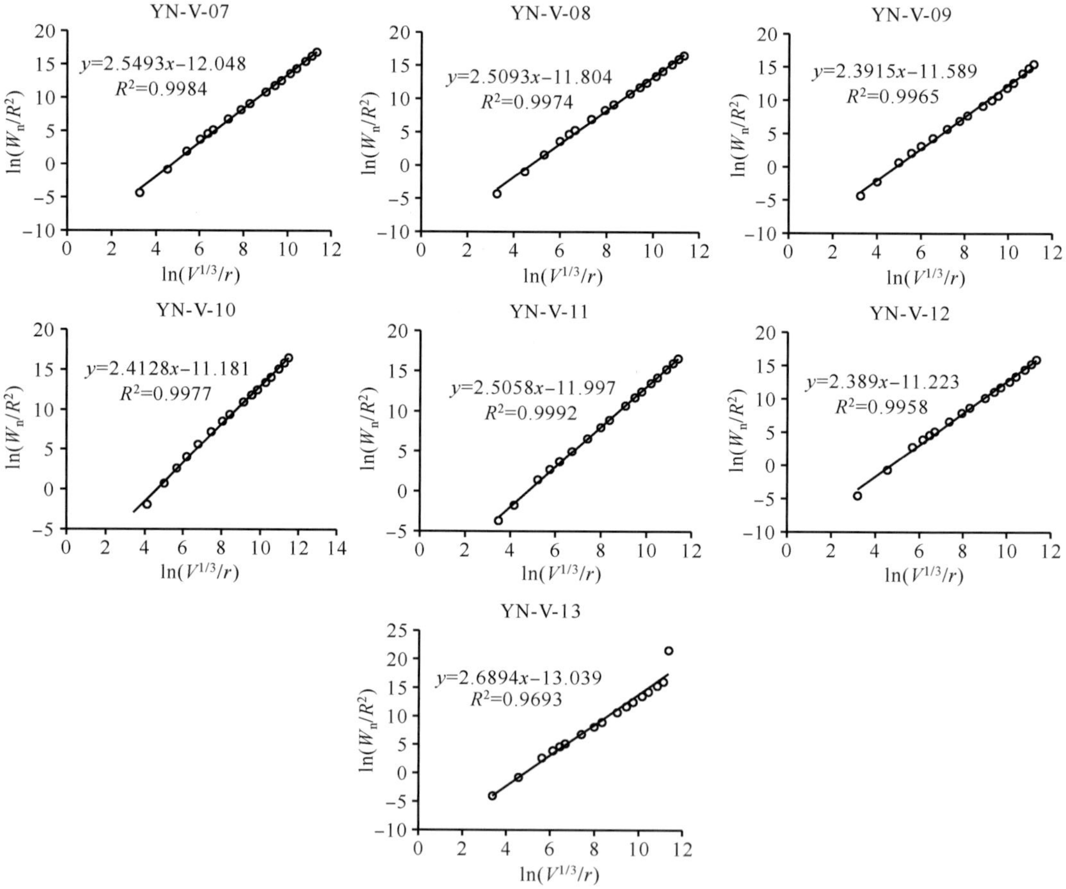

图 5-34　样品 YN-V-07 至样品 YN-V-13 的 ln(W_n/r^2) 与 ln($V_n^{1/3}/r$) 的关系（压汞）

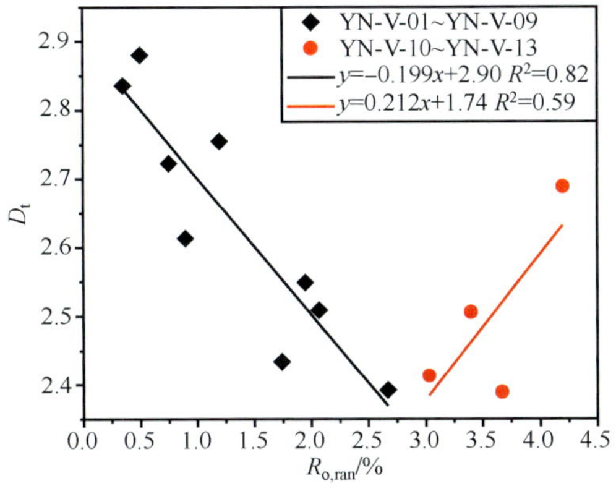

图 5-35　镜质组样品的渗流孔结构分形维数 D_t 与 $R_{o,ran}$ 的关系

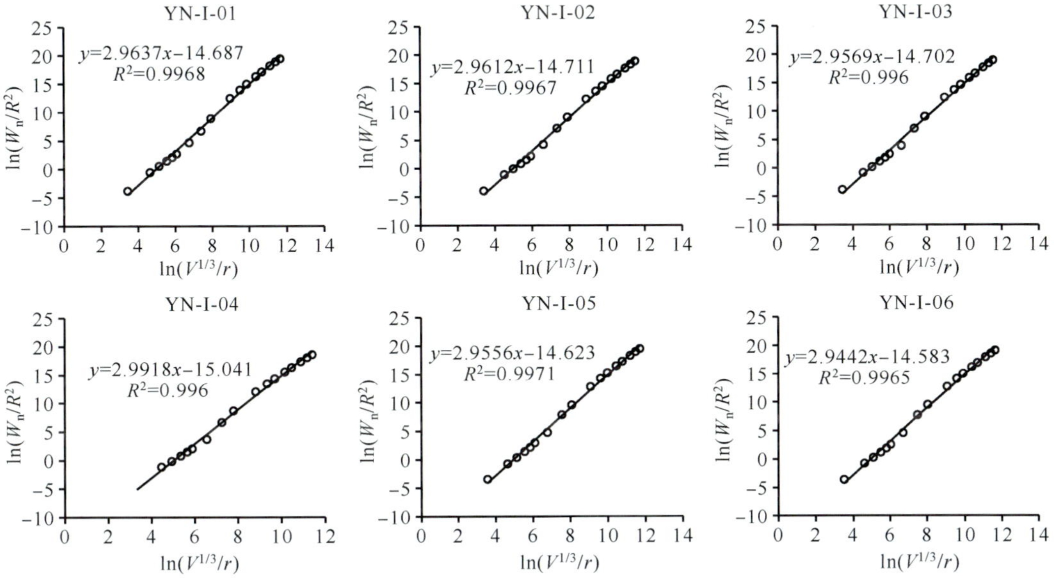

图 5-36　样品 YN-I-01 至样品 YN-I-06 的 $\ln(W_n/r^2)$ 与 $\ln(V_n^{1/3}/r)$ 的关系图（压汞）

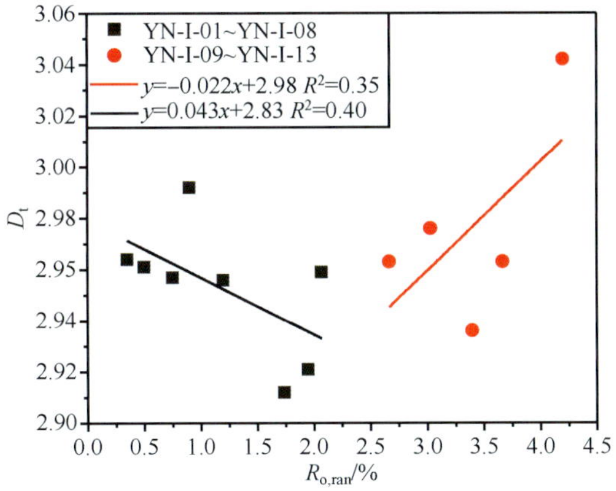

图 5-37　惰质组样品的渗流孔结构分形维数 D_t 与 $R_{o,ran}$ 的关系

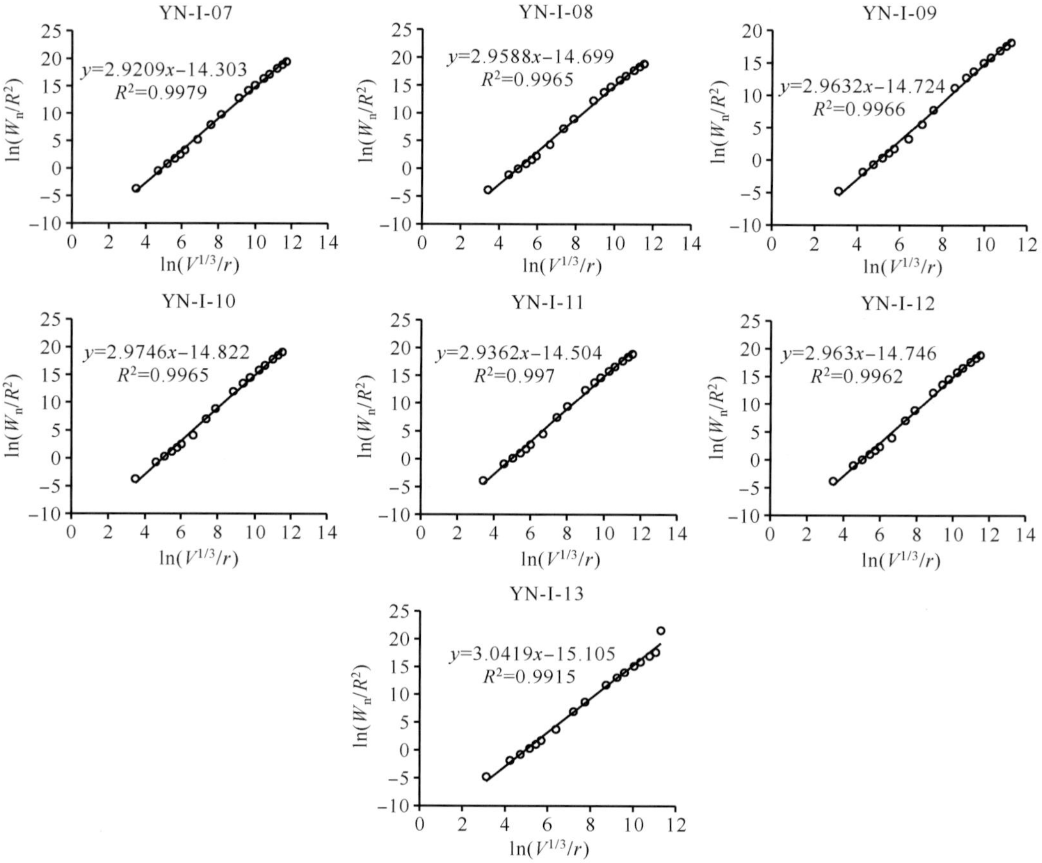

图 5-38 样品 YN-I-07 至样品 YN-I-13 的 $\ln(W_n/r^2)$ 与 $\ln(V_n^{1/3}/r)$ 的关系图（压汞）

第五节 镜质组和惰质组孔隙结构演化差异及机理

一、镜质组和惰质组孔隙结构演化及差异

通过 CO_2吸附、N_2吸附和压汞及扫描电镜等测试方法，联合探讨了镜质组和惰质组样品不同尺度的孔隙结构的演化差异。据前述分析可知，两种显微组分的孔隙结构具备阶段性演化特征，但二者的演化阶段拐点不同，演化速率也存在差异。综合各孔隙结构参数的演化特征，本次研究将镜质组在热模拟过程中的孔隙结构演化划分为 3 个阶段，分界拐点为 $R_{o,ran}=0.90\%$ 和 $R_{o,ran}=2.67\%$；将惰质组的孔隙结构演化同样划分为 3 个阶段，分界拐点为 $R_{o,ran}=0.75\%$ 和 $R_{o,ran}=2.07\%$。

根据本章第一节至第三节汇总得到 CO_2、N_2吸附及高压压汞测试联合表征的镜质组和惰质组样品的 3 nm～10 μm 的孔隙的孔容数据，如表 5-8 和表 5-9 所示。图 5-39 为镜质组与惰质组样品不同孔径段的孔容与 $R_{o,ran}$ 的关系，可以看出，随着成熟度的增大，在第一阶段内，镜质组样品的超微孔（<2 nm）孔容减小，微孔（2～10 nm）孔容则增大，

表 5-8　CO_2、N_2吸附及压汞联合表征的孔隙孔容

样品编号	孔容/($cm^3 \cdot g^{-1}$)						孔容占比（压汞）/%			
	V_t(压汞)	V_{11}（CO_2）	V_{12}（N_2）	V_2（N_2）	V_3（压汞）	V_4（压汞）	V_1	V_2	V_3	V_4
YN-V-01	0.0571	0.061	0.0024	0.0027	0.0031	0.0034	20.48	68.21	5.38	5.93
YN-V-02	0.0726	0.048	0.0023	0.0044	0.0097	0.0124	20.25	49.28	13.43	17.05
YN-V-03	0.0996	0.056	0.0034	0.0039	0.0062	0.0227	23.33	47.66	6.21	22.80
YN-V-04	0.1037	0.049	0.0026	0.0043	0.0046	0.0256	24.69	46.10	4.48	24.73
YN-V-05	0.0886	0.078	0.0036	0.0058	0.0090	0.0264	16.58	43.48	10.15	29.80
YN-V-06	0.1178	0.088	0.0032	0.0057	0.0036	0.0769	10.54	21.14	3.07	65.24
YN-V-07	0.1376	0.087	0.002	0.0037	0.0084	0.0947	7.36	17.71	6.08	68.85
YN-V-08	0.1486	0.091	0.0014	0.0037	0.0064	0.1099	6.54	15.18	4.31	73.96
YN-V-09	0.3466	0.091	0.0021	0.0031	0.0085	0.2600	6.95	15.61	2.44	75.00
YN-V-10	0.2115	0.098	0.0062	0.0055	0.0048	0.1756	3.91	10.78	2.28	83.03
YN-V-11	0.1867	0.103	0.0071	0.0054	0.0086	0.1479	5.47	10.72	4.59	79.21
YN-V-12	0.1386	0.109	0.0092	0.005	0.0028	0.1058	6.62	15.03	2.02	76.33
YN-V-13	0.1535	0.111	0.0123	0.0049	0.0089	0.1160	5.82	12.82	5.79	75.57

注：V_t表示总孔容；V_{11}表示超微孔（<2 nm）；V_{12}表示微孔（2~10 nm）；V_2表示小孔（10~100 nm）；V_3表示中孔（100~1000 nm）；V_4表示大孔（1000~10000 mn）。

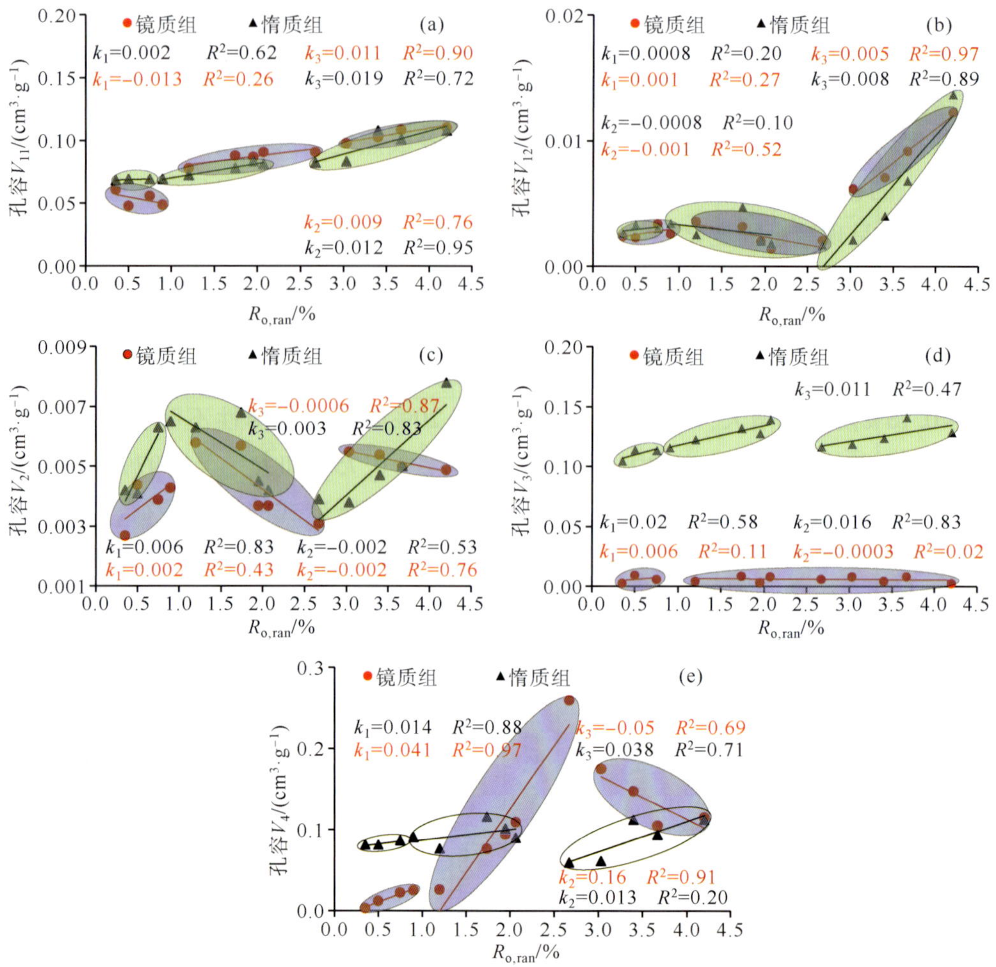

图 5-40 镜质组与惰质组样品不同孔径段的孔容（CO_2、N_2及压汞实验）与 $R_{o,ran}$ 的关系

最小。其中镜质组的微孔孔容占比先增大再减小最后再增大，惰质组的微孔孔容占比则先减小再增大。除却阶段划分拐点不同外，镜质组的变化更大，且在第二、三阶段内镜质组样品的演化规律更明显，惰质组则较差［图 5-41（a)］。镜质组的小孔孔容占比随着成熟度增大而呈现出先减小再略微增大的变化趋势，在第一、二阶段内发生较快速地线性变化，由 68.21%减小至 15.61%，而后在第三阶段内基本保持在 12%左右；惰质组的小孔孔容占比则一直随着成熟度增大而减小，但整体变化较小，基本保持在 12%左右。同样在第二、三阶段内，镜质组样品的小孔孔容占比演化规律更明显，惰质组的小孔孔容占比则与 $R_{o,ran}$ 相关性较差［图 5-41（b)］。镜质组样品的中孔占比整体上以 $R_{o,ran}$ = 2.67%为分界点，随着成熟度增大而先减小后增大；惰质组样品的中孔占比整体上以 $R_{o,ran}$ = 2.07%为分界点，随着成熟度增大而呈现出先增大后减小的变化趋势，与镜质组的变化相反［图 5-42（a)］。镜质组样品的大孔占比在第一、二阶段内随着成熟度增大而增大，在第三阶段内减小，惰质组样品整体上呈现出与之相同的变化趋势，但整体变化小，基本保持在 35%左右，且规律性相比镜质组较差［图 5-42（b)］。

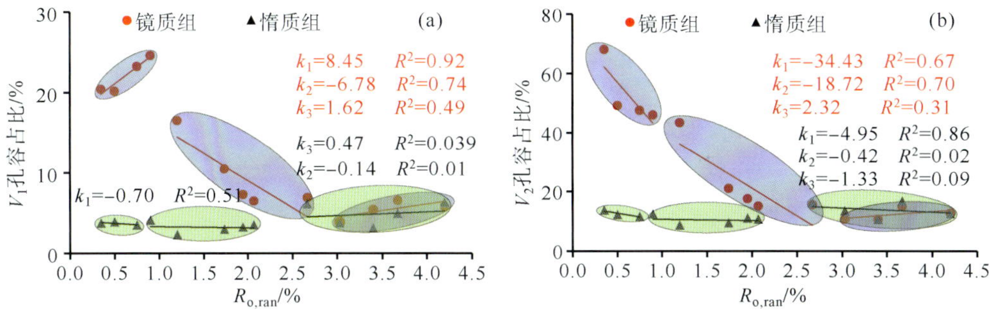

图 5-41　热模拟系列样品微孔、小孔孔容与 $R_{o,ran}$ 的关系

（a）镜质组和惰质组样品微孔孔容占比与 $R_{o,ran}$ 的关系（压汞）；

（b）镜质组和惰质组样品小孔孔容占比与 $R_{o,ran}$ 的关系（压汞）

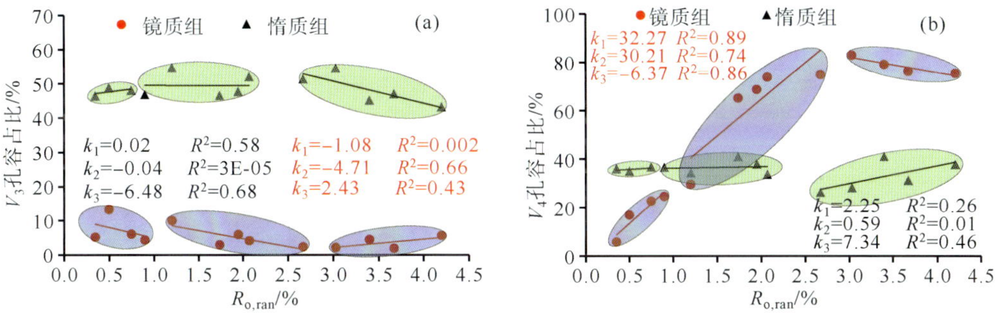

图 5-42　热模拟系列样品中孔、大孔孔容占比与 $R_{o,ran}$ 的关系

（a）镜质组和惰质组样品中孔孔容占比与 $R_{o,ran}$ 的关系（压汞）；

（b）镜质组和惰质组样品大孔孔容占比与 $R_{o,ran}$ 的关系（压汞）

退汞效率在一定程度上可以反映煤样的连通性。镜质组样品的退汞效率在热模拟过程中先减小再增大，其中第一、二阶段内（$R_{o,ran}$ = 0.35% ~ 2.67%）以 $R_{o,ran}$ = 0.90% 为拐点，均随着成熟度增大而减小，演化速率略有差异，在第三阶段随着成熟度增大而略微增大；惰质组样品的退汞效率则在 $R_{o,ran}$ = 0.35% ~ 0.75% 阶段内先线性增大，再在 $R_{o,ran}$ = 0.90% ~ 4.20% 阶段内略微减小［图 5-22（b）］。

二、微孔结构演化机理及模式

（一）基于分子模拟的微孔演化机理

基于前人研究可知，煤的大分子结构三维模型变成可达 10nm 以上（Mathews et al., 2012），且大分子结构内部可形成一定量的微孔，可吸附甲烷等气体（Bousige et al., 2016；Wang et al., 2021）。因此，本节基于分子动力学理论和量子力学理论，结合分子模拟方法，对不同成熟度的镜质组和惰质组样品进行微孔模拟，拟从大分子结构的角度分析微孔形成及演化的机理。以本书第三章第二节所建立的煤的单分子为基础，使用 Materials Studio 软件的 Amorphous Cell 模块构建无定型晶胞，每种煤一共输出 10 个构型，从中选取能量最低的构型作为微孔模拟和后续吸附模拟模型的初始构型。8 种煤对应吸附模型的初始构型如图 5-43 至图 5-46 所示。再依次对每个初始构型进行几何优化、退火、分子动力学和密度模拟，获得平衡构型，然后对平衡构型进行微孔模拟计算，若微孔体积的计算值与实验值不符，则调整第三章的煤单分子模型，并再次构建得到三维初始构型，重复上述步骤，以此类推，直到得到的构型的微孔体积与实验测试值较为吻合为止，并以此时的模型作为最终的吸附模型，用于后续的 CH_4吸附模拟。

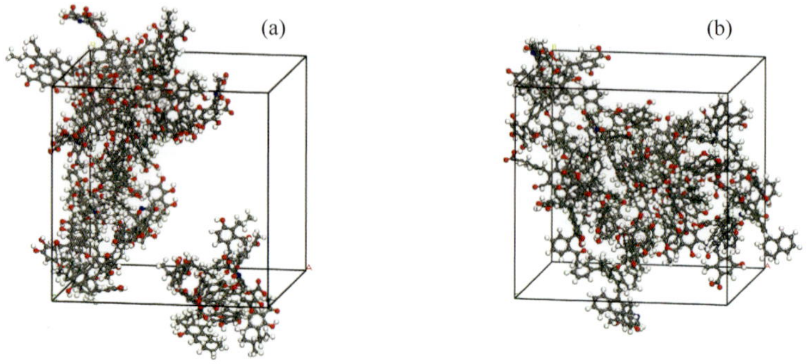

图 5-43　镜质组样品的初始吸附构型

（a）样品 YN-V-01 的初始吸附构型；（b）样品 YN-V-05 的初始吸附构型

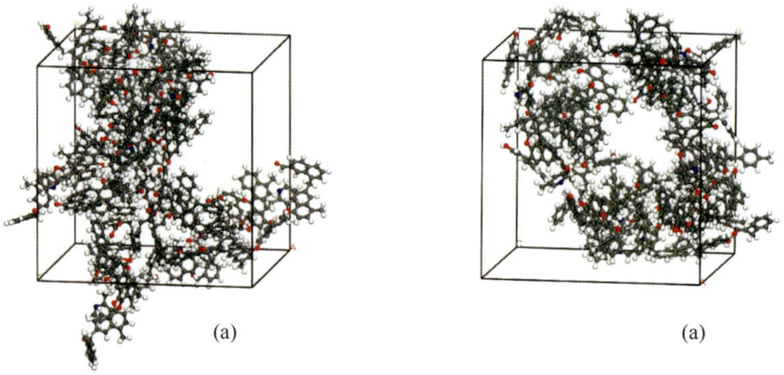

图 5-44　镜质组样品的初始吸附构型

（a）样品 YN-V-10 的初始吸附构型；（b）样品 YN-V-13 的初始吸附构型

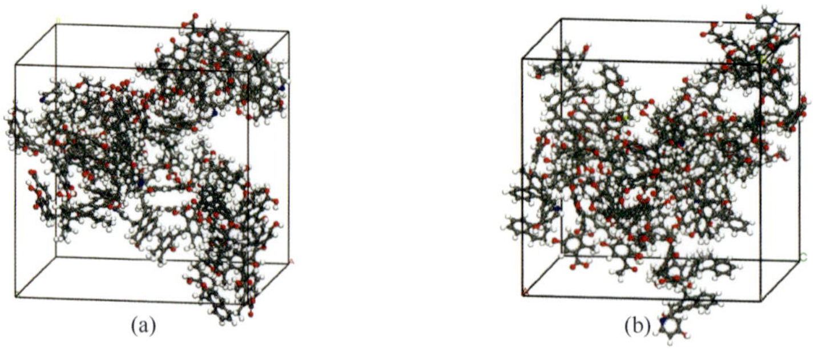

图 5-45　惰质组样品的初始吸附构型

（a）样品 YN-I-01 的初始吸附构型；（b）样品 YN-I-04 的初始吸附构型

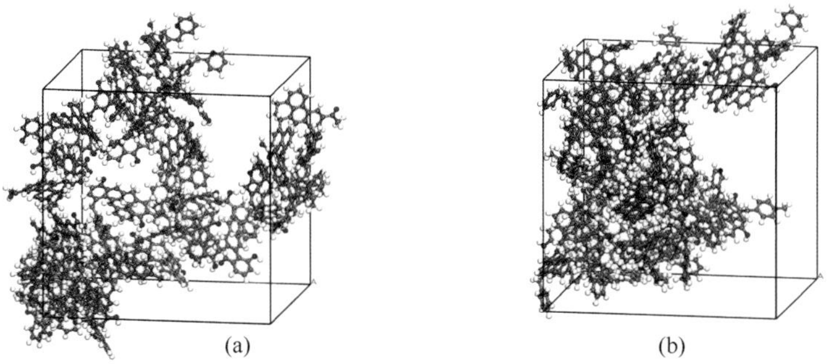

图 5-46　惰质组样品的初始吸附构型

（a）样品 YN-I-09 的初始吸附构型；（b）样品 YN-I-13 的初始吸附构型

1. 能量计算相关参数

几何优化、退火和分子动力学模拟主要使用 Forcite 模块来进行，这些计算中都涉及能量计算相关参数的设置，本书设置的参数如下：力场计算选择 COMPASS II，电荷计算方式设置为 Forcefield assigned，范德华力的计算方法为 Atom based，范德华力计算截断半径为 12.5 Å，静电力计算方法选择 Ewald，静电力的计算精度为 1×10^{-3} kcal/mol。

2. 几何优化的参数设置

几何优化时，具体参数设置如表 5-10 所示。

表 5-10　Forcite 模块进行几何优化采用的计算参数

参数	具体设定或参数值
最优化算法	SMART（最陡下降法+调整基组的牛顿·拉夫逊法-拟牛顿法）
几何优化能量收敛精度/(kcal·mol^{-1})	1×10^{-3}
几何优化最大力收敛精度/(kcal·mol^{-1}·$Å^{-1}$)	0.5
几何优化最大迭代次数	10000

以样品 YN-I-01 为例，其几何优化过程中能量的变化曲线如图 5-47 所示，可以看出经过几何优化后，煤分子结构的能量大幅度降低，说明结构变得更加稳定。

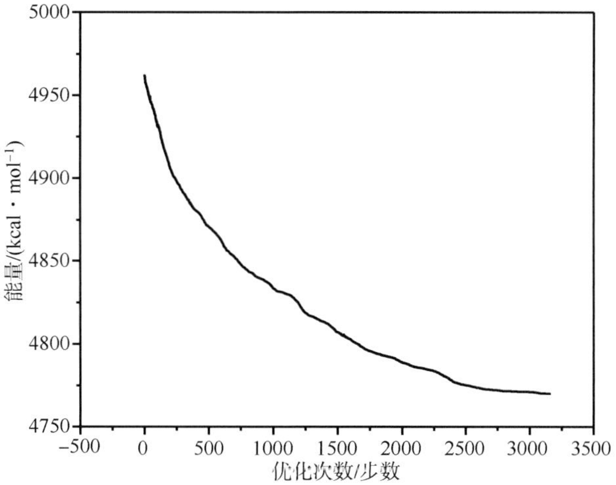

图 5-47　样品 YN-I-01 样品几何优化过程中能量的变化曲线

3. 退火模拟的参数设置

退火模拟，是对模型从低温逐渐升温到高温，再从高温逐渐降温到低温的处理过程，在此过程中，模型中的分子可通过充分的热运动达到能量更低的构型。退火模拟可消除模型中不合理的构型，使得模型的状态更符合实际。使用 Forcite 模块对模型进行退火模拟时，具体参数设置：从 303 K 经过 6 个升温间隔升温至 1503 K，再从 1503 K 经过 6 个降温间隔降温至 303 K，升（降）温的间隔均为 200 K，每个温度上的分子动力学模拟采用 NPT 系综，时间步长为 1 fs，初始速度设置为满足麦克斯韦-玻尔兹曼分布，恒温器采用 Andersen，压力设置为 1 个大气压（0.1 MPa），恒压器采用 Berendsen，每个温度上计算 10000 步，即 10 ps，一次升（降）温过程累计模拟 120 ps，一共经过 5 次降温过程，累计 600 ps。如以样品 YN-I-01 为例，其退火过程中温度和能量的变化曲线如图 5-48 所示。

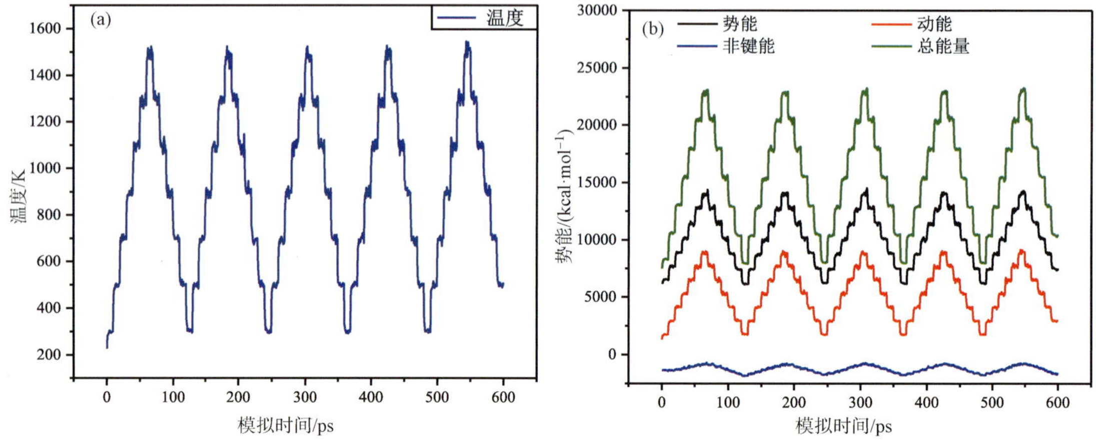

图 5-48　YN-I-01 退火模拟过程中温度和能量的变化

（a）YN-I-01 退火模拟过程中温度的变化；（b）YN-I-01 退火模拟过程中能量的变化

4. 分子动力学模拟的参数设置

使用 Forcite 模块对模型进行分子动力学计算时，具体参数设置：采用 NPT 系综，时间步长为 1 fs，初始速度设置为满足麦克斯韦-玻尔兹曼分布，温度设置为 30 ℃（303.15 K），恒温器采用 Andersen，压力设置为 1 个大气压（0.1 MPa），恒压器采用 Berendsen，一共计算 500 ps，每 5 ps 输出一帧构型，一共收集 101 帧轨迹（包括 0 时刻的那一帧），用于数据分析。以样品 YN-I-01 为例，如图 5-49 所示为其分子动力学过程中温度和能量的变化曲线。

经过上述分子力学、退火、分子动力学及密度模拟等步骤后，再以微孔体积为收敛条件，最终模拟得到 8 种煤的最终三维大分子模型（图 5-50 至图 5-57）。基于 CO_2 分子探针测得样品 YN-V-01 的微孔体积与实验测试的体积对比如表 5-11 所示。可以看出，微孔模拟计算结果与实验测试结果基本符合，误差均较小。样品 YN-V-01 的分子式为 $C_{1600}H_{1490}N_{10}O_{360}$，模型大小为 2.73 nm×2.73 nm×2.73 nm；样品 YN-V-05 的分子式为 $C_{1700}H_{1090}N_{10}O_{220}$，模型大小为 2.67 nm×2.67 nm×2.67 nm；样品 YN-V-10 的分子式为 $C_{1380}H_{900}N_{10}O_{120}$，模型大小为 2.80 nm×2.80 nm×2.80 nm；样品 YN-I-01 的分子式为 $C_{1670}H_{1370}N_{10}O_{280}$，模型大小为 2.73 nm×2.73 nm×2.73 nm；样品 YN-I-04 的分子式为 $C_{1100}H_{860}N_{10}O_{150}$，模型大小为 2.70 nm×2.70 nm×2.70 nm；

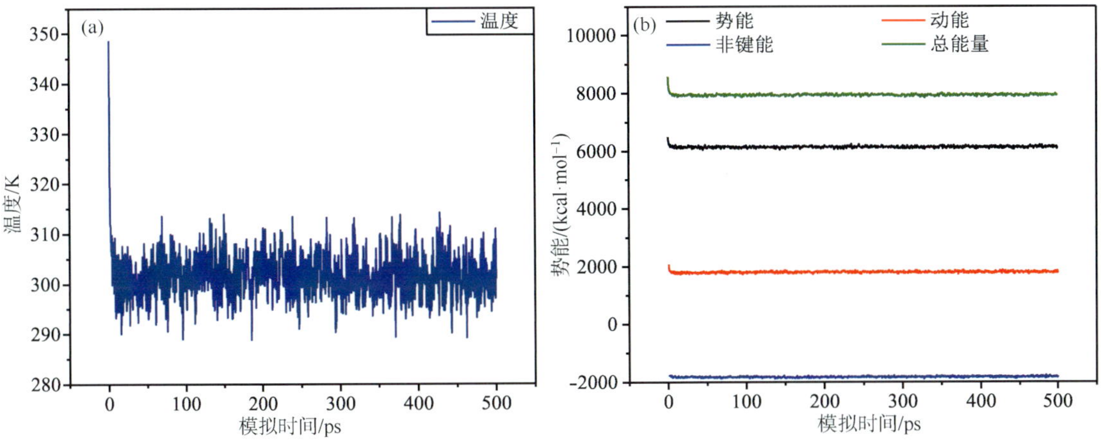

图 5-49　YN-I-01 分子动力学模拟过程中温度和能量的变化

(a) YN-I-01 分子动力学模拟过程中温度的变化；(b) YN-I-01 分子动力学模拟过程中能量的变化

样品 YN-I-09 的分子式为 $C_{1290}H_{910}N_{10}O_{130}$，模型大小为 2.72 nm×2.72 nm×2.72 nm；样品 YN-V/I-13 的分子式为 $C_{1100}H_{770}N_{10}O_{60}$，模型大小为 2.79 nm×2.79 nm×4.5 nm。

表 5-11　分子模拟与 CO_2 吸附测试的微孔体积对比　　单位：cm^3/g

样品编号	微孔模拟的体积	实验测试的体积
YN-V-01	0.061	0.061
YN-V-05	0.075	0.078
YN-V-10	0.099	0.098
YN-V-13	0.109	0.111
YN-I-01	0.065	0.068
YN-I-04	0.069	0.071
Y-I-09	0.082	0.082
YN-I-13	0.107	0.108

微孔模拟时，模拟方法运用探针法以 CO_2 气体分子（探针半径为 0.165 nm）为探针，对这 8 个显微组分煤样的大分子结构中孔隙“空间”进行探测，当叠加多个分子时，分子与分子间形成了大小不同的孔隙“空间”，所运用的探针半径越小，能进入的分子空间越多，计算的孔隙孔容越大（刘宇，2019）。图 5-50 至图 5-57 展示了不同成熟度的镜质组与惰质组大分子结构中的微孔结构特征。

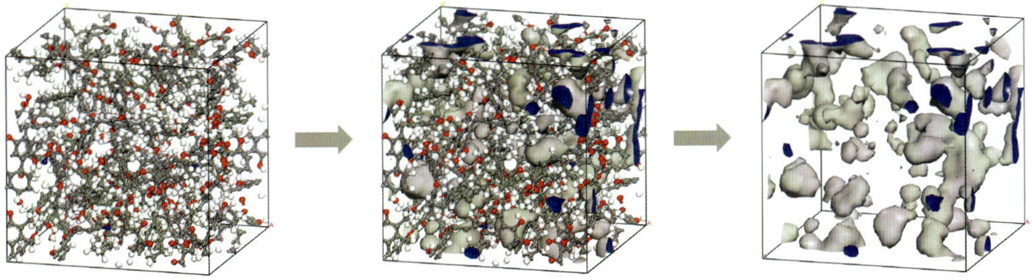

图 5-50　样品 YN-V-01 的大分子结构中微孔结构特征

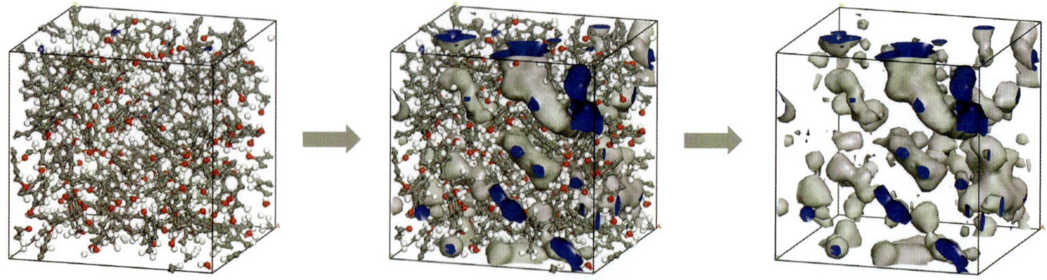

图 5-51　样品 YN-V-05 的大分子结构中微孔结构特征

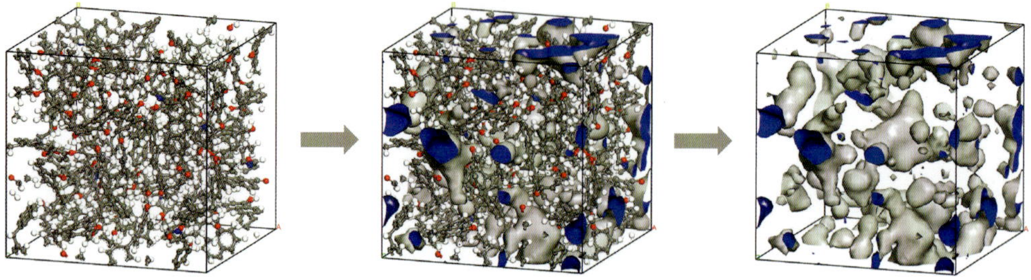

图 5-52　样品 YN-V-10 的大分子结构中微孔结构特征

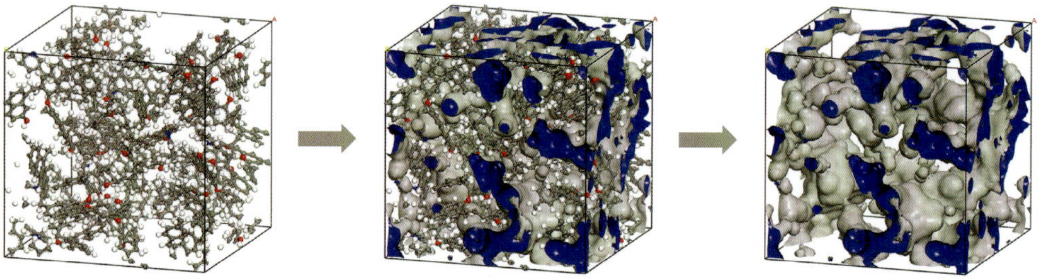

图 5-53　样品 YN-V-13 的大分子结构中微孔结构特征

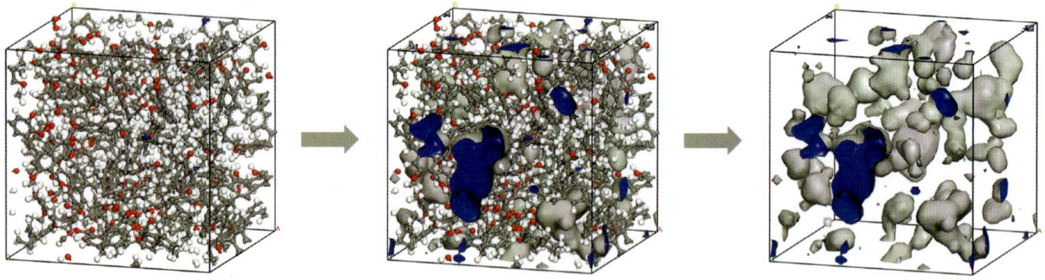

图 5-54　样品 YN-I-01 的大分子结构中微孔结构特征

观察上述样品的大分子结构中的微孔形态，可知样品分子中微孔形态主要由互相连通的微孔组成，独立微孔均较少。大分子中的脂肪结构在空间结构较为复杂，更容易形成微孔，而芳香环多数情况难以形成微孔结构，一旦形成则为规模较大的微孔（刘宇，2019）。结合两种组分的 CO_2 吸附实验测试的微孔结构特征及大分子结构中的微孔模拟结果，对其进行对比分析，可以从分子角度解释两种组分的微孔结构差异。当分子结构中脂肪结构含量较多，且脂肪碳链较长，支链较多时，在分子模拟优化过程中，空间上分子结构弯曲程度较大，在叠加多个分子进行微孔结构模拟时，由脂肪结构形成的微孔数量更多；芳香结构单元相对较为发育时，分子中苯环数量较多，脂肪碳链较短，支链较少，在分子模拟过程中，空间上分子结构弯曲程度较小，在叠加多个分子进行微孔结构模拟时，以芳香环结构形成的规模较大的微孔结构为主，脂肪结构形成的微孔数量较少。

结合本书第 3 章的分析可知，对镜质组样品而言，在 $R_{o,ran}=0.35\%\sim0.90\%$（样品 YN-V-01至样品 YN-V-04）演化阶段内，脂肪结构含量还较为丰富，此时微孔多由脂肪结构所构成（图 5-50），其形成和演化的主控因素为脂肪结构，因此在该阶段内伴随着脂肪结构快速发生脱落，并在芳构化作用下一部分转变为芳香结构，导致脂肪结构含量减少，进而导致微孔的含量和体积减少；观察样品 YN-V-05 分子结构中的微孔特征（图 5-51），可以发现此时微孔的形成开始转变为以芳香环形成的为主，芳香结构对微孔发育的影响占据主导地位，因此随着成熟度增大，芳香结构增加对微孔的正向影响大于脂肪结构脱落对微孔形成和演化的负向影响，总体上微孔体积呈现增大的变化趋势；由图 5-52可以看出，样品 YN-V-10 分子结构中的微孔规模较大，此时芳香结构的控制作用再次加强；随着热演化继续推进，可以发现样品 YN-V-13 的分子结构中基本上全部充填了微孔结构（图 5-53），此时芳香结构的含量已经达到很高的状态，且在高煤阶阶段结构演化已经趋于稳定，所以在 $R_{o,ran}=3.03\%\sim4.20\%$ 阶段内（样品 YN-V-10 至样品 YN-V-13）微孔结构的发育完全受芳香单元的控制，形成的微孔规模大，含量增多，且该阶段内微孔体积增大的演化速率最大。

对惰质组样品而言，由图 5-54 可以看出，当 $R_{o,ran}=0.35\%$时，由于此时样品 YN-I-01 的芳香度已经很大，芳香结构含量较多，微孔主要由芳香环形成，且规模相比同一煤阶的样品 YN-V-01 较大，因此惰质组从热演化初期开始，芳香结构对微孔的形成和演化起着主控作用；随着煤化过程的推进，脂肪结构含量逐渐减少，由其构成的微孔含量和体积逐渐减少，因此脂肪结构对微孔形成和演化的影响作用随着成熟度增大而逐渐减弱，由样品 YN-I-04（图 5-55）、YN-I-09（图 5-56）和 YN-I-13（图 5-57）分子结构中的微孔发育特征可以看出，芳香环所形成的微孔继续增多，脂肪结构形成的减少，但因其主要影响因素为芳香结构，因此总体上微孔呈现增加的变化趋势，且伴随着芳香结构对微孔控制作用的增强，随着演化阶段的增大，微孔体积增大的速率逐渐变大。

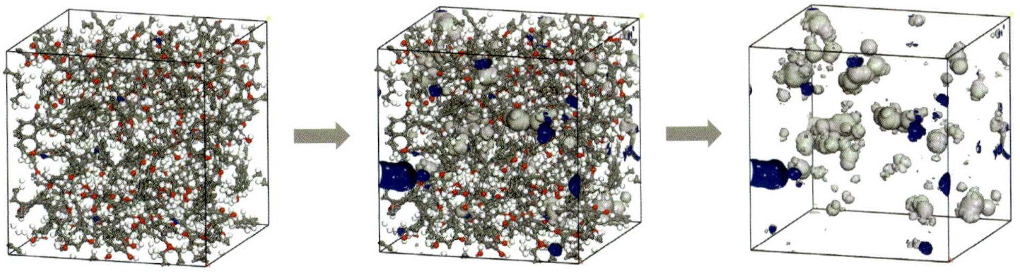

图 5-55　样品 YN-I-04 的大分子结构中微孔结构特征

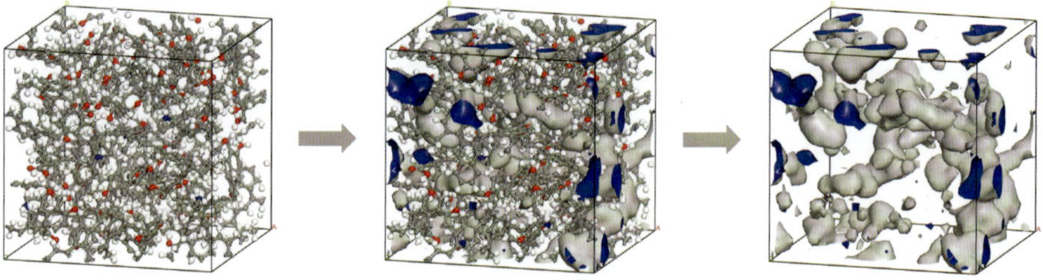

图 5-56 样品 YN-I-09 的大分子结构中微孔结构特征

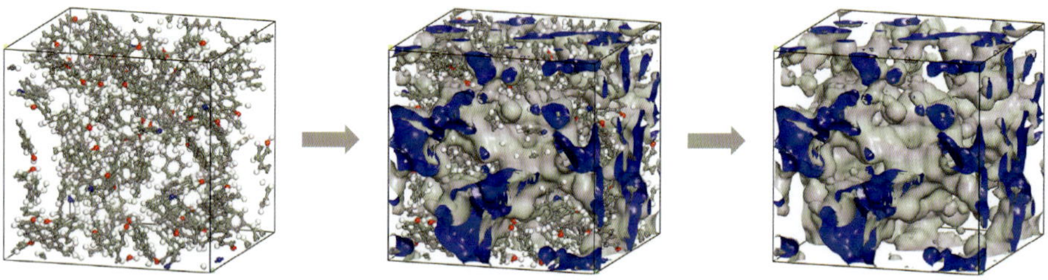

图 5-57 样品 YN-I-13 的大分子结构中微孔结构特征

（二）微孔对分子结构参数的响应

1. 微孔对 FTIR 结构参数的响应

图 5-58 至图 5-63 显示了镜质组与惰质组样品的微孔孔容在热模拟过程中与 FTIR 结构参数的关系变化。很明显微孔孔容在热模拟过程中整体上随着 f_a、I 及 DOC 的增大而增加，且相关性较好，这说明芳香结构对微孔的形成及演化具有较大的影响。但在不同的演化阶段呈现出不同的关系变化，说明在不同的变质阶段，芳香结构对微孔形成的影响不同。

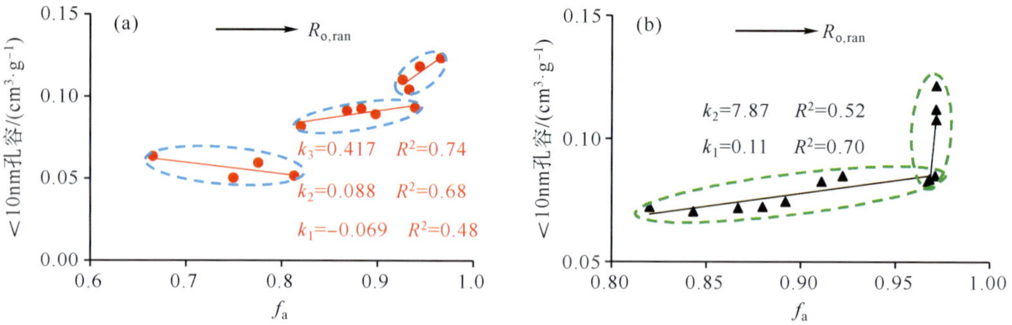

图 5-58 热模拟系列样品微孔体积与芳碳率 f_a 的关系

（a）镜质组微孔体积与芳碳率 f_a 的关系；（b）惰质组微孔体积与芳碳率 f_a 的关系

对于镜质组样品，当 $R_{o,ran}>0.90\%$ 时，f_a、DOC 及 I 值随着 $R_{o,ran}$ 的增加而增大［图 3-3（a），（b），（c）］，同时微孔孔容随着这些芳香结构参数的增加而增大，且以 $R_{o,ran}=2.67\%$ 为分界点，微孔孔容随着 f_a、DOC 及 I 值在不同阶段的演化速率不同而呈现出不同的增加速率；当 $R_{o,ran}\leq 0.90\%$ 时，f_a 随着 $R_{o,ran}$ 的增加而较为快速地增大，但在此阶段内微孔孔容随着 f_a 值的增加而减小［图 5-58（a）］。由［图 5-61（a）］可以看出，随

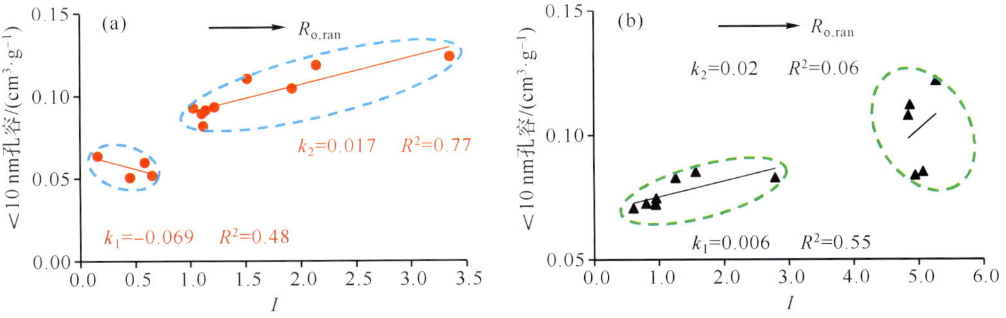

图 5-59 热模拟系列样品微孔体积与 *I* 的关系

（a）镜质组微孔体积与 *I* 的关系；（b）惰质组微孔体积与 *I* 的关系

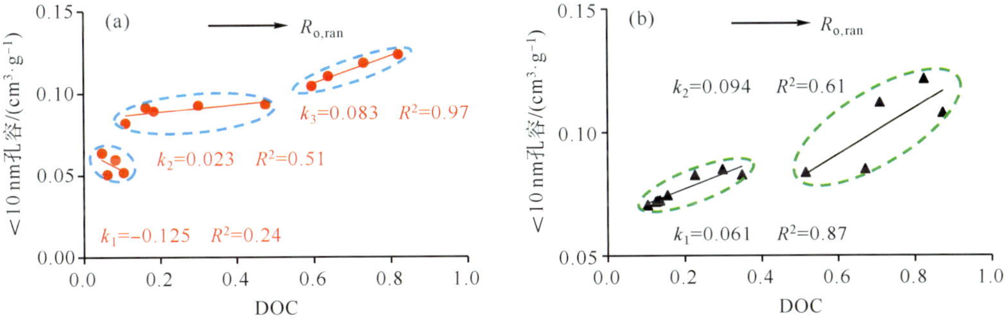

图 5-60 热模拟系列样品微孔体积与 DOC 的关系

（a）镜质组微孔体积与 DOC 的关系；（b）惰质组微孔体积与 DOC 的关系

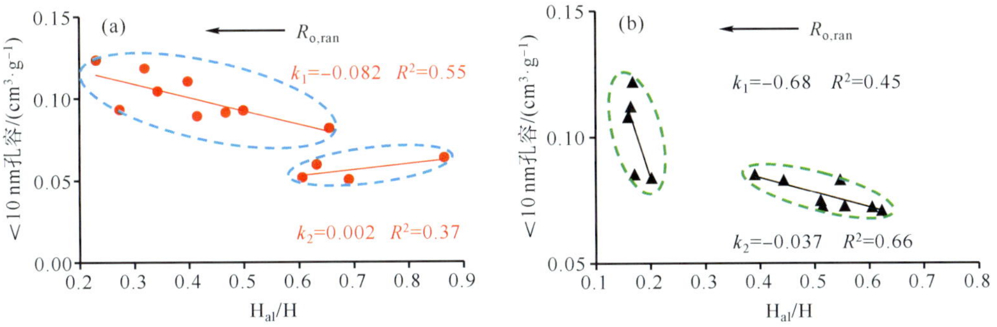

图 5-61 热模拟系列样品微孔体积与 H_{al}/H 的关系

（a）镜质组微孔体积与 H_{al}/H 的关系；（b）惰质组微孔体积与 H_{al}/H 的关系

着 H_{al}/H 的增大，微孔孔容呈现出先增大再减小的变化趋势，即当 $R_{o,ran}$<0.90%时，镜质组样品的微孔主要由脂肪结构构成，随着脂肪结构的脱落微孔孔容减小；在 $R_{o,ran}$>0.90%阶段内，脂肪结构则变成了微孔形成和演化的阻碍。因此，综上可以得出，当 $R_{o,ran}$<0.90%时，控制镜质组样品微孔形成的主要因素是脂肪结构，当 $R_{o,ran}$>0.90%时，控制微孔演化的因素转化为芳香结构。当 $R_{o,ran}$ = 0.90%时，其微孔体积最小，其原因可能有二：一方面，煤在二次煤化跃迁过程中遭受压实和沥青质堵塞，导致孔隙连通性差；另一方

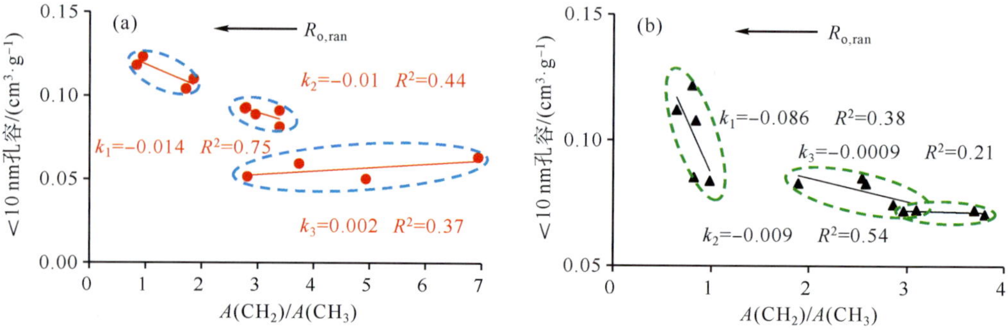

图 5-62 热模拟系列样品微孔体积与支链化度 $A(CH_2)/A(CH_3)$ 的关系

(a) 镜质组微孔体积与支链化度 $A(CH_2)/A(CH_3)$ 的关系；(b) 惰质组微孔体积与支链化度 $A(CH_2)/A(CH_3)$ 的关系

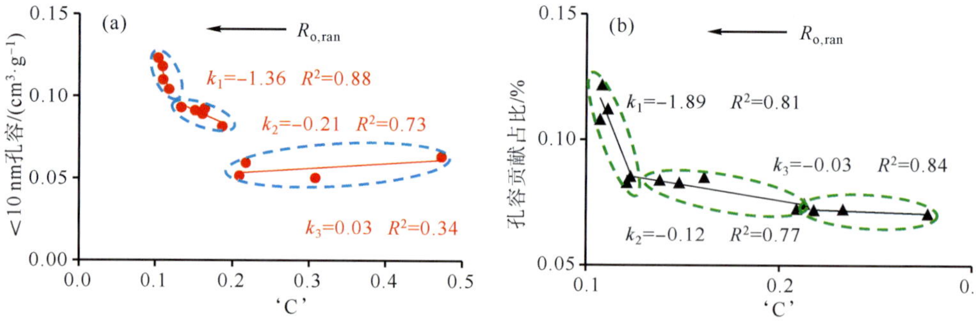

图 5-63 热模拟系列样品微孔体积与‘C’的关系

(a) 镜质组微孔体积与‘C’的关系；(b) 惰质组微孔体积与‘C’的关系

面，控制因素从脂肪结构向芳香族结构的转变导致 $R_{o,ran}$ = 0.90% 附近的微孔体积较低（Chen et al.，2022）。当 $A(CH_2)/A(CH_3)$ 值小于 3.38 时，即 $R_{o,ran}$>0.90% 时，镜质组样品的微孔孔容随着 $A(CH_2)/A(CH_3)$ 的增加呈减小趋势。这表明当 $A(CH_2)/A(CH_3)$<3.38 时，脂肪族侧链支化度的增加可能形成更多的微孔，这是因为 CH_3 占比越低，芳香环之间的空间越大，结构越疏松，越容易形成孔隙［图 5-62（a）］。镜质组样品的‘C’值在热模拟过程中也与微孔孔容具有较强的相关性，但据前人研究认为，含氧官能团对微孔结构的影响可以忽略不计（Marques et al.，2009），因此认为微孔孔容随着‘C’值增加先减小后增大，是由于芳香族 C═C 的增加导致的。

对于惰质组样品而言，f_a、DOC 及 I 值随着 $R_{o,ran}$ 的增加整体上呈现出与镜质组相似的变化趋势，即随着成熟度的增大而增大，但两个显微组分的芳香结构参数及微孔孔容的演化阶段划分不同［图 3-3（a）—（c）］。由图 5-58（b）、图 5-59（b）和图 5-60（b）可以看出，微孔孔容在整个热模拟过程中随着 f_a、I 及 DOC 值的增加而增大，即由于低煤阶惰质组样品本身具有较高的芳碳率，因此芳香结构的增加对微孔的形成和演化一直起着有利的作用，微孔孔容随 $R_{o,ran}$ 的增加而增大，但以 $R_{o,ran}$ = 2.07% 为分界拐点，呈现出不同的增大速率。同时，图 5-61（b）显示的 H_{al}/H 与微孔孔容的关系可以印证惰质组样品中脂肪结构对微孔孔容的形成具有阻碍作用。

2. 微孔对^{13}C NMR 结构参数的响应

通过固态^{13}C 核磁共振光谱实验获取到了镜质组和惰质组样品中不同碳原子类型的相对含量，并分析了各碳原子类型与微孔孔容的关系，如图 5-64 所示。芳香碳（F_a）、脂肪碳（f_{al}）与微孔孔容均呈现出相关性较强的分段式线性关系，但两个显微组分的阶段划分不同。

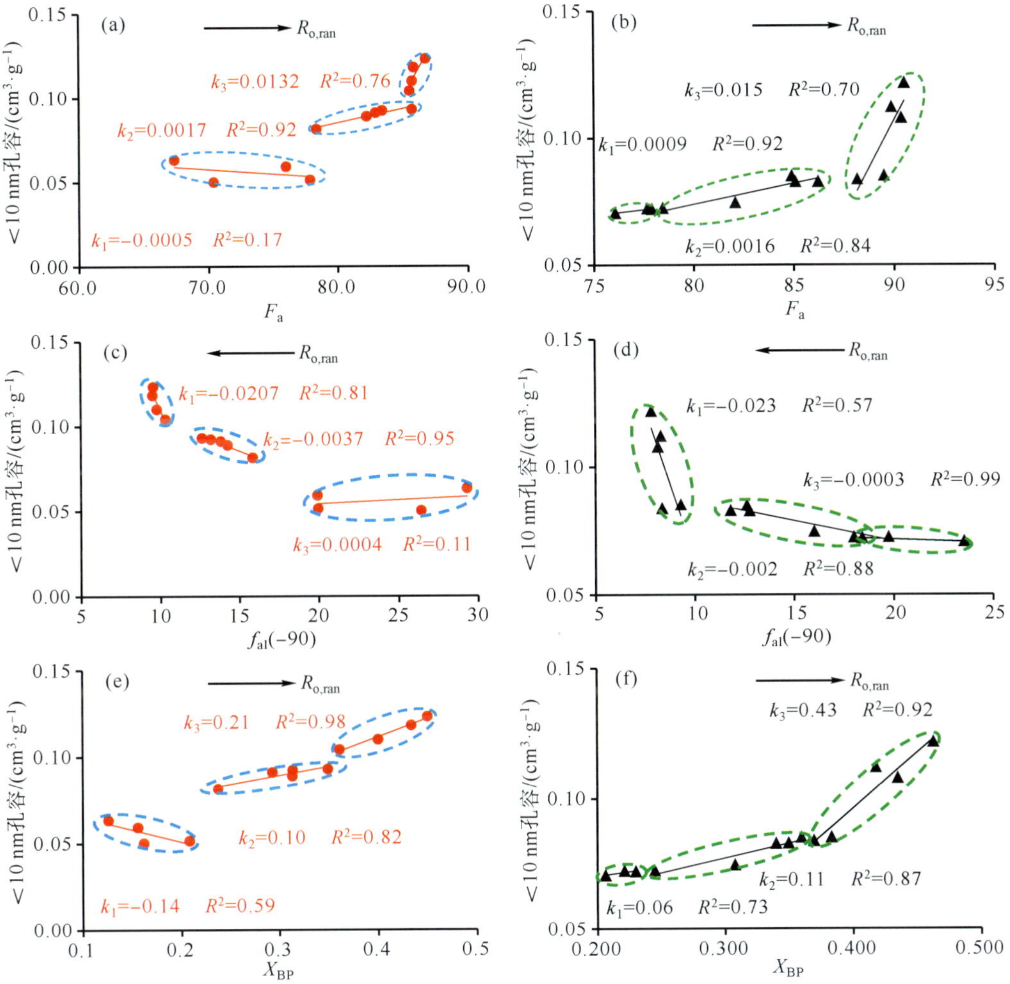

图 5-64 镜质组与惰质组样品中微孔体积与^{13}C NMR 结构参数的关系

(a),(c),(e)镜质组微孔体积与^{13}C NMR 结构参数的关系；(b),(d),(f)惰质组微孔体积与^{13}C NMR 结构参数的关系

对镜质组而言，在第一阶段（$R_{o,ran}$ = 0.35%～0.90%）内芳香碳含量为 67.35%～77.88%，脂肪碳含量为 29.32～19.93%，此阶段脂肪碳含量还未大量减少。由本章节“微孔对 FTIR 结构参数的响应”中各阶段样品的微孔模拟结果可知，此时芳香结构单元发育较差，煤分子中苯环数量较少，脂肪碳链较长，支链较多，由脂肪结构形成的微孔数量为主，因此在此阶段内脂肪结构有助于煤中微孔的形成。随着煤化过程的推进，脂肪结构减少，芳香结构增加，微孔随脂肪结构的减少而减少［图 5-64（a），（c）］。在第二阶段（$R_{o,ran}$ = 1.20%～2.67%）内芳香碳含量为 78.38%～85.72%，芳环碳含量为 73.66～84.9%，脂肪碳含量为 12.63%～15.87%，这也与前述的微孔分子模拟相印证，即此阶段

煤样中的芳香结构单元较为发育，分子中苯环数量较多，脂肪碳链较短，支链较少，此时微孔中以芳香环结构形成的规模较大的微孔结构为主，脂肪结构形成的微孔则占比较少，芳香结构成为微孔形成和演化的主要控制因素，因此在此阶段的热模拟过程中，随着脂肪结构逐渐脱落，芳香结构大量增多，微孔孔容也逐渐增大［图 5-64（a），（c），（e）］；在第三阶段（$R_{o,ran}$=3.03%~4.20%）内芳香碳含量为 85.53%~86.79%，脂肪碳含量为 9.53%~10.33%，此阶段内芳香结构含量基本稳定至 86%左右，脂肪结构含量基本降至 10%以下，虽然各结构含量较为稳定，但芳香环的尺寸在此阶段内较为快速地增大［图 3-9（f）］，且芳香结构含量较大，因此微孔孔容迅速地随着 X_{BP} 的增加而增大［图 5-64（e）］。

对惰质组样品而言，由各阶段样品的微孔模拟结果可以看出，在低煤阶时，由于已经含有较多的芳香结构，分子中分苯环含量较多，因此惰质组样品中微孔以芳香结构形成的规模较大的微孔结构为主，脂肪结构微孔则占比较少，也就是说在整个热模拟过程中，控制惰质组样品微孔形成和演化的主要因素为芳香结构。虽然在整个演化阶段，惰质组样品的微孔孔容均随着 $R_{o,ran}$ 增加而增大，但不同的演化阶段，由于脂肪结构和芳香结构含量存在演化差异性，且芳香环尺寸也在不同阶段演化不同，因此微孔孔容在热模拟过程中呈现出不同的演化速率（图 5-40）。在第一阶段（$R_{o,ran}$=0.35%~0.75%）内，芳香碳含量为 76.05%~77.90%，芳环碳含量为 71.95%~72.29%，脂肪碳含量为 17.98%~23.5%，微孔孔容随着 $R_{o,ran}$ 增大微弱地增大，究其原因为该阶段脂肪结构还未大量减少，此时芳香结构的控制作用较为微弱，因此微孔增大速率较为缓慢；在第二阶段（$R_{o,ran}$=0.90%~2.07%）内，芳香碳含量为 78.44%~86.21%，芳环碳含量为 73.84%~83.15%，脂肪碳含量为 11.8%~19.74%，此时随着脂肪结构含量有所减少，芳香结构含量增大，芳香结构的正向控制作用有所增强，且微孔孔容随着 X_{BP} 的增加而增大［图 5-64（f）］，在此阶段内 X_{BP} 又开始较为快速地增大［图 3-9（f）］，因此此阶段内微孔孔容随 $R_{o,ran}$ 增大而较为快速地增大；在第三阶段（$R_{o,ran}$ = 2.67% ~ 4.20%）内，芳香碳含量为 88.14% ~ 90.5%，芳环碳含量为 85.99%~89.28%，脂肪碳含量为 7.81%~9.29%，此阶段内尽管芳香碳和芳环碳含量保持稳定，但微孔孔容随着 X_{BP} 的增加而增大［图 5-64（f）］，且 X_{BP} 在第三阶段内演化速率增大，即微孔孔容随着芳香环尺寸的增大而快速增大，因此第三阶段内微孔孔容随着 $R_{o,ran}$ 增加而增大的速率比第二阶段较大。

3. 微-小孔对微晶结构参数的响应

图 5-65 为镜质组和惰质组样品微孔孔容与 XRD 微晶结构参数的关系。可以发现，对镜质组样品而言，当 $R_{o,ran}$<0.90%时，微孔孔容与 d_{002} 呈正相关性，与延展度（L_a）及堆砌度（L_c）呈负相关性，此阶段内微孔孔容与微晶结构参数的相关性较差，究其原因为微晶结构参数主要围绕说明的是芳香结构（刘宇，2019），而此阶段内影响微孔孔容发育的主要控制因素为脂肪结构，芳香结构的作用微弱，因此相关性较差。当 $R_{o,ran}$>0.90%时，微孔孔容随着 d_{002} 增加而减小，随着延展度（L_a）、堆砌度（L_c）及堆砌层数增加而增大。对惰质组样品而言，由于整个热模拟过程中芳香结构对微孔的形成和演化均起着重要的控制作用，因此微晶结构参数与微孔孔容的相关性均较强。随着 d_{002} 增大，微孔孔容逐渐减小，但随着延展度（L_a）、堆砌度（L_c）及堆砌层数增加微孔孔容则逐渐增大。此外可以发现，镜质组样品在第三阶段（$R_{o,ran}$=3.03%~4.20%）及惰质组样品在 $R_{o,ran}$>2.07%阶段内的微孔孔容随微晶

结构变化的演化速率明显更快，但观察两组热模拟样品在高变质阶段随微晶结构参数的演化可以发现，此阶段内微晶结构参数随 $R_{o,ran}$ 增大而逐渐保持稳定，变化小，因此微孔孔容在第二、三阶段内随 $R_{o,ran}$ 变化的演化速率并没有产生很大的差异。

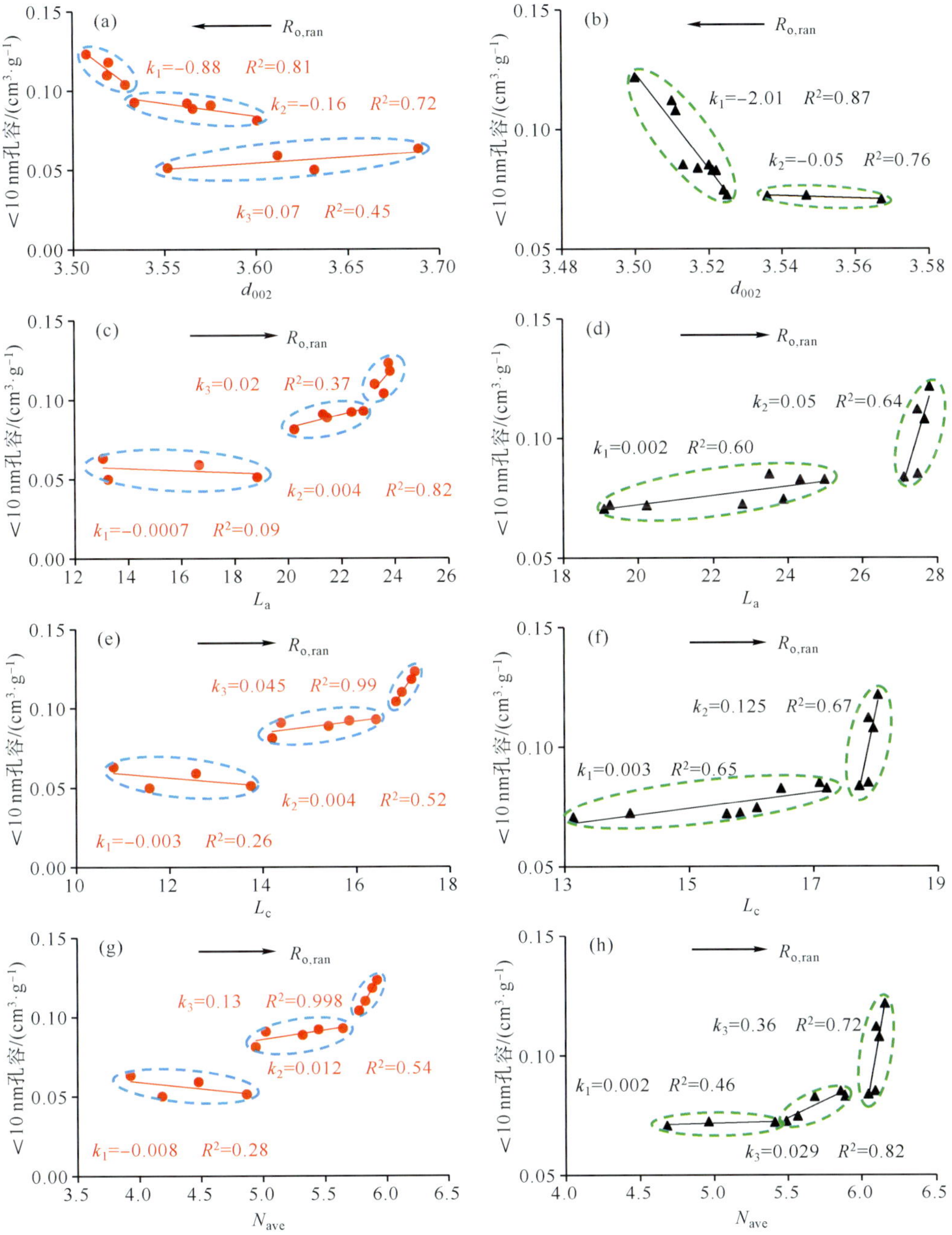

图 5-65 镜质组与惰质组样品中微孔体积与 XRD 结构参数的关系

(a),(c),(e),(g)镜质组微孔体积与 XRD 结构参数的关系；(b),(d),(f),(h)惰质组微孔体积与 XRD 结构参数的关系

（三）微孔结构演化模式及机理

基于分子模拟的微孔形成及演化机理，结合微孔孔容对各分子结构参数的响应，总结

出了镜质组和惰质组微孔结构的演化模式及差异，如图 5-66 所示。镜质组和惰质组的微孔演化各划分为 3 个阶段，但分界拐点不同，其中镜质组划分为：$R_{o,ran}$ = 0.35% ~ 0.90%，$R_{o,ran}$ = 1.20% ~ 2.67% 及 $R_{o,ran}$ = 3.03% ~ 4.20% 3 个阶段，惰质组则划分为：$R_{o,ran}$ = 0.35% ~ 0.75%，$R_{o,ran}$ = 0.90% ~ 2.07% 及 $R_{o,ran}$ = 2.67% ~ 4.20% 3 个阶段。显微组分的微孔形成和演化均受大分子结构的控制，其中脂肪结构构成的微孔孔隙体积较小，芳香结构构成的微孔则体积较大。

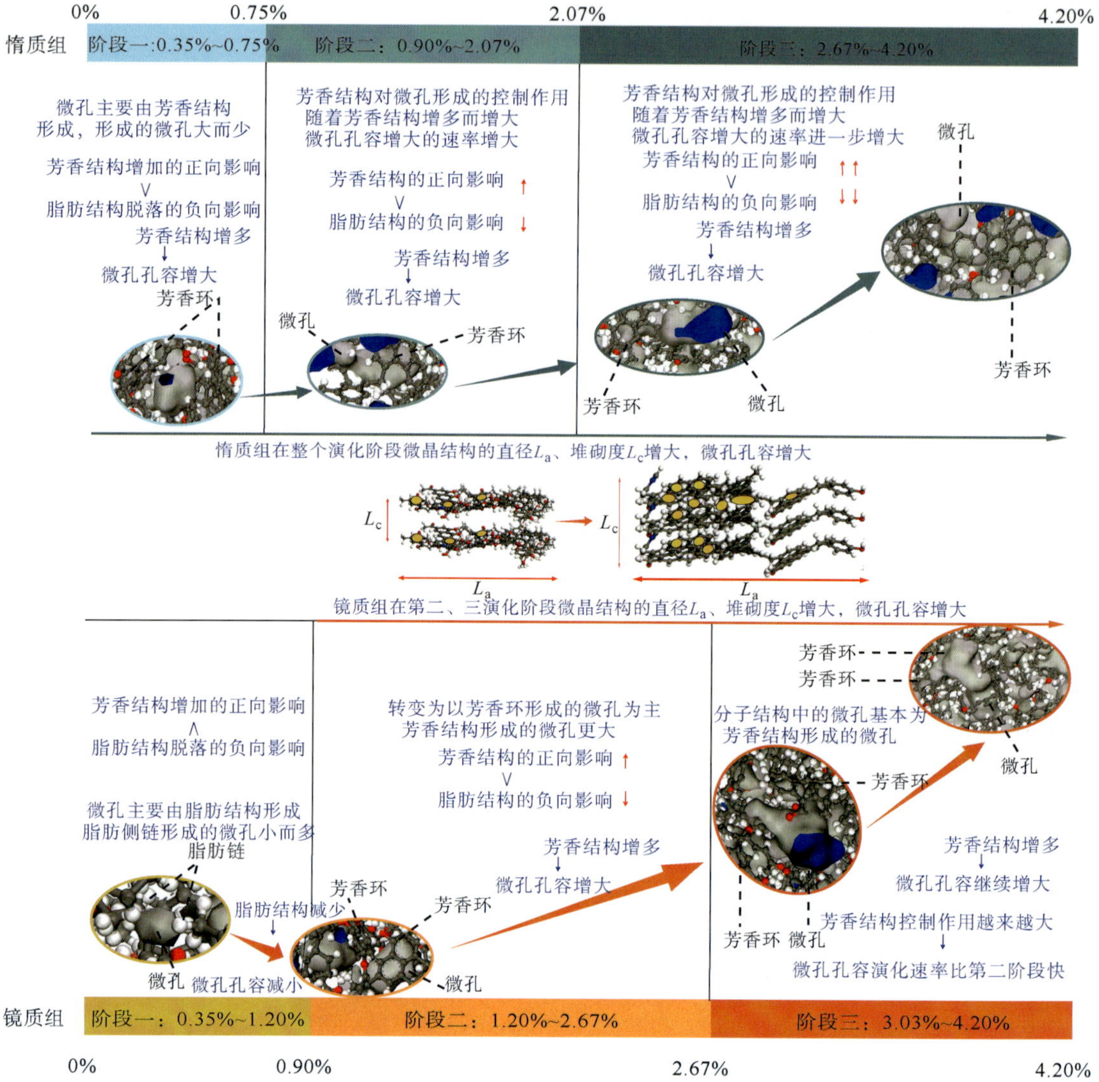

图 5-66　镜质组和惰质组微孔结构演化模式图

在煤化过程中，随着成熟度的增大，镜质组在低煤阶阶段（$R_{o,ran}$ = 0.35% ~ 0.90%）微孔孔隙的整体发育受控于脂肪结构，即随着脂肪结构的脱落造成的微孔孔容减小大于芳香结构增加所导致的微孔孔容的增大，因此在此阶段内微孔孔容总体随着脂肪结构减少而减小；惰质组则在低煤阶阶段因具有较多的芳香结构，呈现出微孔孔容主要受控于芳香结构的特征，即微孔孔容随着芳香结构的增加而增大。

镜质组在中煤阶阶段（$R_{o,ran}$=1.20%~2.67%），微孔的形成和演化的主控因素转变为芳香结构，即随着芳香结构的增多，其带来的正向影响开始大于脂肪结构脱落对微孔孔容的负向影响，因此随着成熟度增大，微孔孔容随着芳香结构增加而增大；惰质组在中煤阶阶段（$R_{o,ran}$=0.90%~2.07%），微孔形成和演化的机制与镜质组相同，相比第一阶段，芳香结构的控制作用进一步加强，因此微孔孔容的演化速率增大。

镜质组和惰质组在高煤阶阶段[$R_{o,ran}$=3.03%(2.67%)~4.20%]，微孔孔容的继续随着芳香结构的增多而增大，随着芳香结构的控制作用增大，微孔孔容的演化速率相比前一演化阶段继续增大。此外，在芳香结构对微孔孔容起着主要控制作用的阶段，显微组分的微孔孔容随着微晶结构的延展度（L_a）、堆砌度（L_c）及芳香层数增大而增加。

三、小孔-中孔-大孔结构演化机理及模式探讨

鉴于煤中甲烷的吸附主要发生在微孔表面，因此简单从孔隙成因的角度对小孔-中孔-大孔的结构演化机理和模式进行探讨。按照成因分类，煤中孔隙有多种划分结果。较为简单的划分方案将孔隙成因类型划分为分子间孔、植物体孔、热成因孔及裂缝孔（Gan et al.，1972）。郝琦（1987）和张慧（2003）等人基于煤的结构和构造特征，同时将煤化作用考虑在内，将孔隙划分为原生孔、后生孔、外生孔及矿物质孔四大类。本次工作以扫描电镜为研究方法，按照张慧（2003）的分类方法对煤的表面形貌进行了详细观察，以此为基础对镜质组和惰质组样品煤化过程中的孔隙结构演化进行简单分析。

原生孔是指煤自身组织结构所构成的孔隙，在沉积时已经形成，包括组织孔和屑间孔，屑间孔是碎屑镜质体、碎屑惰质体及碎屑壳质体等碎屑亚组分堆积形成的孔隙。后生孔主要为气孔，气孔主要由生气和聚气作用而形成。外生孔是煤固结成岩，在构造地质作用破坏下形成的孔隙，本次煤化过程中的煤样在热演化时未施加压力，因此不考虑外生孔隙的演化。矿物质孔是指矿物质的存在所导致的孔隙，包括铸膜孔、晶间孔和溶蚀孔，本次研究的煤样矿物质含量均较少，因此对矿物质孔的变化也不作详细考虑。综上所述可知，在热演化过程中，孔隙的演化主要是原生孔和气孔的变化。

笔者曾采用扫描电镜方法，对新疆维吾尔自治区伊宁矿区的原始富腐殖组和富惰质组煤样的孔隙成因类型进行了详细观察，发现伊宁矿区富惰质组煤中主要发育组织孔，且组织孔多发育于丝质体和半丝质体中，这二者是惰质组中的主要亚显微组分，因此组织孔在惰质组中较多见［图5-67（a）—(e)，(h)］（Qin et al.，2020）。可以看出，组织孔孔径较大，为2~10 μm，但通常沿一个方向发育，孔隙形状主要为一端开口的楔形孔、圆柱形孔及锥形孔。此外，通过前人研究可知，气孔的发育和显微组分的生烃能力密切相关，惰质组因其较弱的生气能力，气孔较少发育，几乎不见。因此，对惰质组而言，本次研究热演化过程中大于10 nm孔隙结构演化主要以原生孔隙的变化为特征。

镜质组中虽然也发育原生孔，但因组织孔一般发育于结构镜质体中［图5-67（f）］，屑间孔与碎屑镜质体相关，由本书第二章第一节可知，煤样中的结构镜质体和碎屑镜质体的含量均较少，因此镜质组中的原生孔较少见。镜质组具有较高的生烃能力，发育有较多的气孔［图5-67（i）—(p)］，气孔的分布很不均匀，密疏不等，主要分布于基质镜质体中［图5-67（m），(o)］，团块镜质体［图5-67（j），(k)，(l)，(n)］中也发育气孔。气孔主要呈椭圆形和圆形，其次为水滴形和港湾形。单个气孔孔径大小主要为0.01~5 μm，偶见

纵向长度可达 10 μm 或 25 μm 的长形气孔。组合以气孔窝［图 5-67（j)—(n)］、稀散状气孔［图 5-67（i)］、气孔带［图 5-67（p)］为主，气孔群［图 5-67（o)］较少见。其中气孔窝整体以圆状和椭圆状出现，直径多为 10~30 μm，气孔窝里的气孔直径为 0.5~4 μm，主要为 0.5~2 μm，大小不等，形状以圆形为主，有些气孔因破裂而连通。稀散状气孔，形状以椭圆形和圆形为主，孔径为 0.5~10 μm，破裂与连通现象较少。整体来说气孔的连通性较好，劈裂连通的现象较多，且两端开口的孔发育较多。因此，对镜质组而言，热演化过程中大于 10 nm 孔隙演化主要以气孔的变化为特征。

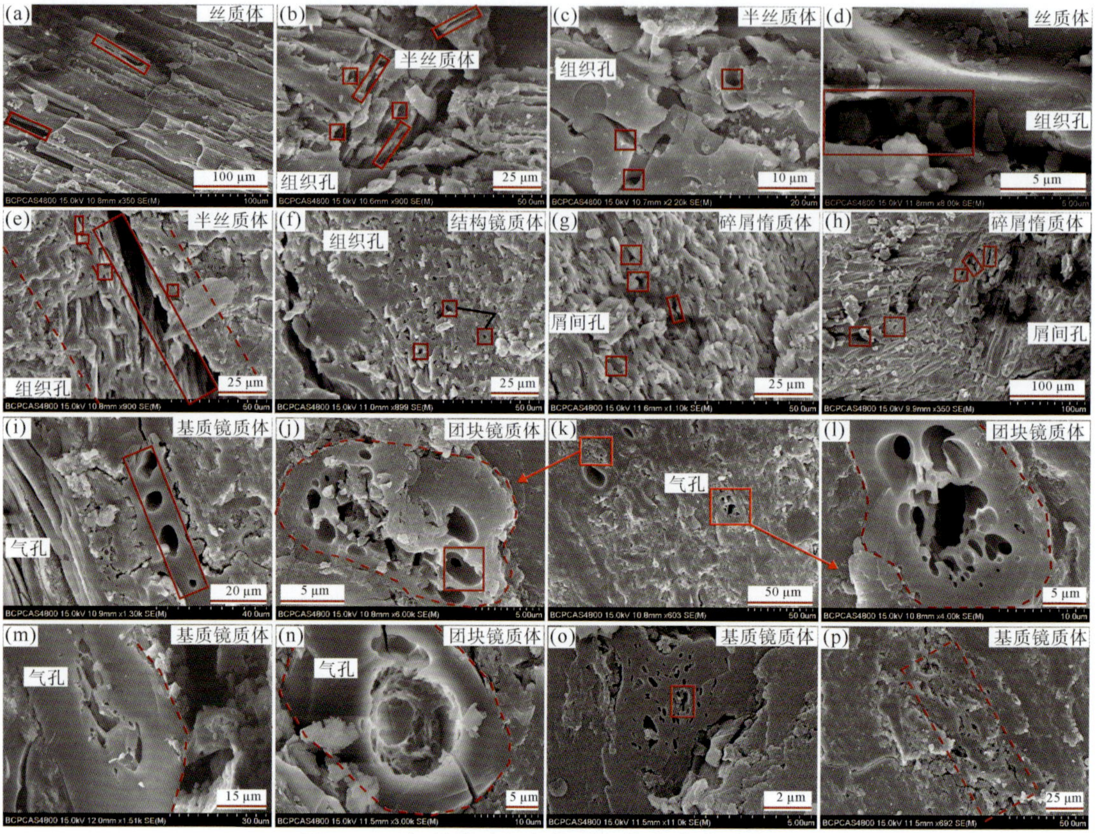

图 5-67　初始腐殖组与惰质组的孔隙成因类型

如图 5-68 和图 5-69 所示，可以看出镜质组的芳香结构含量、脂肪结构含量、C=O 基团含量及芳香环缩合度与 10~10000 nm 孔径段内的孔隙体积的相关性较强。杨超等（1988）和吴传荣（1995）均认为煤的大分子结构是影响气孔发育的重要因素之一，随着热演化的推进，脂肪结构和含氧官能团不断脱落，芳香体系不断稠合、缩聚，在此过程中不断生成气体，发生聚集而后逸散，形成一系列较大的气孔。到达高变质阶段后，由于煤中大分子结构单元的定向化和规则化排列，侧链和官能团已趋于稳定，气体的生成量也趋于减少，气孔又逐渐减少。因此，在高煤阶阶段（当 $R_{o,ran}$>2.67%），镜质组的 10~10000 nm 孔隙体积随着大分子结构的演化而减小（图 5-68，图 5-69）。本次研究中的惰质组样品内的小孔-中孔-大孔孔隙体积与分子结构参数相关性弱，充分说明惰质组的10~10000 nm 孔径段的孔隙体积主要由原生孔贡献，且在热演化过程中原生组织孔和屑间孔体积变化整体较小，规律性较弱（图 5-68，图 5-69）。

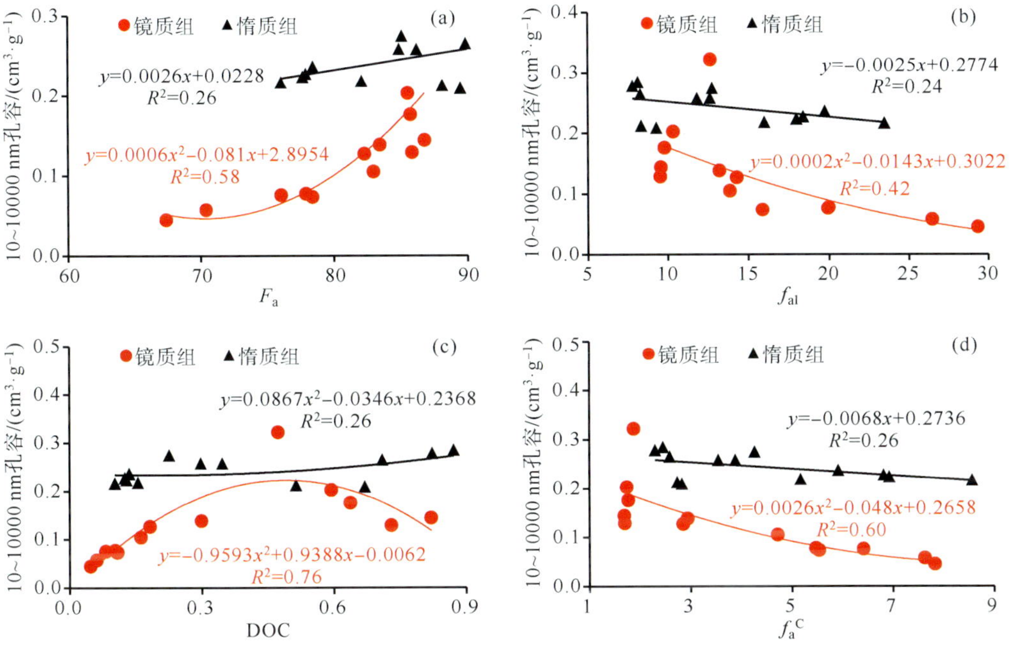

图 5-68　镜质组与惰质组的 10~10000 nm 孔隙体积与分子结构参数的关系

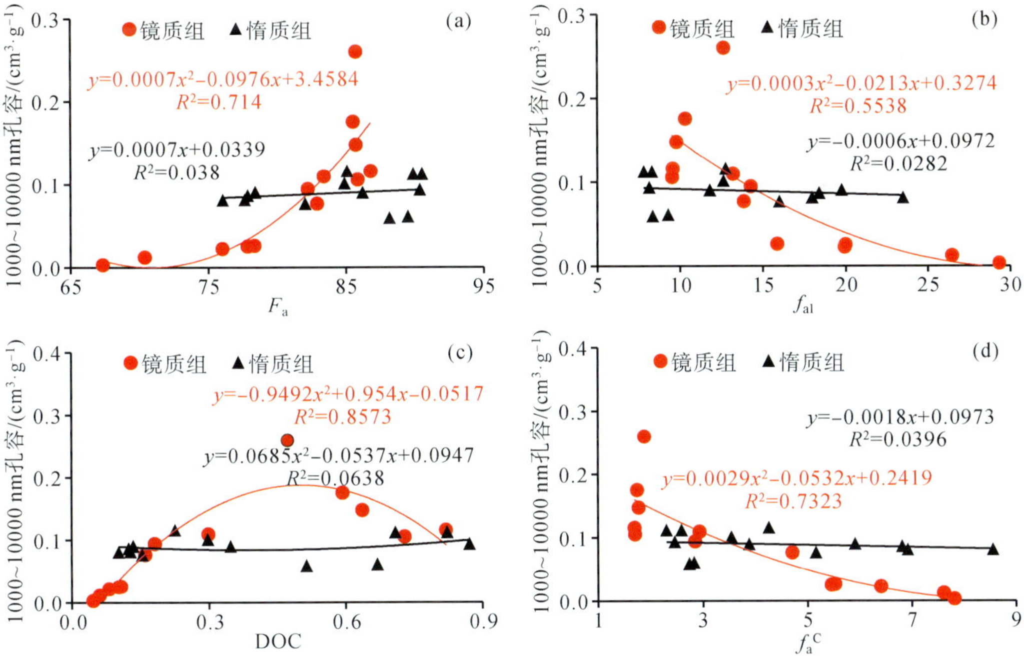

图 5-69　镜质组与惰质组的 1000~10000 nm 孔隙体积与分子结构参数的关系

第六章　镜质组和惰质组的甲烷吸附特征及差异性演化机制

煤阶和显微煤岩组分对甲烷吸附能力均具有重要的影响，无论是从煤阶还是煤岩组成的角度来讨论煤的吸附能力，都可以归结为煤的结构对吸附能力的影响，因为煤阶和煤岩组成变化的最终结果是改变微观结构。煤化过程中，不同的演化阶段，煤对甲烷的吸附能力呈现出不同的演化特征，但对于不同的显微组分在不同的演化阶段对甲烷的吸附能力如何演化，以及大分子结构和孔隙结构在不同的演化阶段如何影响其甲烷吸附能力，还缺乏一定的认识。为查明镜质组和惰质组在煤化过程中的甲烷吸附能力的差异性演化机制，本章采用甲烷等温吸附实验与计算机模拟相结合的方法来定量表征不同显微组分、不同煤阶的煤样的甲烷等温吸附特征。基于分子动力学理论、量子力学理论和热力学平衡理论，结合分子模拟方法，计算甲烷与不同类型化学基团之间的相互作用力，计算不同孔隙结构对甲烷吸附的影响，从分子层面探究甲烷与煤镜质组大分子相互作用机理。同时结合本书第三章和第五章的大分子结构演化、孔隙结构演化特征及大分子结构控制下孔隙差异性演化机理的研究，进一步阐明煤化过程中镜质组和惰质组吸附甲烷能力的差异性演化机制。

第一节　镜质组和惰质组对甲烷吸附能力的演化特征及差异

一、等温吸附曲线特征

在探究煤对甲烷吸附能力时，多采用朗缪尔（Langmuir）吸附模型对等温吸附实验得到的数据进行拟合，以得到表征其吸附甲烷能力的参数。本次研究基于空气干燥基讨论其吸附能力，图 6-1 为基于 0~20 MPa 压力下的数据点进行的 Langmuir 方程拟合所得到的热模拟镜质组和惰质组样品的等温吸附曲线。由图 6-1 可以看出，各样品的实测吸附量与 Langmuir 方程具有很好的拟合度，R^2均大于 0.99。镜质组样品的 Langmuir 体积为 1.33~27.44 cm^3/g，Langmuir 压力为 0.15~2.97 MPa；惰质组样品的 Langmuir 体积为 0.58~18.36 cm^3/g，Langmuir 压力为 0.19~1.84 MPa。关于显微组分对甲烷吸附能力的研究，目前有一个较为一致的结论，即：亮煤比同煤级的暗煤具有更高的吸附能力（Clarkson et al.，1999；Bustin et al.，1998；Crosdale et al.，1998；Lamberson et al.，1993；Laxminarayana et al.，1999；Mastalerz et al.，2004）。本次研究也得出，在热模拟过程中，随着成熟度的增大镜质组对甲烷的吸附能力的变化更大，且同一成熟度的镜质组的吸附能力大于惰质组，与前人研究相一致。并且，由图 6-2 和图 6-3 可以看出，在低煤阶时，镜质组和惰质组的吸附能力没有显著差异，随着成熟度的增大，两个显微组分之间的吸附能力差异逐渐增大，即对高阶煤而言，镜质组具有更高的吸附能力，这也验证了 Chalmers 等（2007）的结论。P_L可以反映吸附甲烷的难易程度，P_L越大，体现在低压区的吸附量的增长速率就越大，越快达到饱和吸附状态。由图 6-1 可以发现，低阶镜质组和惰质组样品，在低压阶段内吸附量的增大速率小于中-高阶煤。因此，随着成熟度的增大，整体上煤样越容易达到饱和吸附。

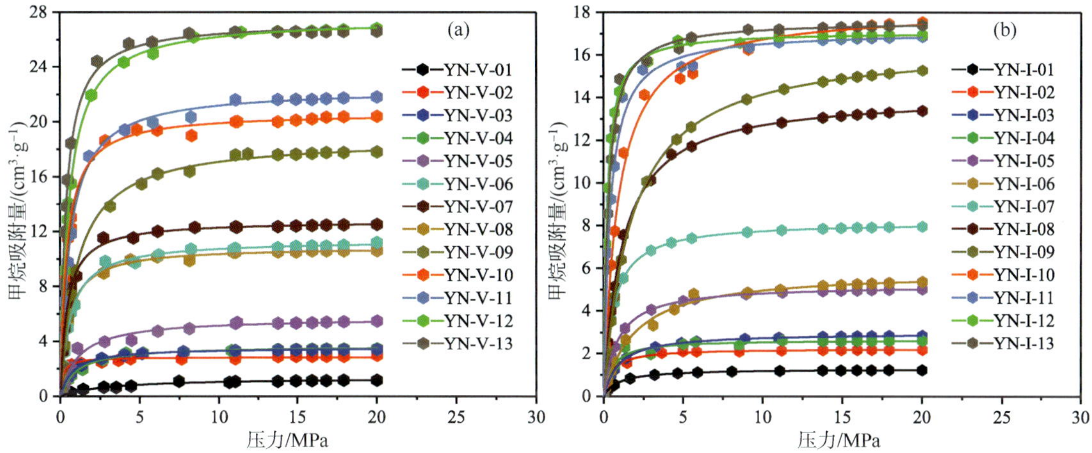

图 6-1　热模拟系列样品的等温吸附曲线

（a）热模拟镜质组样品的等温吸附曲线（30 ℃）；（b）热模拟惰质组的等温吸附曲线（30 ℃）

二、镜质组和惰质组甲烷吸附能力演化特征

图 6-2 和图 6-3 分别为镜质组和惰质组样品的 Langmuir 体积与成熟度的关系，可以看出，随着成熟度的增大，整体上镜质组和惰质组样品的 Langmuir 体积均随着 $R_{o,ran}$ 而增大。根据 Langmuir 体积在热模拟过程中的演化特征，将显微组分对甲烷吸附能力的演化划分为 3 个阶段，其中镜质组样品在 $R_{o,ran}$ = 0.35%～0.90% 阶段内，随着成熟度增大而缓慢增加；在 $R_{o,ran}$ = 1.20%～2.67% 阶段内，甲烷吸附能力继续增大，增大速率较之第一阶段快速增大；在 $R_{o,ran}$ = 3.03%～4.20% 阶段内，Langmuir 体积也随着成熟度的增大而较为快速地增加，演化速率大于第一阶段但小于第二阶段。

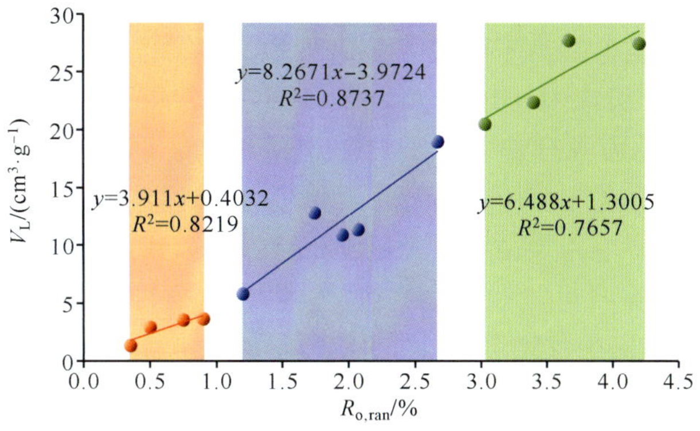

图 6-2　热模拟镜质组样品 V_L 与 $R_{o,ran}$ 的关系

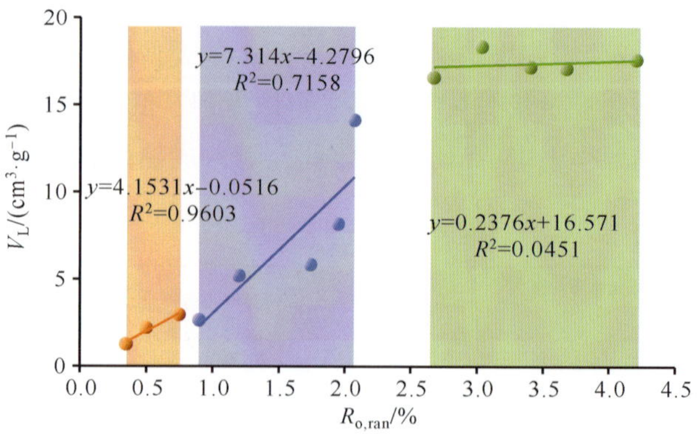

图 6-3　热模拟惰质组样品 V_L 与 $R_{o,ran}$ 的关系

惰质组样品在 $R_{o,ran}$ = 0.35%～0.75%阶段内，也随着成熟度的增大而增加，相比镜质组样品在第一阶段内的演化，惰质组的 Langmuir 体积增大较为迅速；在 $R_{o,ran}$ = 0.90%～2.07%阶段内，Langmuir 体积增大速率大幅增大，对比镜质组在第二阶段内的演化，惰质组样品在此阶段演化速率较小；在 $R_{o,ran}$ = 2.67%～4.20%阶段内，惰质组样品的 Langmuir 体积也随着成熟度增大而略微增大，但基本上保持平缓变化，演化速率小。

关于吸附能力随煤级变化的研究，结论不一。目前比较公认的结论为煤阶越高吸附能力越强，甲烷吸附量随着煤阶段变化而线性增大（Busch et al.，2011），本次研究也得出了与此一致的结论；但也有研究表明吸附量与煤阶的关系呈现“U”形变化趋势（Dutta et al.，2011；Zhao et al.，2019），还有学者认为煤对甲烷的吸附能力随着成熟度以分段式特征进行演化，如钟玲文（2004）和刘宇（2019）总结得出甲烷吸附量随成熟度增大先减小再增大最后再减小。由本书第一章第二节可知，煤的组成（水分、灰分及亚显微组分等）对煤的吸附性也具有较大的影响，因此笔者认为，煤的甲烷吸附能力随煤级的变化存在一定的争议是由于同煤级的煤样的亚显微组分、矿物及水分等组成存在差异，且不同地区的煤样经历的热演化过程也不尽相同，导致在研究煤对甲烷能力随煤级变化时其他变量没有做到完全一致，最终得出了不同的结论。

第二节　基于分子模拟的镜质组和惰质组中的甲烷吸附机理

煤中甲烷的吸附本质上是由于甲烷与煤分子之间存在相互作用力，这种相互作用力一方面受控于煤分子化学组成及空间分布特征，另一方面受控于孔隙结构特征（刘宇，2019）。本节基于分子动力学理论、量子力学理论和热力学平衡理论，结合分子模拟方法，计算甲烷与不同类型化学基团之间的相互作用力，计算出不同孔隙结构对甲烷吸附的影响，从分子层面探究甲烷与煤镜质组大分子相互作用机理。

采用 MS 软件进行各演化阶段的镜质组和惰质组样品中超微孔（<2 nm）及样品 YN-V-01 和样品 YN-I-01 中各化学基团对甲烷吸附的模拟计算，论文分别涉及了蒙特卡洛法和分子动力学计算方法。蒙特卡洛法本质上是一种统计模拟法，在吸附模拟过程中随机地产生或移动相关粒子，当移动粒子后体系的能量有所降低，则接受粒子该次的移动，基于这一标准增大实验样本的次数，当样本次数足够大时可逐渐趋近实际情况（Steele，2002）。分

子动力学方法是涉及物理、化学及数学等多门学科的计算机模拟方法，以经典的牛顿力学为基础，通过记录体系中的各粒子所受立场、在不同时刻的位移、速度和加速度等动力学参数，再从上述分子体系的不同状态所构成的系统中抽取样本点，最后计算构型的积分，以该结果进一步来分析体系的热力学性质及微观结构信息等（杨小震，2001）。

一、吸附质分子、吸附模型的构建

本节吸附模型以本书第三章和第四章所构建的最终分子模型为准，即采用经历了几何优化、退火、分子动力学以及微孔模拟后所获得的煤的最终构型为吸附模型。甲烷作为吸附物质，使用 $DMol^3$ 模块对其（甲烷）的分子模型进行几何优化，以获得优化构型，$DMol^3$ 模块的参数设置如表 6-1 所示。

表 6-1　本书使用 $DMol^3$ 模块计算采用的计算参数

参数	具体设定或参数值
能量交换相关泛函（XC functional）	B3LYP
核内电子处理方式（Core treatment）	DFT Semi-core Pseudopots（DSPP）
DFT-D 校正方法	Grimme
基组设置（Basis set）	DNP 3.5
SCF 收敛精度（Ha）	1.0×10^{-6}
几何优化能量收敛精度（Ha）	1×10^{-5}
几何优化最大力收敛精度（Ha/Å）	0.002
几何优化最大位移收敛精度（Å）	5×10^{-3}

优化计算后的甲烷分子，其构型如图 6-4 所示，甲烷分子的键长、角度统计如表 6-2 所示。

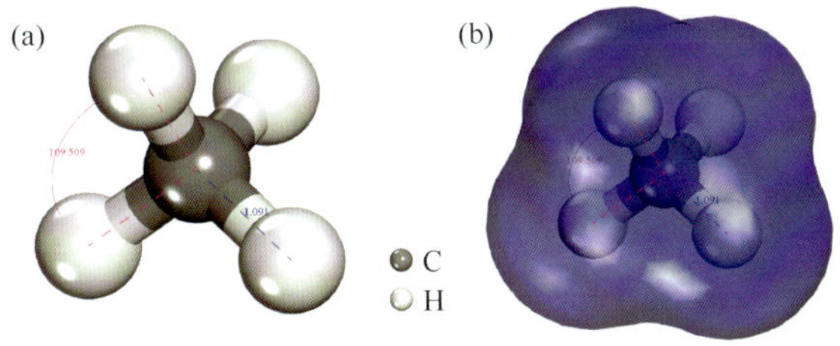

图 6-4　甲烷分子优化计算后的特征

（a）甲烷分子优化构型；（b）甲烷分子占据的体积

表 6-2　甲烷分子优化结果表

分子结构参数	计算值	实验值	相对误差/%
C-H 键长/Å	1.091	1.091	0
H-C-H 键角/(°)	109.509	109.467	0.038

注：实验值据邢其毅等，2005。

可以看到，甲烷分子的键长、键角的计算值与实验值差异的绝对值小于 0.1%，说明表 6-1 所述的计算参数能良好地支持甲烷分子的相关计算。此外，根据优化后的构型，可计算得到甲烷分子占据体积为 32.7 Å^3 [图 6-4（b）]，对应的等体积球直径为 4.0 Å，与实验值（4.1 Å）同样吻合良好。

优化后的甲烷分子中各原子的 Mulliken 电荷如图 6-5 所示，分析分子中原子的电荷性质，可以推测后续的吸附时的作用机制。

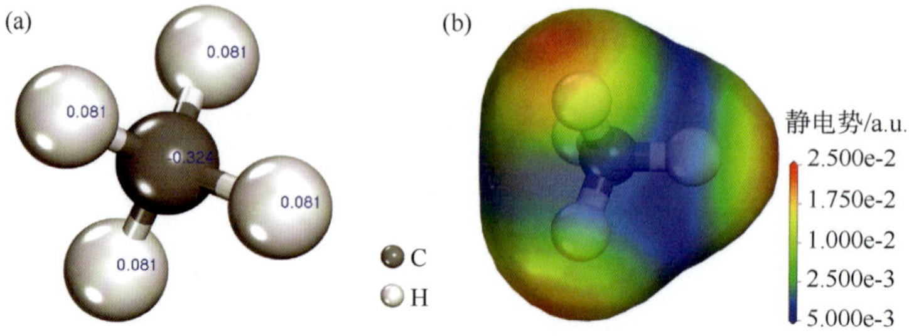

图 6-5　优化后甲烷分子中各原子的电荷分布特征

（a）甲烷分子各原子的 Mulliken 电荷；（b）甲烷分子各原子的静电势

静电势以不同颜色表示不同区域的电荷正负性和数值大小，可直观地反映出跟分子表面上的电荷分布特征，红色区域表示具有正电性，易与负电性粒子发生吸引；蓝色区域表示具有负电性，有吸附在正电性粒子周围的趋势。可以得出，甲烷分子中 H 原子带正电，但电性较弱，C 原子带负电，电性不强，且 C 原子位于 4 个氢原子中央，空间位阻很大，不容易与其他外部原子发生直接的相互作用，推测后续吸附时，由电荷主导的静电力对吸附能的贡献不大。

二、不同化学基团与甲烷间的相互作用

（一）吸附作用力分析

煤吸附甲烷气体的研究，主要使用 MS 软件的 Sorption 和 Forcite 两个模块。其中，Sorption 模块基于 GC-MC 理论，计算煤吸附甲烷的等温吸附线（即等温下吸附量随着压力的变化曲线）、吸附热和吸附位点；Forcite 模块基于分子动力学理论，计算煤与甲烷分子之间的吸附能，并解析吸附能的作用力贡献组成。吸附平衡后，使用 Forcite 模块运行分子动力学模拟，计算煤与甲烷之间的吸附能。具体参数设置：采用 NVT 系综，时间步长为 1 fs，初始速度设置为满足麦克斯韦-玻尔兹曼分布，温度设置为 30 ℃（303.15 K），恒温器采用 Andersen，一共计算 1000 ps，每 5 ps 输出一帧构型，一共收集 201 帧轨迹（包括 0 时刻的那一帧），用于数据分析。

分子动力学达到平衡后，对任意一帧构型，可按以下公式计算煤与甲烷分子的吸附能（E_{int}）。若 $E_{int}<0$，则说明煤与甲烷分子间存在吸附作用，且 E_{int} 数值越负则吸附作用越强烈。

$$E_{int}=E_{Coal+CH_4}-(E_{Coal}-E_{CH_4}) \tag{6-1}$$

式中：$E_{Coal+CH_4}$ 表示整个吸附模型的能量；E_{Coal} 表示单独煤的能量；E_{CH_4} 表示单独甲烷分子的能量。

式（6-1）计算出来的只是某一帧构型对应的吸附能，由某一帧构型获得的结果只是一个样本数据，并不具有能代表全体的统计意义。为此，需选取大量的样本进行统计分

析。本书取分子动力学平衡后的轨迹，共计 100 帧，每一帧均计算吸附能，并进行统计，然后取平均值 E_{INT}用以评价煤与甲烷分子之间吸附作用的强弱：

$$E_{INT} = \frac{\sum E_{int}}{n} \tag{6-2}$$

据表 6-3 分析得出如下基本规律：①8 个煤样与甲烷之间吸附能数值均为负值，说明存在吸附作用；②吸附能数值不大，在-5 kcal/mol 左右，推测主要为物理吸附；③吸附能贡献机理分析表明，8 个煤样与甲烷之间的吸附作用由范德华力主导，每种煤对甲烷的吸附能中，范德华力的贡献均占据 99%以上，进一步证实为物理吸附。

表 6-3　吸附能及作用力贡献分析

吸附分子	E_{INT} / kcal · mol^{-1}	静电力贡献 / kcal · mol^{-1}	静电力贡献 / %	范德华力贡献 / kcal · mol^{-1}	范德华力贡献 / %
YN-V-01	-5. 29±0. 37	-0. 03±0. 04	0. 63	-5. 26±0. 37	99. 37
YN-V-05	-4. 76±0. 23	-0. 01±0. 02	0. 13	-4. 75±0. 24	99. 87
YN-V-10	-4. 65±0. 22	-0. 01±0. 02	0. 27	-4. 64±0. 22	99. 73
YN-V-13	-4. 89±0. 20	-0. 01±0. 02	0. 28	-4. 88±0. 20	99. 80
YN-I-01	-4. 78±0. 19	-0. 02±0. 03	0. 35	-4. 76±0. 18	99. 65
YN-I-04	-4. 70±0. 23	-0. 01±0. 02	0. 13	-4. 68±0. 24	99. 57
YN-I-09	-4. 91±0. 17	-0. 01±0. 04	0. 20	-4. 90±0. 18	99. 80
YN-I-13	-4. 90±0. 19	-0. 01±0. 02	0. 28	-4. 89±0. 18	99. 72

（二）吸附位点分析

在甲烷吸附模拟过程中，对 8 个煤样中甲烷的吸附位点进行了标记（图 6-6，图 6-7）。图中以颜色差别表示 CH_4在煤样中不同区域的吸附选择性，出现颜色的区域，表示 CH_4在该区域容易吸附，且某个区域的颜色越暖，CH_4在该区域吸附的可能性越大，颜色最暖的区域，CH_4在这些区域最容易被吸附，即这些区域为煤中 CH_4吸附的最佳吸附位点。可以发现，随着成熟度的增大，镜质组和惰质组的吸附位点均增多，吸附位点多位于晶胞的边缘，且多吸附于侧链附近。

（三）镜质组和惰质组中不同化学基团吸附甲烷的能力

由本书第三章和第四章研究结果可知，镜质组和惰质组样品中均含有多种不同类型的化学基团，这些基团构成了煤中的大分子结构，但各化学基团的类型和含量因成熟度和煤岩显微组分不同而存在较大的差异。由本书第四章第五节的显微组分样品中微孔模拟结果可知，各化学基团构成了孔隙的表面，对微孔的形成与演化起到重要的控制作用，因此有必要对不同类型的化学基团对甲烷的吸附能力差异进行分析和比较，为研究不同显微组分的甲烷吸附能力演化机制提供依据。煤阶越低，煤中化学基团的类型越多，因此本书选取了样品 YN-V-01 和样品 YN-I-01 两个代表性较强的样品，以分析煤中不同化学基团对甲烷的吸附能力。

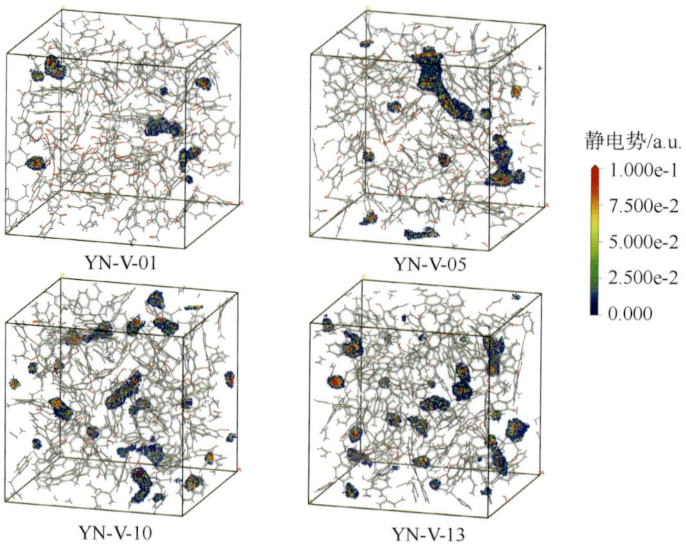

图 6-6　不同演化阶段的镜质组样品的吸附位点展布

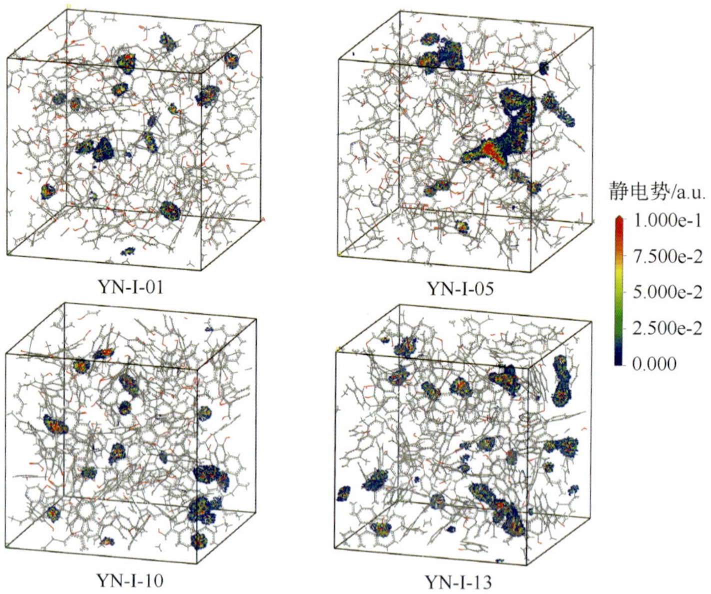

图 6-7　不同演化阶段的惰质组样品的吸附位点展布

1. 化学基团类型分析

以第三章测试结果及两个煤样的吸附构型为基础，首先对甲烷分子所吸附的孔壁官能团类型进行了初步分析，结果表明这两种煤分子均由 11 种官能团构成，分别为羟基、羰基、羧基、醚氧、甲基、亚甲基、次甲基、苯环、萘环、蒽环、并四苯及吡啶。然后将 CH_4分子吸附到样品 YN-V-01 和样品 YN-I-01 两个吸附构型，分析并统计 CH_4分子周围的官能团种类与数量。甲烷分子与化学基团间存在较强的相互作用时，两个分子中原子最短距离一般不超过 5 Å，因此以 5 Å 作为判定距离，若某个基团中原子与 CH_4分子中原子距离在 5 Å 以内，则认为该基团分布在 CH_4分子周围，计入统计，否则不计入，如图 6-8 至图 6-13 所示。图中 CH_4分子为蓝色，图中 CH_4与某官能团间存在虚线时，表示该基团分布在 CH_4分子周围 5 Å 以内。

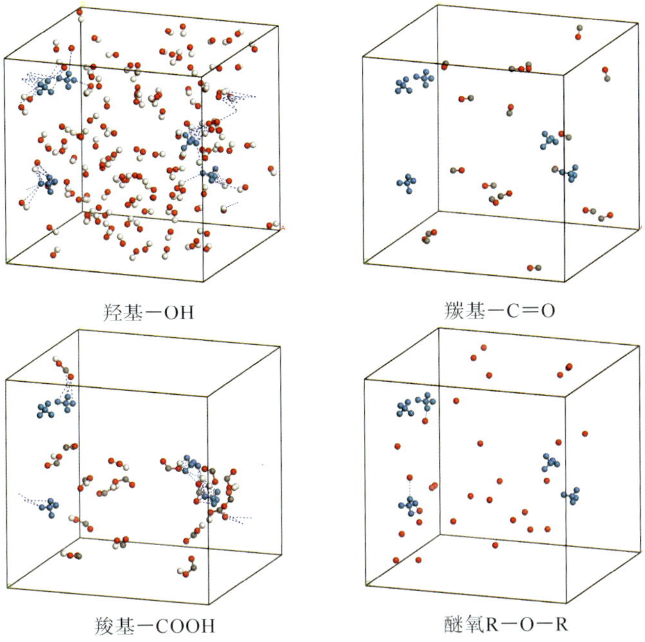

图 6-8　样品 YN-V-01 中 CH_4分子与含氧官能团的位置关系

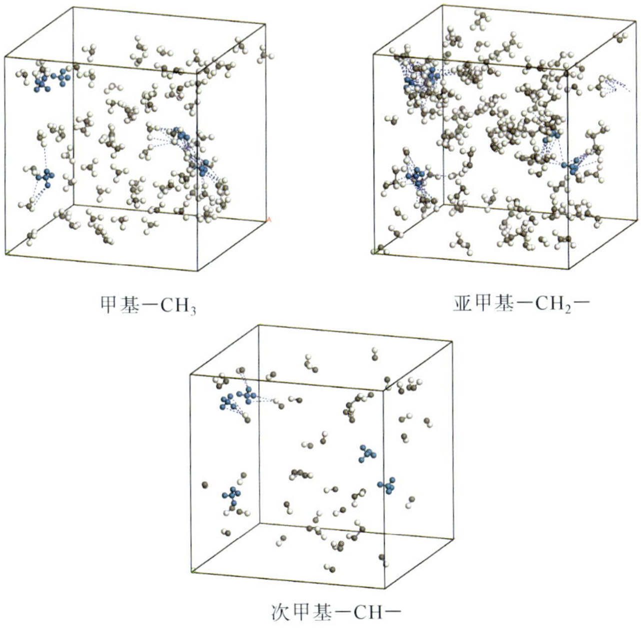

图 6-9　样品 YN-V-01 中 CH_4分子与脂肪结构的位置关系

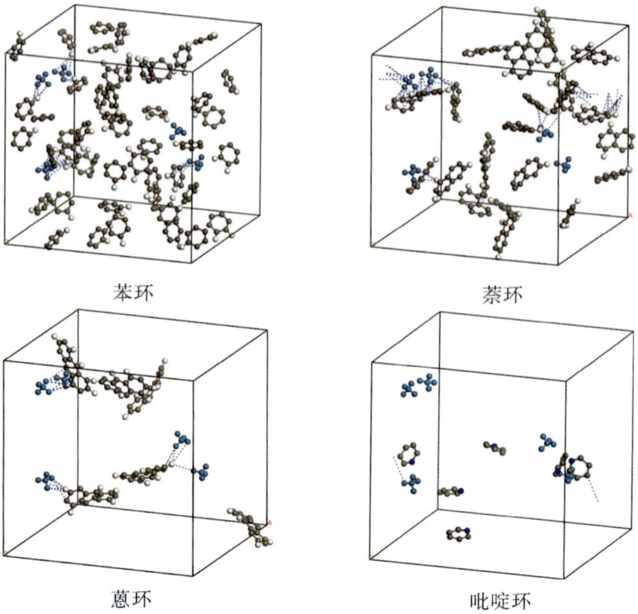

图 6-10　样品 YN-V-01 中 CH_4 分子与芳香环和杂原子环的位置关系

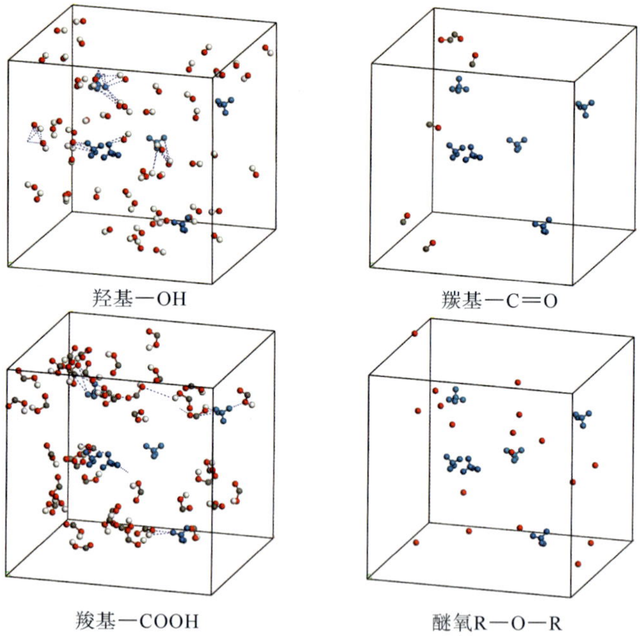

图 6-11　样品 YN-I-01 中 CH_4 分子与含氧官能团的位置关系

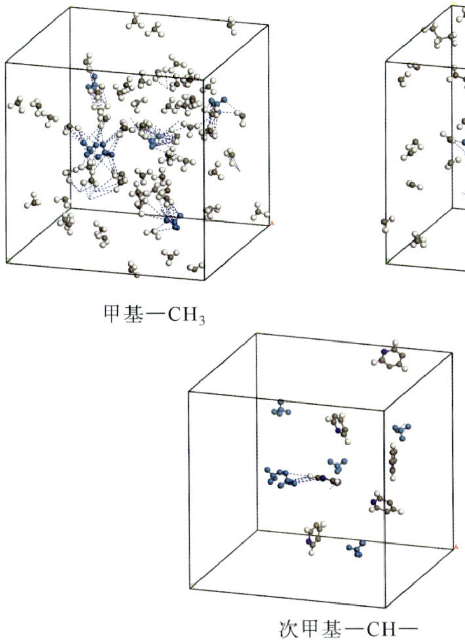

图 6-12　样品 YN-I-01 中 CH_4分子与脂肪结构和杂原子环的位置关系

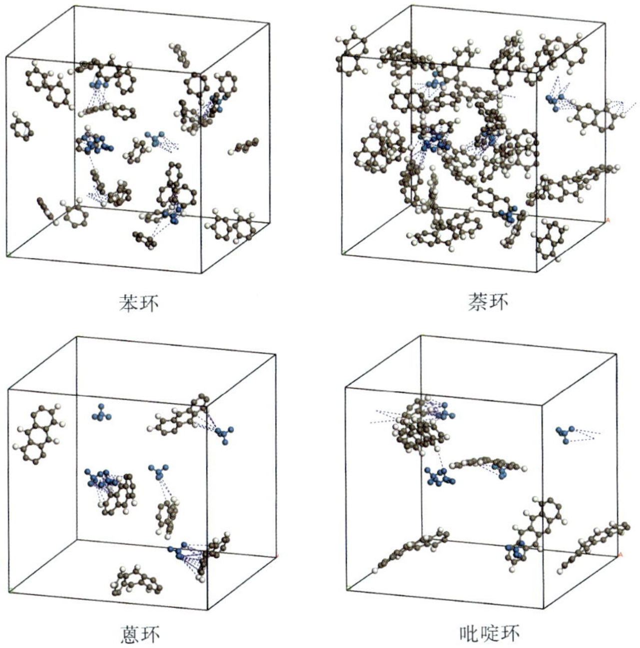

图 6-13　样品 YN-I-01 中 CH_4分子与芳香环的位置关系

2. CH_4分子吸附的孔壁官能团类型

为了研究样品 YN-V-01 和样品 YN-I-01 中 CH_4和化学基团之间的相互作用，在 Materials studio 2019 中标记各化学基团（图 6-14，图 6-15）。根据每种化学基团分布在 CH_4分子周围的绝对数量，以及分布在 CH_4分子周围的个数与其总数的比例，可判定出样品 YN-V-01 中 CH_4分子赋存的主要孔壁官能团类型为：羟基、羧基、甲基、亚甲基、苯环、萘环、蒽环和吡啶，共计 8 种（表 6-4；图 6-14），样品 YN-I-01 中 CH_4分子赋存的主要孔壁官能团类型为：羟基、甲基、亚甲基、苯环、萘环、蒽环和并四苯，共计 7 种（表 6-5；图 6-15）。

表 6-4　样品 YN-V-01 中 CH_4分子周围化学基团统计

化学基团类型	晶胞中化学基团数/个	5 Å 内数/个	与 CH_4发生作用比例/%	化学基团类型	晶胞中化学基团数/个	5 Å 内数/个	与 CH_4发生作用比例/%
羟基	132	17	12.88	次甲基	48	3	6.25
羰基	18	1	5.56	苯环	48	6	12.50
羧基	18	4	22.22	萘环	24	7	29.17
醚氧	30	3	10.00	蒽环	6	3	50.00
甲基	78	9	11.54	吡啶	6	1	16.67
亚甲基	156	25	16.03				

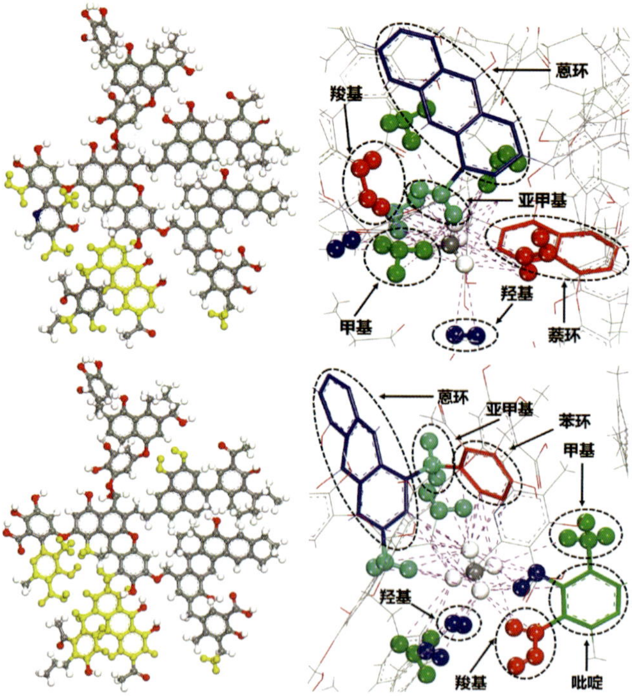

图 6-14　样品 YN-V-01 中 CH_4吸附的孔壁化学基团类型

表 6-5　样品 YN-I-01 中 CH_4分子周围化学基团统计

化学基团类型	晶胞中化学基团数/个	5 Å 内数/个	与 CH_4发生作用比例/%	化学基团类型	晶胞中化学基团数/个	5 Å 内数/个	与 CH_4发生作用比例/%
羟基	60	8	13.33	苯环	30	9	30.00
羰基	6	0	0.00	萘环	36	7	19.44
羧基	42	6	14.29	蒽环	6	4	66.67
醚氧	18	0	0.00	并四苯	6	3	50.00
甲基	66	18	27.27	吡啶	6	1	16.67
亚甲基	126	14	11.11				

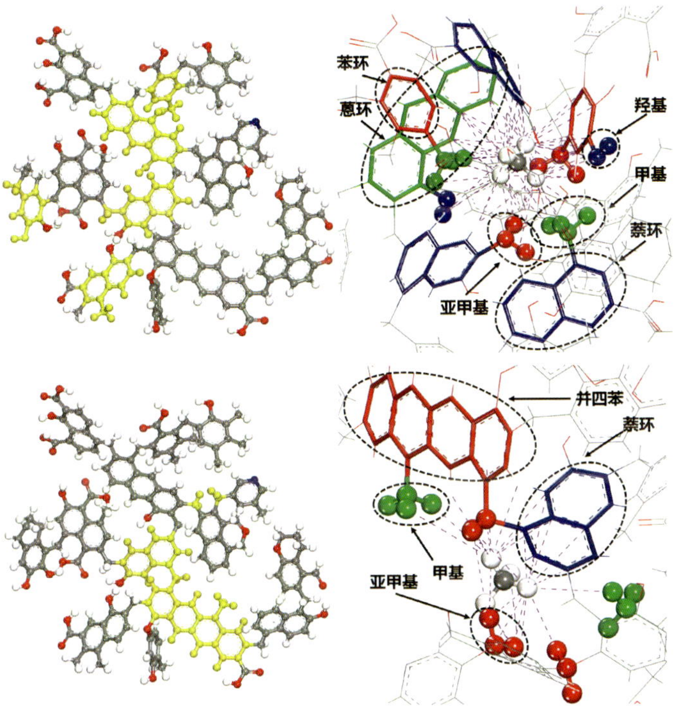

图 6-15　样品 YN-I-01 中 CH_4吸附的孔壁化学基团类型

为分析各化学基团对甲烷的吸附能力，对 CH_4围绕上述不同的化学基团的径向分布函数进行了计算，结果如表 6-6、表 6-7 和图 6-16 所示。样品 YN-V-01 中各化学基团的径向分布函数的峰值 $g(r)$ 基本上出现在 3.75~7.75 Å 距离范围内，出现的顺序为：蒽环、并四苯（3.75 Å）>萘环（3.95 Å，7.75 Å）>羟基（4.45 Å）>苯环（4.85 Å）>甲基（5.95 Å）>亚甲基（7.45 Å），样品 YN-I-01 中各化学基团的径向分布函数的峰值 $g(r)$ 出现在 4.05~6.75 Å 距离范围内，出现的顺序为：苯环（4.05 Å）>萘环、蒽环、吡啶环（4.15 Å）>羟基（5.15 Å）>亚甲基（5.25 Å，6.75 Å）>甲基（6.15 Å）。Song 等（2017）认为，径向分布函数的峰值对应的距离一定程度上可以反映出化学基团的吸附能力，因此从样品 YN-V-01 和样品 YN-I-01 的径向分布函数结果可以看出，镜质组和惰质组中化学基团的吸附能力存在一定的差异，整体上两个煤样中吸附能力的排序均为芳香环>羟基>脂肪侧链。

数增大吸附能减小的特征。在样品 YN-V-01 中蒽环与甲烷的吸附能最小，为-3.32 kcal/mol，萘环与甲烷的吸附能大于蒽环，为-2.91 kcal/mol，苯环的吸附能最大，为-1.87 kcal/mol；样品 YN-I-01 中芳香环的吸附能排序为：苯环与甲烷的吸附能最大，为-2.19 kcal/mol，萘环的吸附能次之，为-2.69 kcal/mol，蒽环的吸附能略小于萘环，为-2.83 kcal/mol，并四苯与甲烷的吸附能最小，为-3.34 kcal/mol。两相比较，可以发现，镜质组的芳香环与甲烷之间的吸附能也整体大于惰质组的，说明镜质组的芳香环的吸附能力也小于惰质组。

样品 YN-V-01 和样品 YN-I-01 中含氧官能团与甲烷间的吸附能分别为-1.12～-1.62 kcal/mol和-1.21～-1.65 kcal/mol。其中样品 YN-V-01 中含氧官能团的吸附能排序为羰基（-1.62 kcal/mol）<羧基（-1.45 kcal/mol）<羟基（-1.36 kcal/mol）<醚氧（-1.12 kcal/mol），样品 YN-I-01 中含氧官能团的吸附能排序为羧基（-1.65 kcal/mol）<羰基（-1.57 kcal/mol）<羟基（-1.34 kcal/mol）<醚氧（-1.21 kcal/mol）。两相比较，发现镜质组和惰质组中含氧官能团与甲烷间的吸附能大小差异较小。镜质组和惰质组的杂原子环与甲烷之间的吸附能较为一致，均介于苯环和萘环的吸附能之间，分别为-2.20 kcal/mol和-2.24 kcal/mol。

图 6-17 为样品 YN-V-01 中甲烷在各含氧官能团上吸附的稳定构型，甲烷吸附羟基时，当体系达到能量平衡状态时，羟基中的氧原子与甲烷的距离较近，最小为 3.143 Å，羟基中的氢原子与甲烷的距离则较远。羰基吸附甲烷达到能量平衡状态时，与甲烷分子最近的距离为2.843 Å。羧基吸附甲烷达到能量平衡状态时，羧基中单键氧原子相比双键氧原子，前者与甲烷分子距离更近，两个氧原子与甲烷分子最近的距离分别为 2.811 Å 和 3.221 Å。醚氧基团与甲烷吸附的稳定构型中，氧原子与甲烷最近的氢原子距离为 3.656 Å。综上可以看出，在吸附稳定体系下，样品 YN-V-01 中各含氧官能团与甲烷分子最近距离呈正相关关系，即吸附平衡距离越近，官能团的吸附能力越大。

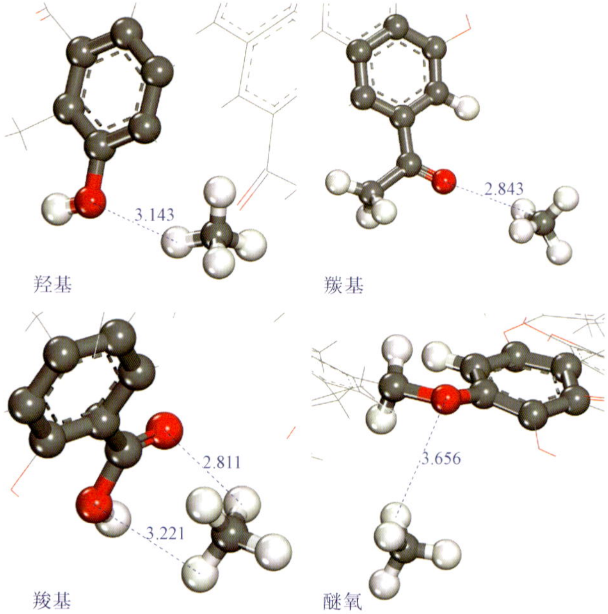

图 6-17　样品 YN-V-01 中含氧官能团吸附甲烷的吸附构型
（距离单位：Å）

图 6-18 为样品 YN-V-01 中甲烷在脂肪侧链上吸附的稳定构型，当甲基吸附甲烷的

能量达到平衡状态时，甲烷中与甲基最近的原子为氢原子，其与甲基上相距最近的氢原子的距离分别为 2. 452 Å 和 2. 793 Å。当亚甲基吸附甲烷的能量达到平衡状态时，甲烷分布在与苯环相连的亚甲基附近，亚甲基中的氢原子与甲烷最近的距离为 2. 568 Å。甲烷吸附次甲基的体系能量达到平衡时，次甲基中氢原子与甲烷分子最近的氢原子距离为 2. 549 Å 和 3. 147 Å。甲烷在脂肪侧链上吸附的稳定体系下，各脂肪侧链结构与甲烷分子最近距离差异较小，与吸附能的相关性较差。

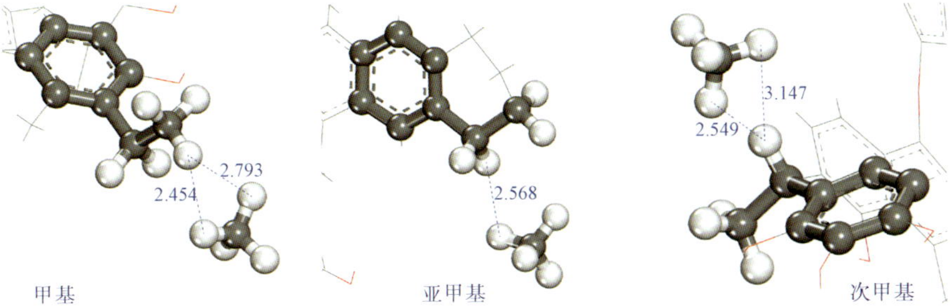

图 6-18　样品 YN-V-01 中脂肪侧链吸附甲烷的吸附构型
（距离单位：Å）

图 6-19 为样品 YN-V-01 中甲烷在芳香环和杂原子环上吸附的稳定构型。甲烷吸附苯环的体系达到能量平衡时，甲烷中最近的氢原子与苯环上的碳原子距离最小为 3. 244 Å 和 3. 291 Å。萘环与甲烷吸附稳定构型中，甲烷以 up 形式分布在萘环上方，即甲烷分子中有一个氢原子与芳香环垂直，甲烷中其余 3 个氢原子与苯环上最近的碳原子的距离分别为 2. 913 Å，3. 047 Å 和 3. 592 Å。甲烷吸附蒽环的稳定构型中，甲烷中最近的氢原子与蒽环上的碳原子距离最小为 2. 938 Å 和 2. 974 Å。甲烷吸附吡啶环的稳定构型中，甲烷中最近的氢原子与吡啶环上的碳原子和氮原子的距离最小为 3. 559 Å 和 4. 140 Å。综上，结合各芳香环的吸附能分析，可以发现，吸附平衡距离与吸附能呈正相关关系，与吸附能力呈负相关关系，即随着芳香环数增大，芳香环与甲烷的吸附平衡距离减小，对甲烷的吸附能力增大。

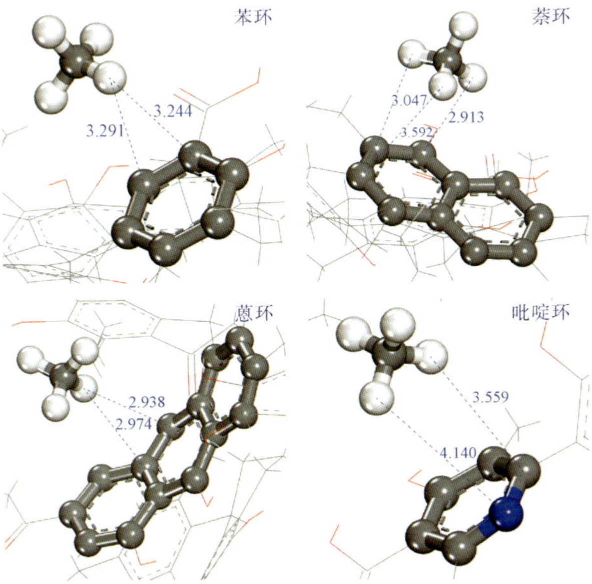

图 6-19　样品 YN-V-01 中芳香环与杂原子环吸附甲烷的吸附构型
（距离单位：Å）

图 6-20 为样品 YN-I-01 中甲烷在各含氧官能团上吸附的稳定构型，甲烷吸附羟基的体系达到能量平衡时，羟基中的氢原子距离甲烷最近，为 2.798 Å，羟基中的氧原子距离甲烷则较远，为 2.900 Å。甲烷吸附羰基的体系达到能量平衡时，羰基上的氧原子与甲烷最近的距离为 2.798 Å。甲烷吸附羧基达到能量平衡时，羧基中双键氧原子与甲烷分子最近的氢原子距离为 3.352 Å，单键氧原子与甲烷分子最近的氢原子距离为 2.782 Å。醚氧基团与甲烷吸附的稳定构型中，氧原子与甲烷最近的氢原子距离为 2.865 Å。综上可以看出，在吸附稳定体系下，样品 YN-I-01 中各含氧官能团与甲烷分子最近距离也呈正相关关系，即距离越近，官能团的吸附能越小，吸附能力越大。

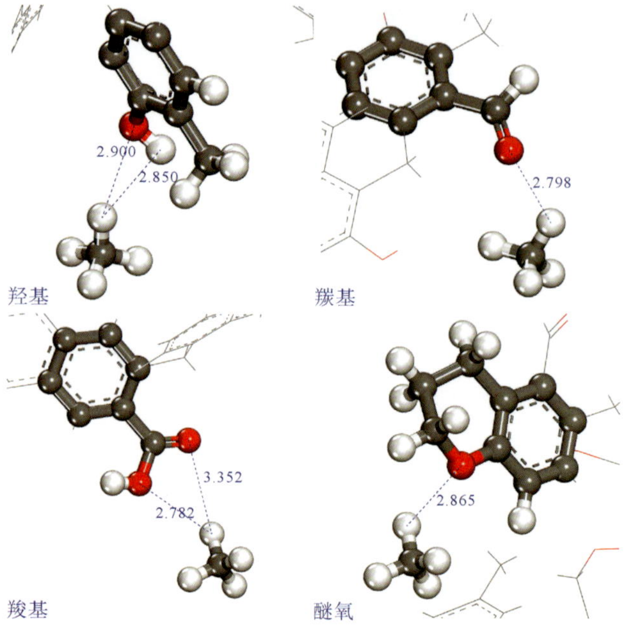

图 6-20　样品 YN-I-01 中含氧官能团吸附甲烷的吸附构型

（距离单位：Å）

图 6-21 为样品 YN-I-01 中甲烷在脂肪侧链与杂原子环上吸附的稳定构型。甲烷吸附甲基达到整体能量平衡状态时，两个分子中的氢原子间的距离最近，最小为 2.496 Å 和 3.301 Å。甲烷吸附亚甲基达到能量平衡状态时，甲烷吸附于与苯环相连的亚甲基附近，两个分子中的氢原子间的距离最近，最小为 3.002 Å 和 3.376 Å。甲烷吸附吡啶达到能量平衡状态时，吡啶环中氮原子、氢原子与甲烷分子最近的氢原子距离分别为 2.922 Å、3.304 Å 和 3.791 Å。

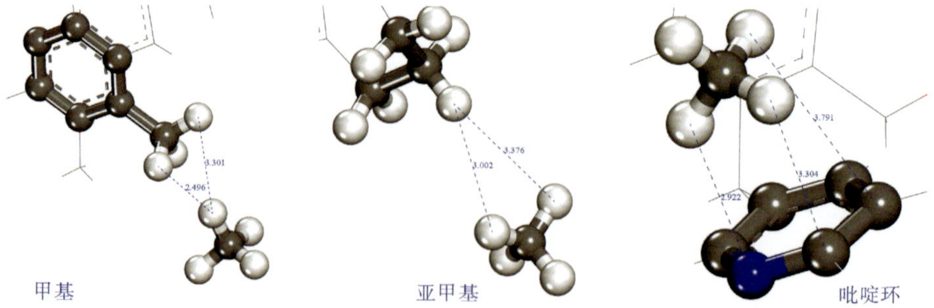

图 6-21　样品 YN-I-01 中脂肪侧链与杂原子环吸附甲烷的吸附构型

（距离单位：Å）

图 6-22 为样品 YN-I-01 中甲烷在芳香环上吸附的稳定构型。甲烷吸附苯环达到能量平衡状态时，其上最近的氢原子与苯环上的碳原子距离最小为 3.017 Å、3.056 Å、3.175 Å和 3.395 Å。萘环与甲烷吸附稳定构型中，甲烷以 up 形式分布在萘环上方，即甲烷分子中有一个氢原子与芳香环垂直，甲烷中其余 3 个氢原子与苯环上最近的碳原子的距离分别为 3.122 Å、3.311 Å 和 3.423 Å。甲烷吸附蒽环的稳定构型中，甲烷中最近的氢原子与蒽环上的碳原子距离最小为 2.871 Å、3.172 Å 和 3.244 Å。甲烷吸附并四苯的稳定构型中，甲烷中最近的氢原子与并四苯上的碳原子的距离最小为 2.864 Å 和 2.939 Å。综上，结合各芳香环的吸附能分析，可以发现，吸附平衡距离与吸附能也呈一定的正相关关系，即随着芳香环数增大，芳香环与甲烷的吸附平衡距离减小，对甲烷的吸附能力增大。

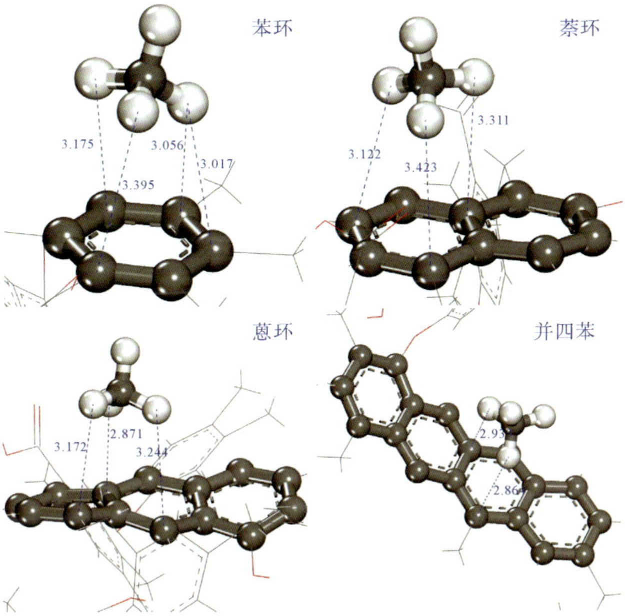

图 6-22　样品 YN-I-01 中芳香环吸附甲烷的吸附构型

（距离单位：Å）

整体上，样品 YN-V-01 和样品 YN-I-01 中各化学基团吸附甲烷稳定时，吸附平衡距离为 2.454~3.656 Å。综合分析镜质组和惰质组中各化学基团对甲烷的吸附能和吸附平衡距离，发现不同类型的化学结构间的吸附能和吸附平衡距离不存在显著的正相关关系，这是因为吸附能除与原子间距离相关外，还与基团的原子类型等有一定的关系（刘宇，2019），同类型的化学结构具有相同或者相似的原子类型，因此同类型化学结构的吸附能与吸附平衡距离呈现出较好的正相关性。综合来看，构成微孔孔壁的化学基团类型里，芳香环具有最大的吸附能力，芳香环缩合度越大，吸附能力越强，其次是含氧官能团，脂肪结构的吸附能力最小，杂原子环的吸附能力介于苯环和萘环之间，且惰质组的芳香环和含氧官能团的吸附能力强于镜质组。镜质组中具体的各化学基团吸附甲烷能力排序为：蒽环>萘环>吡啶>苯环>羰基>羧基>羟基>醚氧>次甲基>甲基>亚甲基，惰质组中具体的各化学基团吸附甲烷能力排序为：并四苯>蒽环>萘环>吡啶>苯环>羧基>羰基>亚甲基>羟基>醚氧>甲基。

三、煤中不同孔径段孔隙对甲烷的吸附特征

甲烷在不同演化阶段的镜质组和惰质组中样品大分子结构超微孔中的吸附特征如图 6-23和图 6-24 所示，采用 Langmuir 吸附模型进行拟合，如表 6-10 所示。由表 6-10 和图 6-23、图 6-24 可以看出，各样品的模拟吸附量与 Langmuir 方程具有很好的拟合度，R^2基本上大于 0. 99。镜质组样品超微孔中甲烷吸附的 Langmuir 体积为 0. 85~24. 47 cm^3/g，Langmuir 压力为 0. 44~1. 01 MPa；惰质组样品超微孔中甲烷吸附的 Langmuir 体积为0. 96~15. 63 cm^3/g，Langmuir 压力为 0. 63~1. 49 MPa。由表 6-10 可知，随着成熟度增大，镜质组和惰质组样品超微孔对甲烷吸附的能力逐渐增大，且镜质组的变化更大。在相似或者相同成熟度时，基本上呈现出镜质组的超微孔甲烷吸附能力大于惰质组，且在低煤阶时，镜质组和惰质组的吸附能力没有显著差异，随着成熟度的增大，两个显微组分之间的吸附能力差异逐渐增大，与实验测试结果一致，这也说明超微孔对煤中甲烷吸附能力的贡献度较大。

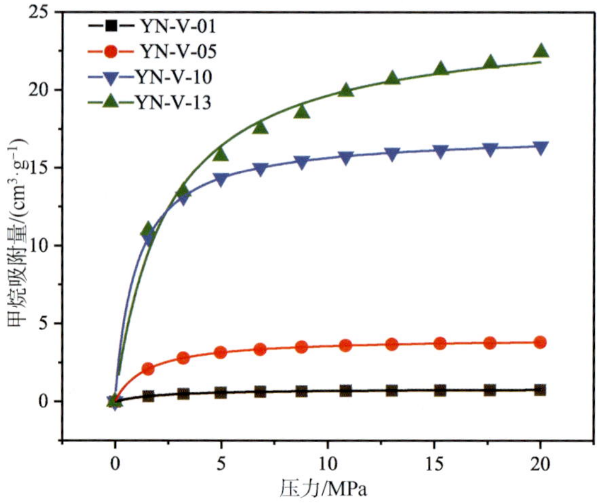

图 6-23　甲烷在不同演化阶段的镜质组大分子结构超微孔中的吸附特征

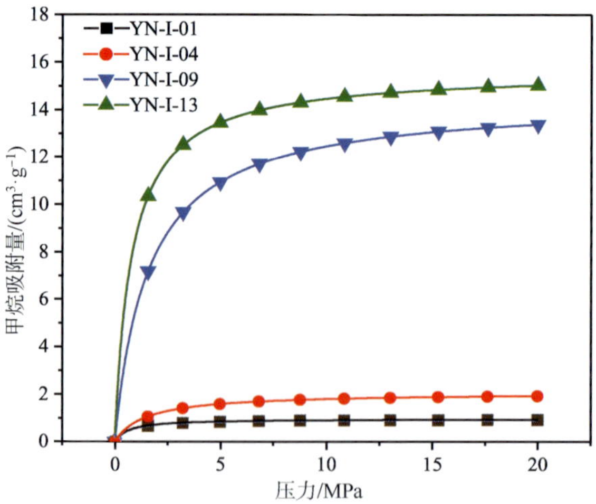

图 6-24　甲烷在不同演化阶段的惰质组大分子结构微孔中的吸附特征

表 6-10　不同演化阶段的镜质组和惰质组样品等温吸附模拟参数

样品编号	模拟 V_L cm³·g⁻¹	模拟 P_L MPa	实测总 V_L cm³·g⁻¹	Langmuir 拟合度 (R^2)	吸附贡献度/%
YN-V-01	0.85	0.44	1.33	0.994	63.91
YN-V-05	4.12	0.621	5.8	0.996	71.03
YN-V-10	17.23	1.01	20.47	0.995	84.17
YN-V-13	24.47	0.41	27.44	0.970	89.18
YN-I-01	0.96	1.49	1.28	0.992	75.00
YN-I-04	2.08	0.67	2.68	0.997	77.61
YN-I-09	14.45	0.63	16.6	0.999	87.05
YN-I-13	15.63	1.25	17.62	0.999	88.71

根据实验测试的甲烷总吸附量及模拟计算所得的超微孔甲烷吸附量，对超微孔（<2 nm）及 2~10000 nm 孔隙对甲烷吸附的贡献度进行了简单计算，可为后续显微组分的甲烷吸附能力的差异性演化机制分析提供一定的依据，如表 6-10 所示。可以看出，随着成熟度增大，超微孔的甲烷吸附贡献度逐渐增大，2~10000 nm 孔隙的贡献度逐渐减小，这也与刘宇（2019）的研究结果一致。但超微孔的贡献度增大速率随着演化阶段的增大而变得逐渐平缓，其中对镜质组样品而言，第一演化阶段内，超微孔对甲烷的吸附贡献度大幅度增大，第二、三演化阶段有所变缓；对惰质组样品而言，第二演化阶段内超微孔贡献度涨幅最大，第一演化阶段次之，第三演化阶段内基本保持不变。由本书第六章第二节研究可知，超微孔的甲烷吸附能力一方面取决于各化学基团的吸附作用力，一方面取决于超微孔的孔容，即化学基团与甲烷分子相互作用的场所。而 2~10000 nm 孔隙的甲烷吸附能力则一方面与各化学基团的吸附能力有关，另一方面与孔隙的体积、比表面积等关系重大（刘宇，2019）。

第三节　煤中组分结构对甲烷吸附的影响

一、大分子结构演化对甲烷吸附的影响

众所周知，煤阶变化和煤岩组分改变的最终结果是影响煤中大分子结构，因此煤阶对甲烷吸附能力的影响归根结底是煤的微观结构对甲烷吸附的影响。图 6-25 至图 6-27 为热模拟镜质组和惰质组样品的 Langmuir 体积与不同的化学基团含量、芳香环缩合度及尺寸的关系，可以看出相关性均较强。

随着芳香碳和芳香环含量的增大，镜质组和惰质组样品的吸附能力均呈现出指数性增大的变化趋势。对镜质组样品而言，当 65%<F_a(100~220)<80%，60%<f'_a(100~165)<73%时，Langmuir 体积增大速率继续较缓；当 80%<F_a(100~220)<85%，73%<f'_a(100~165)<84%时，Langmuir 体积继续增大，演化速率有所增大；当 F_a(100~220)>85%，f'_a(100~165)>84%时，Langmuir 体积随着芳香环含量的增大而快速增大。对惰质组样品而言，以 F_a(100~220)= 85%，f'_a(100~165)= 80%时为界，甲烷吸附能力随芳香环含量增大也呈现出不同的演化速率，即当 F_a（100~220)<85%，f'_a(100~165)<80%时，甲烷吸附能力缓慢

增大，当 F_a(100~220)>85%，f'_a(100~165)>80%时，甲烷吸附能力较快速地增大[图6-25（a），（b）]。由图6-26和图6-27可以看出，甲基、亚甲基及次甲基、羰基及羧基等化学基团对甲烷吸附能力的则总体呈现出负面的影响，即随着上述基团含量的增大，甲烷吸附能力以指数性变化趋势而逐渐减小。综上可知，在不同的化学基团含量范围内，甲烷吸附能力演化趋势及演化速率存在差异，呈现出分段性演化特征。

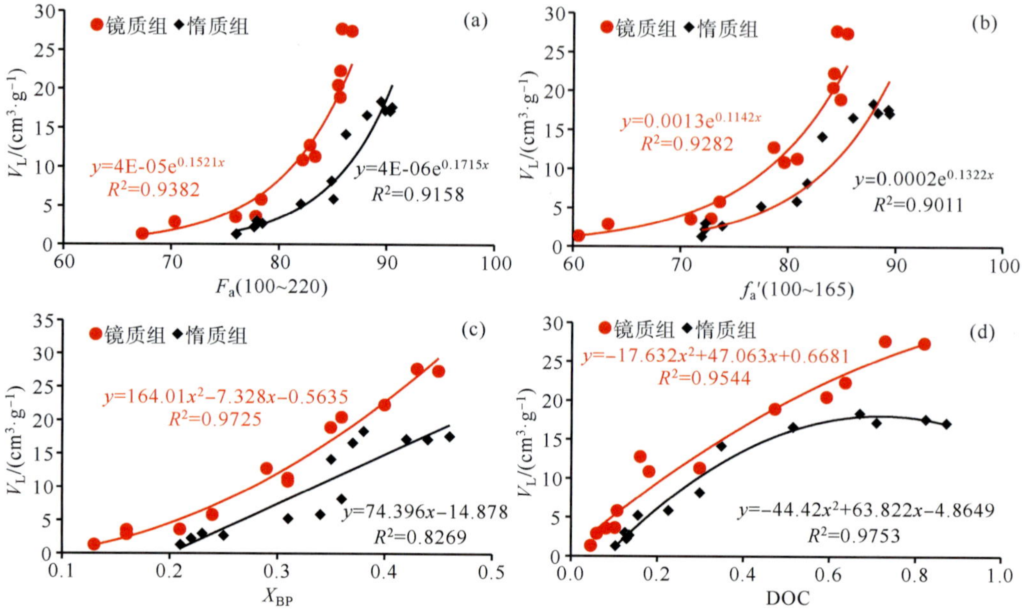

图6-25　热模拟镜质组与惰质组样品的 V_L 与芳香结构参数的关系

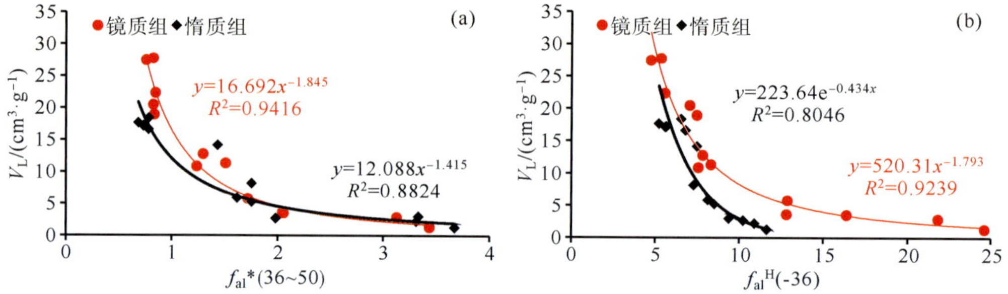

图6-26　热模拟镜质组与惰质组样品的 V_L 与脂肪结构参数的关系

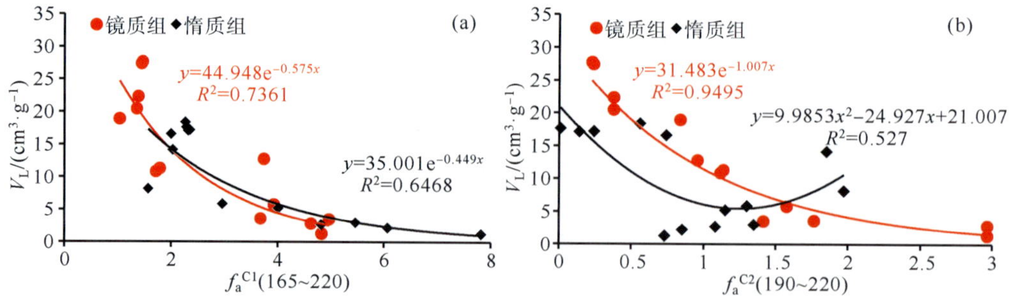

图6-27　热模拟镜质组与惰质组样品的 V_L 与含氧官能团的关系

由本书第六章第二节分析可知，镜质组中具体的各化学基团吸附甲烷能力排序为：蒽环>萘环>吡啶>苯环>羰基>羧基>羟基>醚氧>次甲基>甲基>亚甲基，惰质组中镜质组中具体的各化学基团吸附甲烷能力排序为：并四苯>蒽环>萘环>吡啶>苯环>羧基>羰基>亚甲基>羟基>醚氧>甲基。即各基团本身对甲烷吸附能力是正向影响，但随着热模拟的推进，芳香环数量增多，芳香环由苯环和萘环为主转变为三环、四环及五环芳香烃为主，脂肪侧链和含氧官能团减少，芳香环对甲烷吸附能力影响的比重随着芳香环含量的增大而逐渐增大，因此脂肪侧链和含氧官能团减少随之带来的芳香环数量的增多带来的对甲烷吸附的正面影响远于这两类化学基团减少对甲烷吸附能力造成的负面的影响，这就导致随着甲基、亚甲基、羧基及羰基等的减少，甲烷吸附能力整体呈现出增大的变化趋势，二者表现为负相关关系，反之随着芳香结构含量增加，随着芳香环尺寸和缩合度的增大，显微组分的甲烷吸附能力随之增大。

二、微晶结构演化对甲烷吸附的影响

由图6-28可以看出，镜质组和惰质组样品的Langmuir体积随层间距 d_{002} 增大而减小，随延展度（L_a）、堆砌度（L_c）及堆砌层数（N_{ave}）的增大而增大，且Langmuir体积的变化速率随微晶结构的空间尺寸不同而发生变化。镜质组样品的微晶结构空间尺寸与甲烷吸附能力的相关系数为0.87~0.95，相关性较强；惰质组样品的微晶结构空间尺寸与甲烷吸附能力的相关系数为0.64~0.95，相关性与镜质组相比较弱一些。也就是说，随着微晶结构变得更加紧凑，定向性和有序度增强，显微组分对甲烷吸附能力逐渐增大。惰质组样品因其微晶结构更加靠近石墨结构，在热模拟过程中微晶结构尺寸整体的变化较小，因此对甲烷吸附的影响较小。

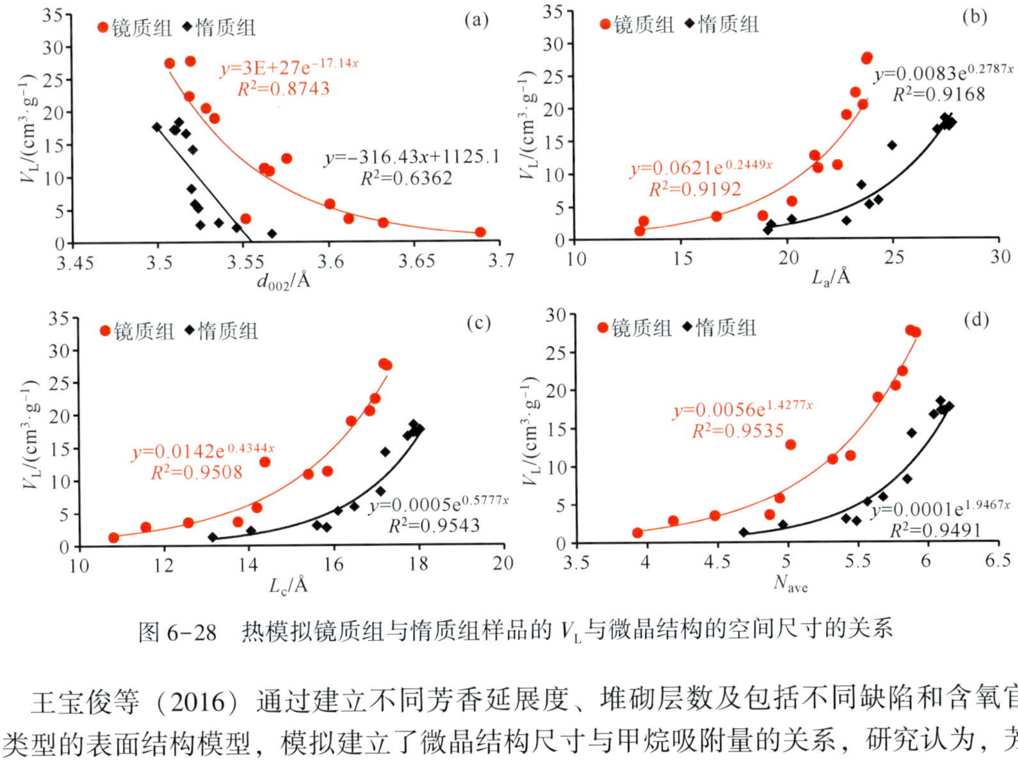

图6-28　热模拟镜质组与惰质组样品的 V_L 与微晶结构的空间尺寸的关系

王宝俊等（2016）通过建立不同芳香延展度、堆砌层数及包括不同缺陷和含氧官能团类型的表面结构模型，模拟建立了微晶结构尺寸与甲烷吸附量的关系，研究认为，芳香单元延展度增大时，单位质量的煤吸附位点不变，造成煤对甲烷气体分子的超额吸附量基本不变，即单位质量的煤吸附甲烷气体的体积不变，因此延展度的变化只对煤表面对甲烷吸附的绝对吸附量有影响。也就是说芳香结构的增多和芳香体系的增大，芳香单元本身对单位质量的甲烷吸附能力没有影响，但由图 6-28（b）显然可以发现，延展度对甲烷吸附起到正向的影响作用，这可能就是芳香单元构成孔壁时增加的孔壁吸附位所造成的，也就是说芳香单元延展度、层间距本质上是微晶结构变化所造成的孔隙结构变化对甲烷吸附能力产生了影响。另外，王宝俊等计算发现随着芳香单元堆砌层数的增加，单位质量中甲烷吸附能力会随之减少，但实际实验测试显示堆砌度和堆砌层数的增加与甲烷吸附能力之间是正相关关系，究其原因可能是在进行不同微晶结构尺寸的煤模型的甲烷吸附模拟时忽略了分子结构变化对微孔结构的影响，进而忽略了孔隙结构对甲烷吸附的影响。

三、孔隙结构演化对甲烷吸附的影响

（一）不同孔径孔隙对甲烷吸附的影响

1. 微孔（<10 nm）对甲烷吸附的影响

微孔由于其孔径较小，对甲烷分子的束缚能力较强，且微孔能提供较大的比表面积，对甲烷吸附能力的影响作用较强。因此，笔者对微孔（<10 nm）孔容对甲烷吸附能力的影响进行了分析，如图 6-29 所示。

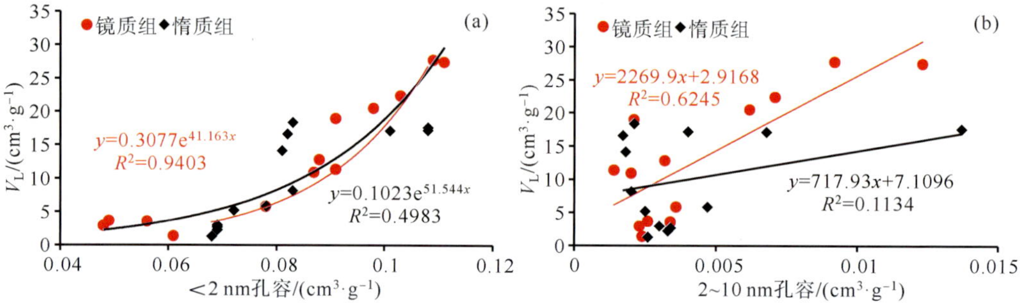

图 6-29　镜质组与惰质组样品的 V_L 与不同孔径段（<10 nm）孔容的关系

由图 6-29（a）可以看出，<2 nm 的微孔孔容对甲烷吸附的影响最大，孔径越大，其影响力最小。当孔径<2 nm 时，镜质组样品的 Langmuir 体积随着微孔（<2 nm）孔容的增大整体以增大的趋势变，相关系数较大，为 0.9403，说明相关性较强；惰质组样品的 Langmuir 体积随微孔（<2 nm）孔容的增大整体也呈现出增大的变化趋势，相关系数为 0.4983，相关性与镜质组相比较差。

该范围内又以 0.31~0.44 nm 的孔隙孔容对甲烷吸附能力影响最大，由图 6-30（a）可以看出，镜质组和惰质组样品的 Langmuir 体积均随着 0.31~0.44 nm 孔径范围内的孔容的增大而增大，其中镜质组样品的相关系数高达 0.89，惰质组样品的相关系数为 0.73，说明该孔径段内的孔隙孔容对甲烷吸附能力影响较大；由图 6-30（b）可知，0.46~0.6 nm 孔径范围内的孔隙孔容对镜质组的 Langmuir 体积影响较大，随着孔容的增加，Langmuir 体积增大，但相关系数为 0.74，相比 0.31~0.44 nm 孔径段的孔容其相关性较差，对甲烷吸附的影响较弱，但惰质组样品的 0.46~0.6 nm 孔径段的孔隙体积则对甲烷吸附则是几乎没有影响；观察图 6-30（c）可以看出，0.63~0.9 nm 孔径段的孔容对甲烷吸附的影响微弱，镜质组样品的 Langmuir 体积与之整体呈现出微弱的正相关性，惰质组样品的 Langmuir 体积则与之不存在相关性；对于 0.9~1.5 nm 孔径段的孔容而言，其与镜质组样品的 Langmuir 体积相关性较强，相关系数为 0.70，与惰质组样品的 Langmuir 体积则也是没有相关［图 6-30（d）］。

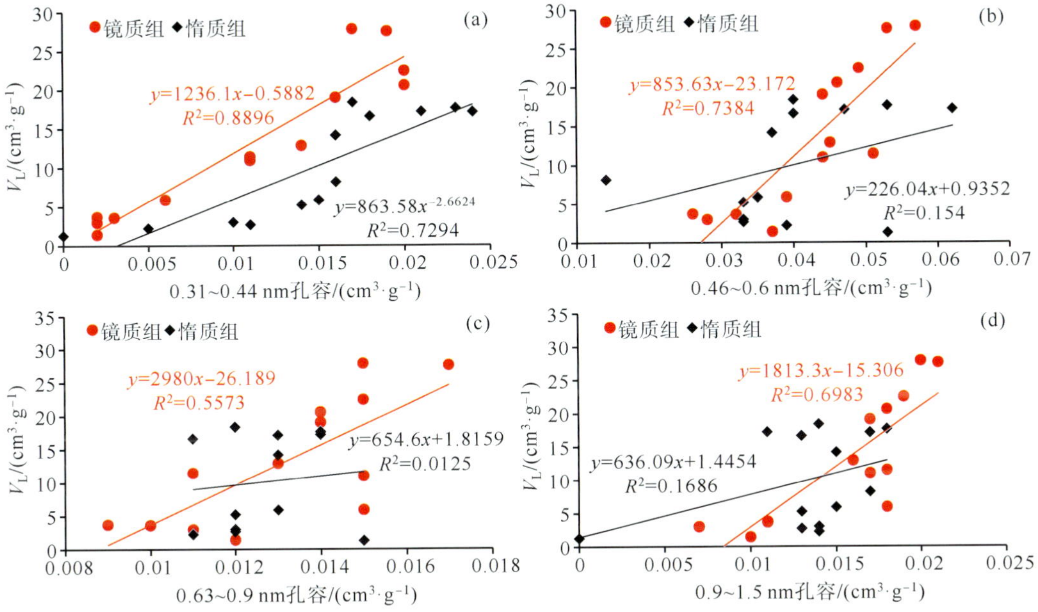

图 6-30　热模拟镜质组和惰质组样品的 V_L 与不同孔径段的微孔（<2 nm）孔容的关系

综上，镜质组样品<2 nm 孔径段的孔容整体上对甲烷吸附的影响较大，惰质组样品的则较小，且对镜质组样品而言尤以 0.31~0.44 nm 范围内的孔隙的影响为主，其次对甲烷吸附的贡献度较大的为 0.46~0.6 nm 及 0.9~1.5 nm 孔径段的孔隙，0.63~0.9 nm 孔径段的孔隙影响最小；对惰质组样品而言，<2 nm 孔径段的孔隙主要是 0.31~0.44 nm 范围内的孔隙对其甲烷吸附有影响，其余孔径范围内的孔隙影响微乎其微。

由图 6-29（b）可知，2~10 nm 孔径段的微孔孔容与两组热模拟序列的显微组分的 Langmuir 体积表现出较弱的相关性，其中镜质组样品的甲烷吸附能力以正相关性随着该孔径段的微孔孔容增大而增加，惰质组样品则不存在相关关系。根据刘宇（2019）的研究，认为当孔隙孔径大于 2 nm 后，单位比表面积上的甲烷吸附量与孔隙孔径无关，此时单位比表面积甲烷吸附量仅取决于孔隙表面特性，即 3~10 nm 孔径段内的孔隙对甲烷吸附的影响由其比表面积决定，孔径退为次要甚至不重要的影响因素。

2. 小-中-大（10~10000 nm）孔对甲烷吸附的影响

按照本次研究的孔隙分类方案，中大孔由于孔径较大，虽然二者对甲烷分子的束缚能力较弱，不容易发生吸附，但其对甲烷吸附的贡献度也不可忽视，据刘宇（2019）研究及本次研究可知，介孔-宏孔对甲烷吸附的贡献度可达到 11%~43%，因此也对小-中-大孔（10~10000 nm）孔容与甲烷吸附能力进行了简单分析。

对于 10~100 nm 和 100~10000 nm 孔径范围内的孔隙而言，此时两侧孔壁对孔径增大导致的增大的空间起不到作用力的影响，孔径对甲烷吸附的影响就基本消失，比表面积成为主要的影响因素，这也就解释了图 6-31 和图 6-32 中的小孔和中孔孔容与 Langmuir 体积之间不存在相关关系的原因。

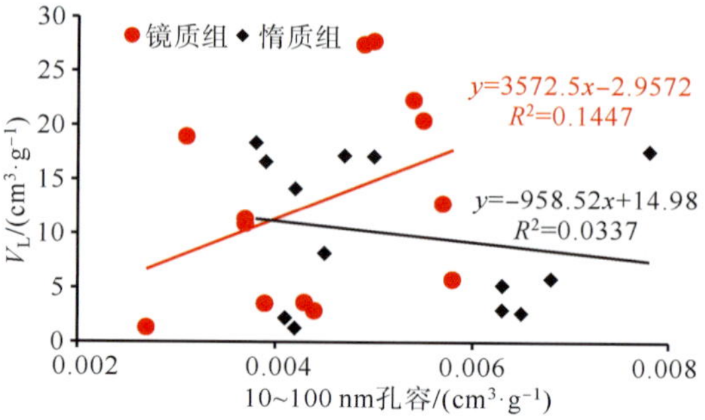

图 6-31　热模拟镜质组与惰质组样品的 V_L 与小孔（10~100 nm）孔容的关系

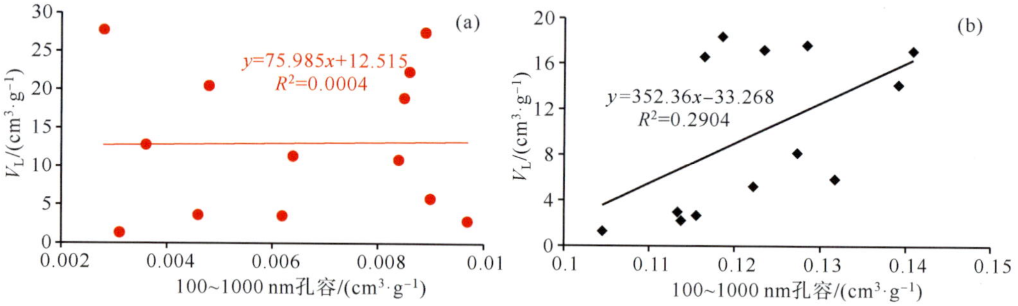

图 6-32　热模拟系列样品的 V_L 与中孔体积的关系

（a）镜质组的 V_L 与中孔体积的关系；（b）惰质组的 V_L 与中孔体积的关系

但在分析大孔（1000~10000 nm）孔容与 Langmuir 体积相关性时发现（图 6-33），该孔径段内的孔隙体积与甲烷吸附能力存在较强的相关关系，尤其镜质组样品，随着孔容的增加，Langmuir 体积先增大后减小，相关系数为 0.76，相关性较强；惰质组样品的相关系数则较小，为 0.29，相关性较弱，且随着孔容增加，Langmuir 体积先减小再增大（图 6-33）。究其原因，这两种相关关系本质上还是大孔孔隙比表面积对甲烷吸附的影响，侧面反映出对于本次测试的镜质组和惰质组样品的大孔孔隙而言，其孔容与比表面积存在一定的相关性，但这种相关性又不具备普遍意义。

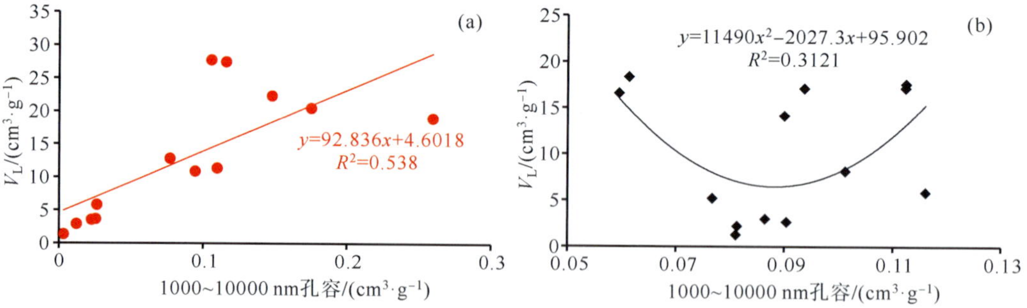

图 6-33　热模拟系列样品的 V_L 与大孔体积的关系

（a）镜质组的 V_L 与大孔体积的关系；（b）惰质组的 V_L 与大孔体积的关系

（二）孔隙分形特征对甲烷吸附的影响

根据本书第五章第四节分析可知，不同显微组分的表面分形特征和结构特征不同，不同孔径段的分形结构特征也存在差异，表面特性及孔隙结构又是影响甲烷吸附的重要因素，因此分形维数作为表面粗糙程度及孔隙结构复杂程度的表征，有必要对其与 Langmuir 体积的影响进行分析。

由图 6-34（a）可以看出，随着 D_1增大，镜质组的 Langmuir 体积呈线性增大的变化趋势，相关系数为 0.78，说明对镜质组而言，样品表面越不规则，越能提供较多的甲烷吸附位，进一步促进煤对甲烷吸附能力的增大；由图 6-34（b）发现，惰质组的 Langmuir 体积与超微孔的表面分形维数则相关性不大，说明对惰质组而言，其表面特性不是影响甲烷吸附的重要因素。

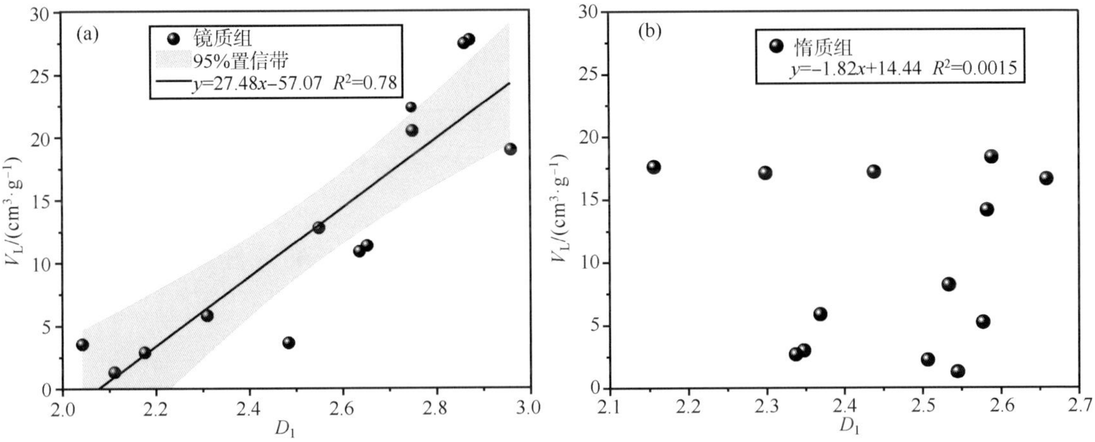

图 6-34 热模拟系列样品的 V_L 与表面分形维数的关系

（a）镜质组的 V_L与表面分形维数的关系；（b）惰质组的 V_L与表面分形维数的关系

图 6-35 反映了显微组分 2～100 nm 孔径段内孔隙的结构复杂程度对甲烷吸附的影响。由图 6-35（a）可以看出，与表面分形维数的影响不同，镜质组的微-小孔的结构分形维数与 Langmuir 体积呈负相关关系，相关系数为 0.66，相关性也较强，即随着 2～100 nm 孔径段的孔隙结构分形维数的增加，镜质组的最大吸附能力降低，说明孔结构越复杂，为甲烷吸附提供的吸附位越少，越不利于甲烷的吸附。由图 6-35（b）可以看出，惰质组的微-小孔的结构分形维数与 Langmuir 体积相关性较弱，影响较小。

此外，还进行了渗流孔（100～10000 nm）结构复杂度对甲烷吸附的影响，如图 6-36 所示。由图 6-36（a）可以看出，镜质组样品的渗流孔孔隙结构对甲烷吸附还存在一定的影响，Langmuir 体积随着分形维数 D_t的增加而减小，相关系数为 0.5，说明该孔径段内的孔隙结构越复杂越不利于镜质组样品中的甲烷吸附，但孔隙结构复杂度又不是最主要的影响因素。图 6-36（b）则显示出惰质组样品渗流孔的孔隙结构复杂度对甲烷吸附基本没影响。

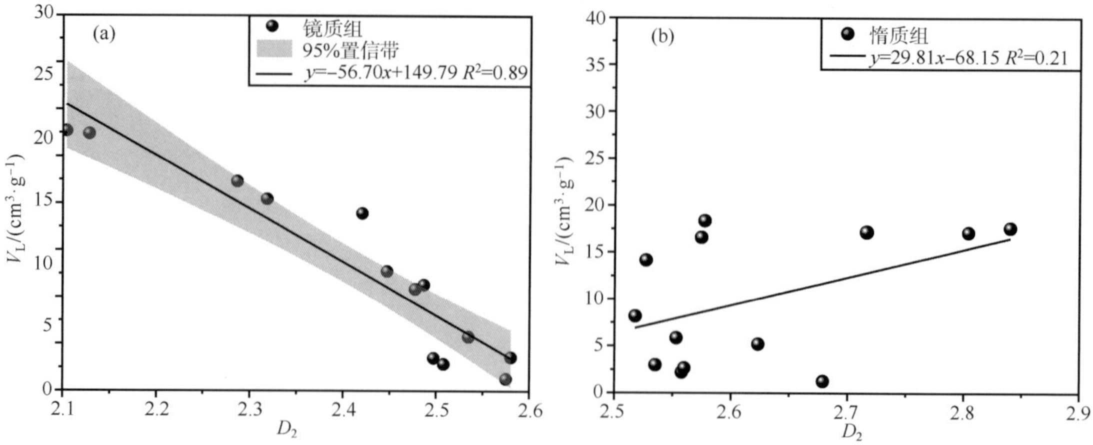

图 6-35　热模拟系列样品的 V_L 与孔隙结构分形维数 D_2 的关系

（a）镜质组的 V_L 与孔隙结构分形维数 D_2 的关系；（b）惰质组的 V_L 与孔隙结构分形维数 D_2 的关系

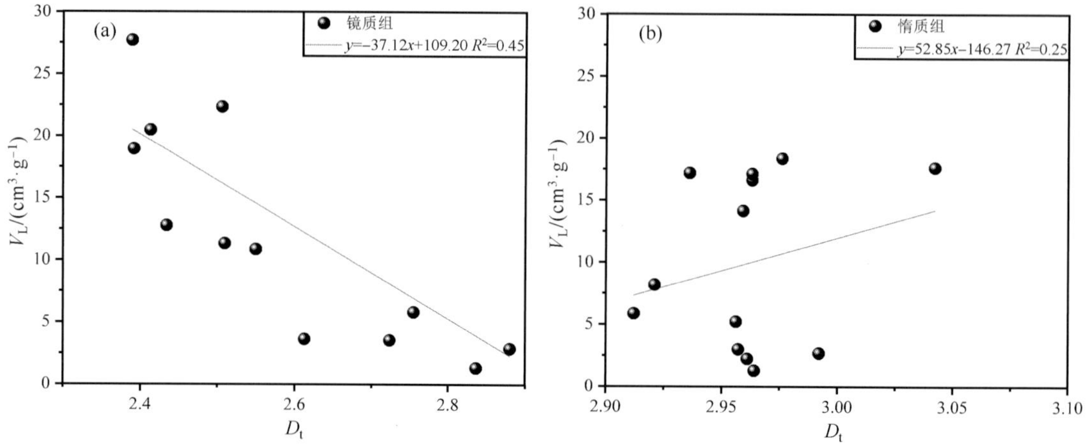

图 6-36　热模拟系列样品的 V_L 与孔隙结构分形维数 D_t 的关系

（a）镜质组的 V_L 与孔隙结构分形维数 D_t 的关系；（b）惰质组的 V_L 与孔隙结构分形维数 D_t 的关系

第四节　镜质组与惰质组甲烷吸附的差异性演化机制

由本书第三章、第四章及第六章第一节讨论可知，在煤化过程中，镜质组和惰质组样品的吸附能力随着大分子结构和孔隙结构同时发生变化，且均呈现出阶段式的演化特征。对于镜质组和惰质组的大分子结构的演化而言，其本质在于化学键的断裂与重组，这一点又取决于煤的大分子结构中—O—基团的存在形式及含量（刘志飞，2021）；对于镜质组和惰质组的孔隙结构演化而言，研究认为大分子结构在不同的演化阶段对微孔的形成和演化起着不同的控制作用，小-中-大孔的形成和演化则受成煤物质、成煤环境、煤化作用等多方面因素的影响；对于显微组分中甲烷吸附机理的研究，则认为其本质是甲烷分子与煤大分子以范德华力进行相互作用，孔隙则是二者之间发生相互作用的场所，因此这种相互作用一方面与化学基团的类型有关，即受各化学基团的吸附能力影响，另一方面又受孔隙结构的控制。综上分析，认为显微组分的大分子结构主导着甲烷吸附能力的演化。

结合上述 3 个煤样品的性质的演化特征，将镜质组的“分子结构–孔隙结构–甲烷吸附能力”的演化划分为 $R_{o,ran}=0.35\%\sim0.90\%$，$R_{o,ran}=1.20\%\sim2.67\%$ 及 $R_{o,ran}=3.03\%\sim4.20\%$ 等 3 个演化阶段。镜质组的甲烷吸附能力在煤化过程中随 $R_{o,ran}$ 增大呈现出线性增大的变化趋势，且演化速率差异较小，分段演化特征较差。结合惰质组的“分子结构–孔隙结构–甲烷吸附能力”的演化特征，将其划分为 $R_{o,ran}=0.35\%\sim0.75\%$，$R_{o,ran}=0.90\%\sim2.67\%$ 及 $R_{o,ran}=3.03\%\sim4.20\%$ 3 个演化阶段。惰质组的甲烷吸附能力在煤化过程中随 $R_{o,ran}$ 增大呈现出先增大（第一、二阶段）后略微减小（第三阶段）的变化趋势，且演化速率差异较大，分段演化特征较为明显。可以看出，镜质组和惰质组之间、不同的演化阶段之间的甲烷吸附能力表现出了差异演化性，这种差异演化性是由于不同的演化阶段，不同显微组分的分子结构、孔隙结构的演化机理存在一定的差异性，因此有必要对不同显微组分各演化阶段的甲烷吸附能力的主要影响因素进行分析，以厘清镜质组和惰质组甲烷吸附能力差异性演化的机制。

根据本书第五章第五节和第六章第三节分析可知，显微组分的分子结构、孔隙结构及其对甲烷吸附能力之间存在一定的相关性，又具备一定的独立性。将三者比作 3 组自变量，每组自变量里又包括一些子自变量，因此有必要对上述影响因素之间的相关性进行综合分析，以建立起不同演化阶段内在显微组分结构影响下的甲烷吸附差异性演化的模型，本厘清甲烷吸附的差异性演化机制，本节采用了主成分分析方法来实现这一目的。

一、主成分分析

主成分分析（PCA）是一种分析、简化数据集的统计学方法。该方法基于多个自变量之间本身存在较强的相关性，通过正交变换对这些相关关联的自变量进行线性拟合，将它们转换为一组线性不相关的变量，且新确定的变量则是原始变量的线性组合，以此来达到降维目的，即用最少的维度来解释原数据尽可能多的信息，最终确定的新变量是原始变量的线性组合。

图 6–37 为 13 组镜质组和 13 组惰质组样品性质的主成分分析图，图中各圆点分别代表镜质组和惰质组的 26 个样品，原始自变量共 4 组，分别为分子结构参数，其中 $A(CH_2)/A(CH_3)$、f_{al}、f_{al}^H、f_{al}^* 表征脂肪结构，F_a、f'_a、f_a、I、DOC 及 X_{BP} 表征芳香结构，f_a^C 为含氧官能团结构参数；d_{002}、L_a 及 L_c 分别表征微晶结构的层间距、芳香层的延展度及堆叠高度；另外一组原始自变量为孔隙结构参数，其中 V_{11} 表征超微孔（<2 nm）孔隙体积，V_{12} 表征微孔（2~10 nm）孔隙体积，V_2 表征小孔（10~100 nm）孔隙体积，V_3 表征中孔（100~1000 nm）孔隙体积，V_4 表征大孔（1000~10000 nm）孔隙体积，D_1 为超微孔（<2 nm）孔隙的表面分形维数，D_2 为微孔–小孔（2~100 nm）孔隙的表面分形维数，D_t 为中大孔孔隙的结构分形维数；最后一组自变量为甲烷吸附能力参数（V_L）。图中箭头向量表示主成分载荷，即为各原始自变量，各主成分载荷投影到主成分 PC1 和 PC2 轴上的值越大，说明其与该主成分相关性越大，反之则越小，数值的正负则代表其与主成分是正负相关性；各样本点间的连线距离则可以反映样本间的相似性，距离短，代表样品间的差异性小，距离长，代表样品间的差异大；样品与变量箭头间的距离反映样品与原始变量的关系；变量箭头之间的夹角大小可反映变量之间的相关性。

（二）第二个高速（较高速）正演化阶段

1. 镜质组高速正演化

由主成分分析可知，镜质组样品在 $R_{o,ran}=0.90\%\sim2.67\%$阶段内，大分子结构、超微孔的表面分形维数（$D_1$）和2~100 nm孔隙的结构分形维数（$D_2$）、大孔孔容（$V_4$）及孔隙结构分形维数（$D_t$）为该阶段内样品性质的主要影响因素，但大分子结构对样品性质的影响相比第一阶段总体有所减弱，且随着成熟度增大，样品与脂肪结构和含氧官能团的相关性逐渐减弱，与芳香结构的相关性则逐渐增强。观察图6-37（a）中上述结构参数变量载荷与V_L载荷间的夹角可以发现，V_L与芳碳率（f_a）、芳香碳（F_a）、芳香环碳含量（f'_a）、微晶结构延展度（L_a）和堆砌度（L_c）及超微孔表面分形维数（D_1）的相关性较强，其次与V_4存在较弱的相关性。结合前述章节的分析可知，在此阶段内，镜质组超微孔的形成开始转变为以芳香环形成的为主，芳香结构对微孔发育的影响占据主导地位，随着芳香结构的增加，超微孔增加，在孔径一定的情况下，比表面积也随之增大［图5-3（b）］，导致表面分形维数（D_1）增大，此外，V_4也与芳香结构含量呈一定的正相关性［图5-69（a）］，因此在此阶段内镜质组的甲烷吸附能力演化的主导因素为芳香结构含量和芳香环尺寸，即芳香结构含量和尺寸增加的同时，首先导致化学基团总的吸附能力和吸附位增加，其次引起超微孔孔容和比表面积增大，此外大孔孔隙体积也随之增大。在前两者的双重影响下，超微孔的吸附作用增强，吸附量及其占比增大，同时大孔的吸附量也有所增大，因此在第二演化阶段内，随着$R_{o,ran}$逐渐增大，镜质组的甲烷吸附能力增大。由图6-25（a），（b）可知，当F_a、f'_a增大时，V_L的演化速率也逐渐增大，故而相比第一演化阶段，该阶段内甲烷吸附能力以较高的演化速率增大。

2. 惰质组较高速正演化

由主成分分析结果可知［图6-37（b）］，惰质组样品在$R_{o,ran}=0.75\%\sim2.07\%$阶段内，与镜质组较为一致的是随着$R_{o,ran}$增大，样品的主要相关参数由脂肪结构参数到孔隙结构参数再到芳香结构参数发生转变，但与镜质组在此阶段的具体相关参数略有不同，惰质组样品的性质主要与大分子结构、超微孔的表面分形维数（D_1）、小孔孔容（V_2）、大孔孔容（V_4）及孔隙结构分形维数（D_t）及2~100 nm孔隙的结构分形维数（D_2）等参数相关性较强。观察图6-37（b）中上述结构参数变量载荷与V_L载荷间的夹角可以发现，V_L主要与芳碳率（f_a）、芳香碳含量（F_a）、芳香环碳含量（f'_a）、微晶结构延展度（L_a）和堆砌度（L_c）、芳香环缩合度DOC及X_{BP}的相关性较强，即惰质组在此阶段内，甲烷吸附能力的演化主要受芳香结构的影响。结合前述章节的分析可知，在此阶段内，惰质组超微孔的形成和演化依旧以芳香环形成的为主，且芳香结构对微孔发育的控制作用逐渐增强，随着芳香结构的增加及缩聚作用增强，超微孔孔容以高于第一阶段的演化速率增加［图5-3（a）］，化学基团总的吸附能力增加，导致超微孔的吸附作用增强，吸附量及其占比增大，因此该阶段内的甲烷吸附能力以相比第一阶段较快速的演化速率随着F_a、f'_a增大而增加［图6-25（a），（b）］。

（三）第三个较高速（平缓）正演化阶段

1. 镜质组较高速正演化

由主成分分析结果［图6-37（a）］可知，镜质组样品在$R_{o,ran}=3.03\%\sim4.20\%$阶段内，样品的主要相关参数为芳香结构含量（$F_a$、$f_a$、$f'_a$）、芳香环缩聚度DOC及$X_{BP}$、微晶结构参数$L_a$、$L_c$及超微孔体积（$V_{11}$），且随着成熟度增大，由与$F_a$、$f_a$、$f'_a$、$L_a$及$L_c$相关性

更强逐渐转变为与 V_{11} 最强，最后变为与 DOC 和 X_{BP} 相关性最强。观察［图 6-37（a）］中上述结构参数变量载荷与 V_L 载荷间的夹角可以发现，V_L 主要与 DOC、X_{BP} 及 V_{11} 的相关性较强，即惰质组在此阶段内，甲烷吸附能力的演化主要受芳香环的缩聚作用及微孔孔容的影响。结合前述章节的分析可知，在此阶段内，镜质组中超微孔的形成和演化依旧以芳香环形成的为主，虽然此时芳香碳含量基本保持稳定不变，但芳香结构对超微孔发育的控制作用比第二阶段有所增强，且随着缩聚作用增强，形成更多的超微孔，吸附位增加，导致甲烷吸附能力增大，因此该阶段甲烷吸附能力的演化本质上是受芳香结构的缩聚作用影响。由［图 6-25（c），（d）］可知，V_L 与 DOC、X_{BP} 成正相关，且相关性较强，又由图 5-3（c）和图 3-9（k）可知，在此阶段内镜质组的 DOC 及 X_{BP} 随着 $R_{o,ran}$ 增大而快速增大，故而甲烷吸附能力随着 $R_{o,ran}$ 增大，依旧保持着较高的演化速率而增加。

2. 惰质组平缓负演化

由主成分分析结果［图 6-37（b）］可知，惰质组样品在 $R_{o,ran}=2.67\%\sim4.20\%$ 阶段内，与镜质组不同的是随着 $R_{o,ran}$ 增大，样品的主要相关参数由 F_a、f_a、f'_a、L_a 及 L_c 到 DOC 和 X_{BP} 再到 V_3、V_{11}、D_2、V_{12}、D_t 及 V_4 发生转变。观察图 6-37（b）中上述结构参数变量载荷与 V_L 载荷间的夹角可以发现，V_L 主要与芳碳率（f_a）、芳香碳含量（F_a）、芳香环碳含量(f'_a)、微晶结构延展度（L_a）和堆砌度（L_c）的相关性较强，与芳香环缩合度 DOC、X_{BP}、V_3 及 V_{11} 的相关性次之。结合前述章节的分析可知，在此阶段内，惰质组中超微孔的形成和演化依旧以芳香环形成的为主，虽然此时芳香碳含量基本保持稳定不变，但芳香结构对超微孔发育的控制作用比第二阶段有所增强，且随着缩聚作用增强，形成更多的超微孔，吸附位增加，导致甲烷吸附能力增大，即惰质组在此阶段内，甲烷吸附能力的演化主要受芳香结构含量的影响，其次受芳香环缩聚及 V_3 的影响。由图 6-25 和图 6-28 可知，惰质组的 V_L 与 F_a、f'_a、f_a、L_a、L_c、DOC、X_{BP} 等成正相关，且相关性较强，与 V_3 呈较弱的正相关关系［图 6-32（b）］，又由图 3-9（a）、图 3-9（b）、图 3-3（a）、图 3-5（b）及图 3-5（c）可知，在此阶段内惰质组的 F_a、f'_a、f_a、L_a、L_c 等基本保持稳定不变，因此甲烷吸附能力随着 $R_{o,ran}$ 增大，保持着平缓的演化速率而略微增加。

三、地质应用

甲烷以吸附态的形式赋存在煤层中，煤级和显微煤岩组分是影响煤中甲烷吸附能力的重要因素，但煤阶变化和煤岩组分改变的最终结果是影响煤中大分子结构、孔隙结构及煤的表面物理化学等性质的变化，因此本书基于实验与计算机分子模拟相结合的方法探究了镜质组和惰质组结构演化对甲烷吸附的差异化影响机制。以煤中主要的显微组分为对比研究的对象，探明了大分子结构对孔隙结构的控制机理，探明了镜质组和惰质组中甲烷吸附的分子级作用机理，发现了不同显微组分在不同的演化阶段甲烷吸附的作用机制不同。对于煤层气勘探开发及瓦斯抽采而言，以不同显微组分的结构差异演化对甲烷吸附能力的作用机制为基础，可针对性地应用到富镜质组或者富惰质组煤赋存的区域，在不同的显微组分富集区域，可以此为依据开展煤层气（瓦斯）含气量预测及煤层气富集的控制因素分析，亦可根据具体区域的孔隙结构特征分析其对甲烷的吸附能力，对于大分子结构及孔隙结构信息较为缺乏的研究区，还可以依据显微组分和煤变质程度来分析预测结构控制下的甲烷吸附气量的特征。此外，还可以依据煤层气赋存的层位和深度及甲烷与煤储层的相互作用特征进一步设计煤层气开发及瓦斯抽采方案（刘宇，2019）。

孔形成的控制作用逐渐加强；惰质组与镜质组不同的是从热演化初期开始，其微孔的形成就主要受芳香结构的影响，由于煤化作用过程中分子结构整体变化较小，因此微孔的演化速率变化也较小。

7）同一煤阶的镜质组的甲烷吸附量大于惰质组，镜质组的甲烷吸附量随着 $R_{o,ran}$ 增大的变化更大；且随着煤阶的增大，镜质组和惰质组之间的吸附量差异逐渐增大。根据 Langmuir 体积的演化特征将两个组分的甲烷吸附能力也划分为 3 个演化阶段，镜质组的演化阶段划分为：$R_{o,ran}$ = 0.35%~0.90%，在 $R_{o,ran}$ = 1.20%~2.67%和 $R_{o,ran}$ = 3.03%~4.20%；惰质组的演化阶段划分为：$R_{o,ran}$ = 0.35%~0.75%，在 $R_{o,ran}$ = 0.90%~2.07%和 $R_{o,ran}$ = 2.67%~4.20%。随着成熟度的增大，整体上镜质组和惰质组的 Langmuir 体积均随着 $R_{o,ran}$ 而增大，镜质组的演化速率在第二阶段最大，第三阶段次之，第一阶段最小；惰质组的甲烷吸附能力演化速率则在 $R_{o,ran}$ = 0.35%~2.07%阶段内随着阶段的递增而增大，在高演化阶段时则减至最小。

8）在不同的演化阶段，不同显微组分对甲烷吸附的主要因素不同。镜质组样品在 $R_{o,ran}$ = 0.35%~0.90%阶段内，甲烷吸附能力主要受脂肪结构的直接影响，微孔孔容减小，化学基团总的吸附能力增大，甲烷吸附能力以低演化速率增加；在 $R_{o,ran}$ = 1.20%~2.67%阶段内，分子结构对甲烷吸附能力的直接影响总体减弱，通过影响孔隙结构的表面特性、大孔孔容及化学基团总吸附能力来控制甲烷吸附能力快速地演化；在 $R_{o,ran}$ = 3.03%~4.20%阶段内，芳香结构通过缩聚作用影响芳香结构的尺寸，进而影响甲烷吸附位点来直接影响甲烷吸附能力较快速地增加。惰质组在 $R_{o,ran}$ = 0.35%~0.75%阶段内，基本上甲烷吸附性能受芳香结构的含量及尺寸的影响。芳香结构增多，缩合度增大，导致微孔孔容增大，化学基团总吸附能力增大，甲烷吸附能力也随之快速增大。此阶段内，微孔含量比镜质组小，Langmuir 体积与微孔的相关性与镜质组相比较差；惰质组在 $R_{o,ran}$ = 0.90%~2.67%阶段内与第一阶段演化机制相似，芳香结构对微孔的控制作用增强，缩聚作用增大，导致微孔以高于第一阶段的演化速率变化，甲烷吸附能力随之快速地增加；在 $R_{o,ran}$ = 2.67%~4.20%阶段内，芳香结构含量与中孔孔容成为影响甲烷吸附的主要因素，甲烷吸附能力随着 F_a、f'_a、f_a、L_a、L_c 等基本保持稳定不变而略微平缓地增加。

参考文献

曹代勇，魏迎春，王安民，等. 2021. 显微组分大分子结构演化差异性及其动力学机制——研究进展与展望［J］. 煤田地质与勘探，49（1）：12-20.

陈昌国，鲜晓红，张代钧，等. 1995. 温度对煤和炭吸附甲烷的影响［J］. 煤炭转化，（3）：88-92.

陈昌国，鲜学福. 1998. 煤结构的研究及其发展［J］. 煤炭转化，（2）：7-13.

陈萍，唐修义. 2001. 低温氮吸附法与煤中微孔隙特征的研究［J］. 煤炭学报，（5）：552-556.

董业绩，曹代勇，王路，等. 2018. 地质勘查阶段煤系石墨与无烟煤的划分指标探究［J］. 煤田地质与勘探，46（1）：8-12.

冯杰，李文英，谢克昌. 2002. 傅立叶红外光谱法对煤结构的研究［J］. 中国矿业大学学报，（5）：25-29.

付常青，朱炎铭，陈尚斌. 2016. 浙西荷塘组页岩孔隙结构及分形特征研究［J］. 中国矿业大学学报，45（1）：77-86.

傅雪海，秦勇. 2003. 多相介质煤层气储层渗透率预测理论与方法［M］. 徐州：中国矿业大学出版社.

傅雪海，秦勇，韦重韬. 2007. 煤层气地质学［M］. 徐州：中国矿业大学出版社.

葛涛，Wang M，李芬，等. 2021. 高阳炼焦煤碳、氧结构研究与光谱学表征［J］. 煤炭学报，46（3）：1024-1031.

韩峰，张衍国，蒙爱红，等. 2014. 云南褐煤结构的 FTIR 分析［J］. 煤炭学报，39（11）：7.

郝琦. 1987. 煤的显微孔隙形态特征及其成因探讨［J］. 煤炭学报，（4）：53-58+99-103.

姬新强，要惠芳，李伟. 2016. 韩城矿区构造煤红外光谱特征研究［J］. 煤炭学报，（8）：7.

姜波，秦勇，宋党育，等. 1998. 高煤级构造煤的 XRD 结构及其构造地质意义［J］. 中国矿业大学学报，（2）：6-9.

蒋长宝，段敏克，尹光志，等. 2016. 不同含水状态下含瓦斯原煤加卸载试验研究［J］. 煤炭学报，（9）：8.

降文萍. 2009. 煤阶对煤吸附能力影响的微观机理研究［J］. 中国煤层气，6（2）：19-22+34.

降文萍，崔永君，钟玲文，等. 2007. 煤中水分对煤吸附甲烷影响机理的理论研究［J］. 天然气地球科学，18（4）：5.

李鹏鹏. 2014. 杜儿坪 2 号煤结构模型构建及其分子模拟［D］. 太原理工大学硕士学位论文.

李伍，朱炎铭，刘宇. 2015. 镜质组大分子生烃结构演化及其对能垒控制机理［M］. 徐州：中国矿业大学出版社.

李霞，曾凡桂，王威，等. 2015. 低中煤级煤结构演化的 FTIR 表征［J］. 煤炭学报，40（12）：2900-2908.

李霞，曾凡桂，司加康，等. 2016a. 不同变质程度煤的高分辨率透射电镜分析［J］. 燃料化学学报，44（3）：279-286.

李霞，曾凡桂，王威，等. 2016b. 低中煤级煤结构演化的拉曼光谱表征［J］. 煤炭学报，41（9）：2298-2304.

李霞，曾凡桂，王威，等. 2016c. 低中煤级煤结构演化的 XRD 表征［J］. 燃料化学学报，44（7）：777-783.

李耀高. 2019. 东曲 2 号煤大分子结构模型及其热反应性研究［D］. 太原理工大学硕士学位论文.

李振涛，姚艳斌，周鸿璞，等. 2012. 煤岩显微组成对甲烷吸附能力的影响研究［J］. 煤炭科学技术，40（8）：125-128.

李子文. 2015. 低阶煤的微观结构特征及其对瓦斯吸附解吸的控制机理研究［D］. 中国矿业大学博士学位论文.

林海飞，姚飞，李树刚. 2014. 温度及含水量对煤吸附甲烷特性影响的实验研究［J］. 煤矿开采，19（3）：9-12.

蔺亚兵，马东民，刘钰辉，等. 2012. 温度对煤吸附甲烷的影响实验［J］. 煤田地质与勘探，40（6）：24-28.

刘琬玥，刘钦甫，刘霖松，等. 2018. 哈尔乌素矿区 6 号煤 FTIR 特征［J］. 中国矿业，27（9）：6.

刘宇. 2019. 煤镜质组结构演化对甲烷吸附的分子级作用机理［D］. 中国矿业大学博士学位论文.

刘志飞. 2021. 基于模拟实验的煤岩显微组分石墨化差异性机制研究［D］. 中国矿业大学（北京）博士学位论文.

罗陨飞，李文华，陈亚飞. 2005. 中低变质程度煤显微组分结构的^{13}C-NMR 研究［J］. 燃料化学学报，（5）：540-543.

马帅，田继军，吴天伟，等. 2012. 新疆伊犁盆地西山窑组沉积特征及聚煤规律［J］. 煤田地质与勘探，40（2）：9 14.

孟召平，田永东，李国富. 2010. 煤层气开发地质学理论与方法［M］. 北京：科学出版社.

潘结南，张召召，李猛，等. 2019. 煤的多尺度孔隙结构特征及其对渗透率的影响［J］. 天然气工业，39（1）：64-73.
秦勇. 2021. 煤系气聚集系统与开发地质研究战略思考［J］. 煤炭学报，46（8）：2387-2399.
秦勇，申建，史锐. 2022. 中国煤系气大产业建设战略价值与战略选择［J］. 煤炭学报，47（1）：17.
秦勇，袁亮，胡千庭，等. 2012. 我国煤层气勘探与开发技术现状及发展方向［J］. 煤炭科学技术，40（10）：1-6.
施哈宁，孟福印，田继军. 2011. 伊犁盆地侏罗系八道湾组成煤环境与沉积特征［J］. 西安科技大学学报，31（1）：33-38.
司加康. 2014. 马兰 8 号煤大分子结构模型构建及分子模拟［D］. 太原理工大学硕士学位论文.
宋岩，张新民，柳少波等. 2012. 中国煤层气地质与开发基础理论［M］. 北京：科学出版社.
苏现波，张丽萍，林晓英. 2005. 煤阶对煤的吸附能力的影响［J］. 天然气工业，（1）：19-21+205-206.
苏现波，司青，王乾. 2016. 煤变质演化过程中的 XRD 响应［J］. 河南理工大学学报（自然科学版），35（4）：487-492.
汤路灯. 2024. H_2O-O_2在低阶煤微介孔中吸附及扩散行为模拟［D］. 中国矿业大学硕士学位论文.
王宝俊，章丽娜，凌丽霞，等. 2016. 煤分子结构对煤层气吸附与扩散行为的影响［J］. 化工学报，67（6）：2548-2557.
王小令. 2019. 曹村 2 号煤的大分子模型构建及 HRTEM 分析［D］. 太原理工大学硕士学位论文.
魏帅，严国超，张志强，等. 2018. 晋城无烟煤的分子结构特征分析［J］. 煤炭学报，43（2）：8.
吴传荣. 1995. 西北早-中侏罗世煤岩煤质与煤变质研究［M］. 北京：煤炭工业出版社.
相建华. 2013. 不同煤级煤的结构特征及煤与 CH_4、CO_2、H_2O 相互作用的分子模拟［D］. 太原理工大学博士学位论文.
向军，胡松，孙路石，等. 2006. 煤燃烧过程中碳、氧官能团演化行为［J］. 化工学报，57（9）：5.
谢和平，鞠杨，高明忠，等. 2018. 煤炭深部原位流态化开采的理论与技术体系［J］. 煤炭学报，43（5）：10.
谢和平，任世华，谢亚辰，等. 2021. 碳中和目标下煤炭行业发展机遇［J］. 煤炭学报，46（7）：15.
谢克昌. 2002. 煤的结构与反应性［M］. 北京：科学出版社.
辛鑫昕，撒占友，杨帅，等. 2024. 基于分子模拟的微观结构特征对无烟煤吸附 CH_4、CO_2影响规律对比研究［J］. 煤炭科学技术，52（3）：106-114.
邢其毅，裴伟伟，徐瑞秋，裴坚. 2005. 基础有机化学（上）第 4 版［M］. 北京：北京大学出版社.
许江，程亮，彭守建，等. 2022. 煤与瓦斯突出冲击气流形成及传播规律［J］. 煤炭学报，（1）：47.
杨起，潘治贵，翁成敏，等. 1988. 华北石炭二叠纪煤变质特征与地质因素探讨［M］. 北京：地质出版社.
杨起，吴冲龙，汤达祯，等. 1996. 中国煤变质作用［J］. 地球科学，（3）：79-87.
杨小震. 2001. 分子模拟与高分子材料［M］. 北京：科学出版社.
姚艳斌，刘大锰. 2007. 华北重点矿区煤储层吸附特征及其影响因素［J］. 中国矿业大学学报，36（3）：7.
于洪观，范维唐，孙茂远，等. 2004. 煤中甲烷等温吸附模型的研究［J］. 煤炭学报，（4）：463-467.
袁亮. 2021. 深部采动响应与灾害防控研究进展［J］. 煤炭学报，46（3）：10.
袁亮，秦勇，程远平，等. 2013. 我国煤层气矿井中—长期抽采规模情景预测［J］. 煤炭学报，38（4）：529-534.
张国伟，李三忠，刘俊霞，等. 1999. 新疆伊犁盆地的构造特征与形成演化［J］. 地学前缘，（4）：203-214.
张慧. 2003. 中国煤的扫描电子显微镜研究［M］. 北京：地质出版社.
张科，姚素平，胡文瑄，等. 2009. 煤红外光谱的精细解析及其煤化作用机制［J］. 煤田地质与勘探，37（6）：8-13.
张庆玲，崔永君，曹利戈. 2004. 压力对不同变质程度煤的吸附性能影响分析［J］. 天然气工业，（1）：98-100+111.
张群，崔永君，钟玲文，等. 2008. 煤吸附甲烷的温度-压力综合吸附模型［J］. 煤炭学报，（11）：1272-1278.
张群，杨锡禄. 1999. 平衡水分条件下煤对甲烷的等温吸附特性研究［J］. 煤炭学报，24（6）：5.
张天军，许鸿杰，李树刚，等. 2009. 温度对煤吸附性能的影响［J］. 煤炭学报，34（6）：802-805.
张翔，陶云奇. 2011. 不同温度条件下煤对瓦斯的等温吸附实验研究［J］. 煤炭工程，（4）：3.
张晓东，秦勇，桑树勋. 2005. 煤储层吸附特征研究现状及展望［J］. 中国煤田地质，（1）：19-24+32.
郑庆荣，曾凡桂，张世同. 2011. 中变质煤结构演化的 FT-IR 分析［J］. 煤炭学报，36（03）：481-486.
钟玲文. 2004. 煤的吸附性能及影响因素［J］. 地球科学，29（3）：327-332.
钟玲文，郑玉柱，员争荣，等. 2002. 煤在温度和压力综合影响下的吸附性能及气含量预测［J］. 煤炭学报，（6）：581-585.

朱和保，严家平，王松，等. 2010. 煤体温度压力变化对瓦斯吸附性能影响的实验研究［J］. 煤炭技术，29（4）：186-188.

邹才能，何东博，贾成业，等. 2021. 世界能源转型内涵，路径及其对碳中和的意义［J］. 石油学报，42（2）：15.

Angulo R F, Alvarado V, H. Gonzalez, et al. 1992. Fractal Dimensions from Mercury Intrusion Capillary Tests [Z]. II LAPEC. Venezuela: 255-263.

Bousige C, Ghimbeu C M, Vix-Guterl C, et al. 2016. Realistic molecular model of kerogen´s nanostructure [J]. Nature Materials, 15 (5).

Busch A, Gensterblum Y. 2011. CBM and CO_2-ECBM related sorption processes in coal: A review [J]. International Journal of Coal Geology, 87 (2): 49-71.

Busch A, Gensterblum Y, Krooss B M. 2003. Methane and CO_2 sorption and desorption measurements on dry Argonne premium coals: pure components and mixtures [J]. 55 (2-4): 205-224.

Bustin R M, Clarkson C R. 1998. Geological controls on coalbed methane reservoir capacity and gas content [J]. International Journal of Coal Geology, 38 (1-2): 3-26.

Cai Y, Liu D, Pan Z, et al. 2013. Pore structure and its impact on CH_4 adsorption capacity and flow capability of bituminous and subbituminous coals from Northeast China [J]. Fuel, 103: 258-268.

Carroll R E, Pashin J C. 2003. Relationship of sorption capacity to coal quality: CO_2 sequestration potential of coalbed methane reservoirs in the Black Warrior Basin; proceedings of the International Coalbed Methane Symposium, Tuscaloosa, Alabama, USA, F, [C].

Chalmers G R L, Bustin R M. 2007. On the effects of petrographic composition on coalbed methane sorption [J]. International Journal of Coal Geology, 69 (4): 288-304.

Charvet J, Shu L, Laurent-Charvet S, et al. 2011. Palaeozoic tectonic evolution of the Tianshan belt, NW China [J]. Science China-Earth Sciences, 54 (2): 166-184.

Chen C, Gao J, Yan Y. 1998. Observation of the type of hydrogen bonds in coal by FTIR [J]. Energy & Fuels, 12 (3): 446-449.

Chen X, Li M, Zeng F. 2022. Control of chemical structure on the characteristics of micropore structure in medium-rank coals [J]. Fuel Processing Technology, 228.

Chen Y, Mastalerz M, Schimmelmann A. 2012. Characterization of chemical functional groups in macerals across different coal ranks via micro-FTIR spectroscopy [J]. International Journal of Coal Geology, 104: 22-33.

Chen Y, Tang D, Xu H, et al. 2015. Pore and fracture characteristics of different rank coals in the eastern margin of the Ordos Basin, China [J]. Journal of Natural Gas Science and Engineering, 26: 1264-1127.

Cheng Y, Jiang H, Zhang X, et al. 2017. Effects of coal rank on physicochemical properties of coal and on methane adsorption [J]. International Journal of Coal Science & Technology, 4 (2): 129-146.

Clarkson C R, Bustin R M. 1999. The effect of pore structure and gas pressure upon the transport properties of coal: a laboratory and modeling study. I. Isotherms and pore volume distributions [J]. Fuel, 78 (11): 1333-1344.

Clarkson C R, Freeman M, He L, et al. 2012. Characterization of tight gas reservoir pore structure using USANS/SANS and gas adsorption analysis [J]. Fuel, 95 (1): 371-385.

Crosdale P J, Beamish B B, Valix M. 1998. Coalbed methane sorption related to coal composition [J]. International Journal of Coal Geology, 35 (1-4): 147-158.

Crosdale P J, Moore T A, Mares T E. 2008. Influence of moisture content and temperature on methane adsorption isotherm analysis for coals from a low-rank, biogenically-sourced gas reservoir [J]. International Journal of Coal Geology, 76 (1-2): 166-174.

Dang Y, Zhao L, Lu X, et al. 2017. Molecular simulation of CO_2/CH_4 adsorption in brown coal: Effect of oxygen-, nitrogen-, and sulfur-containing functional groups [J]. Applied Surface Science, 423: 33-42.

Donohue M D, Aranorich G L. 1998. Classification of Gibbs adsorption isotherms [J]. Advances in Couoid & Interface Science, s76-77: 137-152.

Dutta P, Bhowmik S, Das S. 2011. Methane and carbon dioxide sorption on a set of coals from India [J]. International Journal of Coal Geology, 85 (3-4): 289-299.

Dutta S, Hartkopf-Froeder C, Witte K, et al. 2013. Molecular characterization of fossil palynomorphs by transmission micro-FTIR spectroscopy: Implications for hydrocarbon source evaluation [J]. International Journal of Coal Geology, 115: 13-23.

Erdenetsogt B O, Lee I, Lee S K, et al. 2010. Solid-state C-13 CP/MAS NMR study of Baganuur coal, Mongolia: Oxygen-loss during coalification from lignite to subbituminous rank [J]. International Journal of Coal Geology, 82 (1-2): 37-44.

Ettinger I, Eremin I, Zimakov B, et al. 1966. Natural factors influencing coal sorption properties. I. Petrography and sorption properties of coals [J]. Fuel, 45: 267-275.

Faiz M I, Aziz N I, Hutton A, et al. 1992. Porosity and gas sorptioncapacity of some eastern Australian coals in relation to coal rank and composition [J]. Coalbed Methane Symposium.

Fu H, Tang D, Xu H, et al. 2016. Abrupt Changes in Reservoir Properties of Low-Rank Coal and Its Control Factors for Methane Adsorbability [J]. Energy & Fuels, 30 (3): 2084-2094.

Gan H, Nandi S P, P. L. Walker J. 1972. Nature of the porosity in American coals [J]. Fuel, 51 (4): 272-277.

Gao D, Hong L, Wang J, et al. 2019. Adsorption simulation of methane on coals with different metamorphic grades [J]. Aip Advances, 9 (9) .

Guo D, Guo X. 2018. The influence factors for gas adsorption with different ranks of coals [J]. Adsorption Science & Technology, 36 (3-4): 904-918.

Guo Y, Bustin R M. 1998. Micro-FTIR Spectroscopy of Liptinite Macerals in Coal [J]. International Journal of Coal Geology, 36 (3): 259-275.

Hao M, Qiao Z, Zhang H. 2021. Mechanical Properties of Coal Adsorbing Methane: A Study Based on Molecular Simulation [J]. Chemistry Letters, 50 (12): 2022-2024.

Hao M, Qiao Z, Zhang H, et al. 2021. Thermodynamic Analysis of $CH_4/CO_2/N_2$ Adsorption on Anthracite Coal: Investigated by Molecular Simulation [J]. Energy & Fuels, 35 (5): 4246-4257.

Hao S, Chu W, Jiang Q, et al. 2014. Methane adsorption characteristics on coal surface above critical temperature through Dubinin-Astakhov model and Langmuir model [J]. Colloids and Surfaces a-Physicochemical and Engineering Aspects, 444: 104-113.

Hao S, Wen J, Yu X, et al. 2013. Effect of the surface oxygen groups on methane adsorption on coals [J]. Applied Surface Science, 264: 433-442.

He X, Liu X, Nie B, et al. 2017. FTIR and Raman spectroscopy characterization of functional groups in various rank coals [J]. Fuel, 206: 555-563.

Ibarra J, Moliner R, Bonet A J. 1994. FT-i. r. investigation on char formation during the early stages of coal pyrolysis [J]. Fuel, 73 (6): 918-924.

Ibarra J, Muñoz E, Moliner R. 1996. FTIR study of the evolution of coal structure during the coalification process [J]. Organic Geochemistry, 24: 725-735.

Iglesias M J, Jimenez A, Laggoun-Defarge F, et al. 1995. FTIR Study of Pure Vitrains and Associated Coals [J]. Energy & Fuels, 9 (3): 243.

Jerzy K G. 1998. Fractal description of partially mobile single gas adsorption on energetically homogeneous solid adsorbent [J]. Colloids and Surfaces A: Physicochemical and Engineering Aspects, 143 (1): 95-101.

Jian K, Fu X, Ding Y, et al. 2015. Characteristics of pores and methane adsorption of low-rank coal in China [J]. Journal of Natural Gas Science & Engineering, 27 (1): 207-218.

Jiang J, Yang W, Cheng Y, et al. 2019. Molecular structure characterization of middle-high rank coal via XRD, Raman and FTIR spectroscopy: Implications for coalification [J]. Fuel, 239: 559-572.

Jiang W, Tang S, Zhang J, et al. 2013. Characteristics of Pore Permeability of Highly Metamorphic Bone coal [J]. Coal Geology & Exploration, 41 (4): 9-13.

Joubert J I, Grein C T, Bienstock D. 1973. Sorption of methane in moist coal [J]. Fuel, 52 (3): 181-5.

Joubert J I, Grein C T, Bienstock D. 1974. Effect of moisture on the methane capacity of American coals [J]. Fuel, 53 (3): 186-191.

Kedzior S, Jelonek I. 2013. Reservoir parameters and maceral composition of coal in different Carboniferous lithostratigraphical series of the Upper Silesian Coal Basin, Poland [J]. International Journal of Coal Geology, 111: 98-105.

Lamberson M N, Bustin R M. 1993. Coalbed Methane Characteristics of Gates Formation Coals, Northeastern British Columbia: Effect of Maceral Composition [J]. Bulletin, 77 (12): 2062-2076.

Laxminarayana C, Crosdale P J. 1999. Role of coal type and rank on methane sorption characteristics of Bowen Basin, Australia coals [J]. International Journal of Coal Geology, 40 (4): 309-325.

Li B, Zhuang X, Li J, et al. 2014. Geological controls on coal quality of the Yili Basin, Xinjiang, Northwest China [J]. International Journal of Coal Geology, 131: 186-199.

Li H, Guo Q, Wang Z, et al. 2023. Molecular simulation of the adsorption and diffusion characteristics of CH_4 in coal subjected to N-Methylpyrrolidone treatment [J]. Fuel, 352.

Li J, Wang G, Ning Z, et al. 2024. Effect of Slickwater on Methane Adsorption in Coal: Experiment and Molecular Simulation [J]. Energy & Fuels, 38 (6): 5206-5217.

Li K, Khanna R, Zhang J, et al. 2015. Comprehensive Investigation of Various Structural Features of Bituminous Coals Using Advanced Analytical Techniques [J]. Energy & Fuels, 29 (11): 7178-7189.

Li L, Li Z H, Ma C D, et al. 2019. Molecular dynamics simulations of nonionic surfactant adsorbed on subbituminous coal model surface based on XPS analysis [J]. Molecular simulation, 45 (9) : 736-742.

Li S, Zhu Y, Wang Y, et al. 2021. The Chemical and Alignment Structural Properties of Coal: Insights from Raman, Solid-State C-13 NMR, XRD, and HRTEM Techniques [J]. Acs Omega, 6 (17): 11266-11279.

Li W, Song Y, Yang W B, et al. 2021. Structural transformations for a subbituminous coal, impact of temperature on gold-tube pyrolysis chars evaluated using HRTEM [J]. Fuel, 359: 130487.

Li W, Yanming Z, Shangbin C, et al. 2013. Research on the structural characteristics of vitrinite in different coal ranks [J]. Fuel, 107: 647-652.

Li W, Zhu Y. 2014. Structural Characteristics of Coal Vitrinite during Pyrolysis [J]. Energy & Fuels, 28 (6): 3645-3654.

Li Z, Ni G, Wang H, et al. 2020. Molecular structure characterization of lignite treated with ionic liquid via FTIR and XRD spectroscopy [J]. Fuel, 272: 117705.

Lin X, Wang C, Ideta K, et al. 2014. Insights into the functional group transformation of a chinese brown coal during slow pyrolysis by combining various experiments [J]. Fuel, 118: 257-264.

Lin Y, Qin Y, Ma D, et al. 2021. Pore structure, adsorptivity and influencing factors of high-volatile bituminous coal rich in inertinite [J]. Fuel, 293.

Liu F J, Wei X Y, Fan M, et al. 2016. Separation and structural characterization of the value-added chemicals from mild degradation of lignites: A review [J]. Applied Energy, 170: 415-436.

Liu F R, Wen L, Guo H Q, et al. 2011. XPS study on the change of carbon-containing groups and sulfur transformation on coal surface [J]. Journal of Fuel Chemistry and Technology, 39 (2): 81-84.

Liu X, Song D, He X, et al. 2018. Coal macromolecular structural characteristic and its influence on coalbed methane adsorption [J]. Fuel, 222: 687-694.

Liu Y. 2019. Effect of coal vitrinite macromolecular structure evolution on methane adsorption capacity at molecular level [D] . Doctor, China University of Mining and Technology.

Liu Y, Zhu Y, Li W, et al. 2017. Ultra micropores in macromolecular structure of subbituminous coal vitrinite [J]. Fuel, 210: 298-306.

Liu L, Jin C, Li L, et al. 2020. Coalbed methane adsorption capacity related to maceral compositons [J] . Energy Exploration & Exploitation, 38 (1): 79-91.

Lu L, Sahajwalla V, Kong C, et al. 2001. Quantitative X-ray diffraction analysis and its application to various coals [J]. Carbon, 39 (12): 1821-1833.

Manoj B, Kunjomana A G. 2012. Study of Stacking Structure of Amorphous Carbon by X-Ray Diffraction Technique [J]. International Journal of Electrochemical Science, 7 (4): 3127-3134.

Mares T E, Radliński A P, Moore T A, et al. 2009. Assessing the potential for CO_2 adsorption in a subbituminous coal, Huntly Coalfield, New Zealand, using small angle scattering techniques [J]. International Journal of Coal Geology, 77 (1-2): 54-68.

Marques M, Suarez-Ruiz I, Flores D, et al. 2009. Correlation between optical, chemical and micro-structural parameters of high-rank coals and graphite [J]. International Journal of Coal Geology, 77 (3-4): 377-382.

Mastalerz M, Drobniak A, Strapoc D, et al. 2008. Variations in pore characteristics in high volatile bituminous coals: Implications for coal bed gas content [J]. International Journal of Coal Geology, 76 (3): 205-216.

Mastalerz M, Gluskoter H, Rupp J. 2004. Carbon dioxide and methane sorption in high volatile bituminous coals from Indiana, USA [J]. International Journal of Coal Geology.

Mathews J P, Chaffee A L. 2012. The molecular representations of coal – A review [J]. Fuel, 96 (1): 1-14.

Mathews J P, van Duin A C T, Chaffee A L. 2011. The utility of coal molecular models [J]. Fuel Processing Technology, 92 (4): 718-728.

Mochida I, Okuma O, Yoon S H. 2014. Chemicals from Direct Coal Liquefaction [J]. Chemical Reviews, 114 (3): 1637-1672.

Moore T A. 2012. Coalbed methane: A review [J]. International Journal of Coal Geology, 101 (1): 36-81.

Okolo G N, Neomagus H W J P, Everson R C, et al. 2015. Chemical-structural properties of South African bituminous coals: Insights from wide angle XRD-carbon fraction analysis, ATR-FTIR, solid state C-13 NMR, and HRTEM techniques [J]. Fuel, 158: 779-792.

Orrego-Ruiz J A, Cabanzo R, Mejía-Ospino E. 2011. Study of Colombian coals using photoacoustic Fourier transform infrared spectroscopy [J]. International Journal of Coal Geology, 85 (3-4): 307-310.

Painter P C, Snyder R W, Starsinic M, et al. 1981. Concerning the Application of FT-IR to the Study of Coal: A Critical Assessment of Band Assignments and the Application of Spectral Analysis Programs [J]. Applied Spectroscopy, 35: 475 – 485.

Pashin J C. 1998. Stratigraphy and structure of coalbed methane reservoirs in the United States: An overview [J]. International Journal of Coal Geology.

Peng X, Ji H. 2023. Control mechanism of small organic molecules on methane adsorption capacity of coal [J]. Fuel, 331.

Pfeifer P, Avnir D. 1983. Chemistry in noninteger dimensions between two and three. I. Fractal theory of heterogeneous surfaces [J]. The Journal of Chemical Physics, 79 (7): 3558.

Ping A, Xia W, Peng Y, et al. 2020. Construction of bituminous coal vitrinite and inertinite molecular assisted by ^{13}C NMR, FTIR and XPS [J]. Journal of Molecular Structure: 128959.

Pini R, Ottiger S, Burlini L, et al. 2010. Sorption of carbon dioxide, methane and nitrogen in dry coals at high pressure and moderate temperature [J]. International Journal of Greenhouse Gas Control, 4 (1): 90-101.

Potgieter-Vermaak S, Maledi N, Wagner N, et al. 2011. Raman spectroscopy for the analysis of coal: a review [J]. Journal of Raman Spectroscopy, 42 (2): 123-129.

Qin R, Wang A, Cao D, et al. 2020. Effect of peat mire evolution on pore structure characteristics in thick coal seam: Examples from Xishanyao Formation (Middle Jurassic), Yili Basin, China [J]. Energy Exploration & Exploitation, 38 (5): 1484-1514.

Reich M H, Snook I K, Wagenfeld H K. 1992. A fractal interpretation of the effect of drying on the pore structure of Victorian brown coal [J]. Fuel, 71: 669-672.

Roberts M J, Everson R C, Neomagus H W J P, et al. 2015. The characterisation of slow-heated inertinite- and vitrinite-rich coals from the South African coalfields [J]. Fuel, 158: 591-601.

Roberts M J, Everson R C, Neomagus H W J P, et al. 2015. Influence of maceral composition on the structure, properties and behaviour of chars derived from South African coals [J]. Fuel, 142: 9-20.

Rodrigues C F, Sousa M. 2002. The measurement of coal porosity with different gases [J]. International Journal of Coal Geology, 48 (3): 245-251.

Rootare H M, Prenzlow C F. 1967. Surface areas from mercury porosimeter measurements [J]. The Journal of Physical Chemistry, 71 (8): 2733-2736.

Sahouli B, Blacher S, Brouers F O. 1996. Fractal Surface Analysis by Using Nitrogen Adsorption Data: The Case of the Capillary Condensation Regime [J]. Langmuir, 12 (11): 2872-2874.

Sakurovs R, Day S, Weir S, et al. 2008. Temperature dependence of sorption of gases by coals and charcoals [J]. International Journal of Coal Geology, 73 (3-4): 250-258.

Sharma A, Kyotani T, Tomita A. 1999. A new quantitative approach for microstructural analysis of coal char using HRTEM images [J]. Fuel, 78 (10): 1203-1212.

Sharma A, Kyotani T, Tomita A. 2001. Quantitative evaluation of structural transformations in raw coals on heat-treatment using HRTEM technique [J]. Fuel, 80 (10): 1467-1473.

Shi J Q, Durucan S. 2005. Gas Storage and Flow in Coalbed Reservoirs: Implementation of a Bidisperse Pore Model for Gas Diffusion in Coal Matrix [J]. SPE Reservoir Evaluation & Engineering.

Shu xun S, Yan ming Z, Jing Z, et al. 2005. Influence of liquid water on coalbed methane adsorption: An experimental research on coal reservoirs in the south of Qinshui Basin [J]. Chinese Science Bulletin, (S1): 7.

Solum M S, Pugmire R J, Grant D M. 1989. Carbon-13 solid-state NMR of Argonne-premium coals [J]. Energy & Fuels, 3: 187-93.

Solum M S, Sarofim A F, Pugmire R J, et al. 2001. ^{13}C NMR Analysis of Soot Produced from Model Compounds and a Coal [J]. Energy & Fuels, 15 (4): 961-971.

Song Y, Jiang B, Li F, et al. 2018. Applicability of Fractal Models and Nanopores Fractal Characteristics for Low-Middle Rank Tectonic Deformed Coals [J]. Earth Science, 43 (5): 1611-1622.

Song Y, Jiang B, Mathews J P, et al. 2017. Structural transformations and hydrocarbon generation of low-rank coal (vitrinite) during slow heating pyrolysis [J]. Fuel Processing Technology, 167: 535-544.

Song Y, Zhu Y M, Li W. 2017. Macromolecule simulation and CH4 adsorption mechanism of coal vitrinite [J]. Applied Surface Science, 396: 291-302.

Stach E M, Mackowsky T M, Teichmuller G H, et al. 1982. Stach´s Textbook of Coal Petrology [M]. Berlin, Stuttgart: Gebrüder Borntraeger.

Suárez-Ruiz L D. 1999. Effect of the increase in temperature on the evolution of the physical and chemical structure of vitrinite [J]. Journal of Analytical and Applied Pyrolysis.

Suggate R P, Dickinson W W. 2004. Carbon NMR of coals: the effects of coal type and rank [J]. International Journal of Coal Geology, 57 (1): 1-22.

Sun Q L, Li W, Chen H, et al. 2003. The variation of structural characteristics of macerals during pyrolysis [J]. Fuel, 82 (6): 669-676.

Steele W. 2002. Computer simulations of physical adsorption: a historical review [J]. Applied Surface Science, 196 (1-4): 3-12.

Brunauner S, Emmett S P H, Teller E J. 1938. Adsorption of gases in multimolecular lyers [J] . Journal of the American Chemical society, 60 (2): 309-319.

Takagi H, Maruyama K, Yoshizawa N, et al. 2004. XRD analysis of carbon stacking structure in coal during heat treatment [J]. Fuel, 83 (17-18): 2427-2433.

Tang J, Feng L, Li Y, et al. 2016. Fractal and pore structure analysis of Shengli lignite during drying process [J]. Powder Technology, 303: 251-259.

Teng J, Mastalerz M, Hampton L. 2017. Maceral controls on porosity characteristics of lithotypes of Pennsylvanian high volatile bituminous coal: Example from the Illinois Basin [J]. International Journal of Coal Geology, 172: 80-94.

Valix B M. 1998. Coalbed methane sorption related to coal composition [J]. International Journal of Coal Geology.

Wang A, Cao D, Wei Y, et al. 2020. Comparison of nanopore evolution in vitrinite and inertinite in coalbed methane reservoirs during coalification [J]. Journal of Natural Gas Science and Engineering, 78 (5): 103289.

Wang A, Wei Y, Cao D, et al. 2022. Effect of different functional groups on CH4 adsorption heat and surface free energy of vitrinite during coalification [J]. Applied Surface Science, 597.

Wang A, Wei Y, Yuan Y, et al. 2017. Coalbed methane reservoirs′ pore-structure characterization of different macrolithotypes in the southern Junggar Basin of Northwest China [J]. Marine and Petroleum Geology, 86: 675-688.

Wang B, Qin Y, Shen J, et al. 2018. Pore structure characteristics of low- and medium-rank coals and their differential adsorption and desorption effects [J]. Journal of Petroleum Science and Engineering, 165: 1-12.

Wang H, Shi X, Tian J, et al. 2021. Macromolecular Structure Changes of Tectonically Deformed Coal: Evidence from Coal Pyrolysis, ^{13}C NMR, and XRD Experiments [J] . Energy & Fuels, 35 (10): 8711-8722.

Wang S, Chen H, Ma W, et al. 2017. Structural Transformations of Coal Components upon Heat Treatment and Explanation on Their Abnormal Thermal Behaviors [J]. Energy & Fuels, 31 (11): 11587-11593.

Wang S, Tang Y, Chen H, et al. 2018. Chemical structural transformations of different coal components at the similar coal rank by HRTEM in situ heating [J]. Fuel, 218: 140-147.

Wang T, Tian S, Li G, et al. 2021. Molecular simulation of gas adsorption in shale nanopores: A critical review [J]. Renewable & Sustainable Energy Reviews, 149.

Wang Z, Wang X, Zuo W, et al. 2019. The influence of temperature on methane adsorption in coal: A review and statistical analysis [J] . Adsorption Science and Technology.

Wen Z, Yang Y, Wang Q, et al. 2021. Mechanism and Characteristics of $CH_4/CO_2/H_2O$ Adsorption in Lignite Molecules [J]. Geofluids.

Weniger P, Kalkreuth W, Busch A, et al. 2010. High-pressure methane and carbon dioxide sorption on coal and shale samples from the Parana Basin, Brazil [J]. International Journal of Coal Geology, 84 (3-4): 190-205.

Xie Y, You J, Lu L, et al. 2019. Raman Spectroscopic Study of Coal Samples during Heating [J]. Applied Sciences-Basel, 9 (21).

Xin F, Xu H, Tang D, et al. 2019. Pore structure evolution of low-rank coal in China [J]. International Journal of Coal Geology, 205: 126-139.

Xu S Q, Zhou Z J, Yu G S, et al. 2010. Effects of Pyrolysis on the Pore Structure of Four Chinese Coals [J]. Energy & Fuels, 24 (2): 1114-1123.

Xu Y, Fu Q, Hong Y, et al. 2020. Effects of Vitrinite in Low-Rank Coal on the Structure and Combustion Reactivity of Pyrolysis Chars [J]. Acs Omega, 5 (28): 17314-17323.

Yalçın G G N. 2001. Pore volume and surface area of the Carboniferous coals from the Zonguldak basin (NW Turkey) and their variations with rank and maceral composition [J]. International Journal of Coal Geology, 48 (1): 133-144.

Yao Y, Liu D, Tang D, et al. 2008. Fractal characterization of adsorption-pores of coals from North China: An investigation on CH4 adsorption capacity of coals [J]. International Journal of Coal Geology, 73 (1): 27-42.

Yao Y B, Liu D M, Huang W H, et al. 2006. Research on the pore-fractures system properties of coalbed methane reservoirs and recovery in Huainan and Huaibei coal-fields [J]. Journal of China Coal Society, 31 (2): 163-168.

Yingchun W, Chao L I, Daiyong C, et al. 2018. New Progress on the Coal Fines Affecting the Development of Coalbed Methane [J]. Acta Geologica Sinica (English edition), 92 (5): 2060-2062.

Zhang B, Li S. 1995. Determination of the Surface Fractal Dimension for Porous Media by Mercury Porosimetry [J]. Industrial & Engineering Chemistry Research, 34 (4): 1383-1386.

Zhang B, Liu W, Liu X. 2006. Scale-dependent nature of the surface fractal dimension for bi- and multi-disperse porous solids by mercury porosimetry [J]. Applied Surface Science, 253 (3): 1349-1355.

Zhang J, Wei C, Zhao C, et al. 2021. Effects of nano-pore and macromolecule structure of coal samples on energy parameters variation during methane adsorption under different temperature and pressure [J]. Fuel, 289.

Zhang M, Fu X. 2018. Characterization of pore structure and its impact on methane adsorption capacity for semi-anthracite in Shizhuangnan Block, Qinshui Basin [J]. Journal of Natural Gas Science and Engineering, 60: 49-62.

Zhang S Y, Lu J F, Zhang J S, et al. 2008. Effect of pyrolysis intensity on the reactivity of coal char [J]. Energy & Fuels, 22 (5): 3213-3221.

Zhang S, Tang S, Tang D, et al. 2014. Determining fractal dimensions of coal pores by FHH model: Problems and effects [J]. Journal of Natural Gas Science and Engineering, 21: 929-939.

Zhang S, Tang S, Tang D, et al. 2010. The characteristics of coal reservoir pores and coal facies in Liulin district, Hedong coal field of China [J]. International Journal of Coal Geology, 81 (2): 117-127.

Zhang X, Wang S, Chen H, et al. 2021. Aromatic Structural Characterization of Different-Rank Vitrinites: Using HRTEM, XRD and AFM [J]. Polycyclic Aromatic Compounds, 41 (6): 1319-1330.

Zhao J, Xu H, Tang D, et al. 2016. A comparative evaluation of coal specific surface area by CO_2 and N_2 adsorption and its influence on CH_4 adsorption capacity at different pore sizes [J]. Fuel, 183: 420-431.

Zhao J, Wang T, Deng J, et al. 2020. Microcharacteristic analysis of CH_4 emissions under different conditions during coal spontaneous combustion with high-temperature oxidation and in situ FTIR [J] . Energy, 209: 118494.

Zhao S, Shao L, Hou H, et al. 2019. Methane adsorption characteristics and its influencing factors of the medium-to-high rank coals in the Anyang-Hebi coalfield, northern China [J]. Energy Exploration & Exploitation, 37 (1): 60-82.

Zhou H, Wu C, Pan J, et al. 2021. Research on Molecular Structure Characteristics of Vitrinite and Inertinite from Bituminous Coal with FTIR, Micro-Raman, and XRD Spectroscopy [J]. Energy & Fuels, 35 (2): 1322-1335.

Zhu H Q, Zhao H R, Wei H Y, et al. 2020. Investigation into the thermal behavior and FTIR micro-characteristics of re-oxidation coal [J]. Combustion and Flame, 216: 354-368.